建筑节能管理与技术丛书

JIANZHU JIENENG GUANLI YU JISHU CONGSHU

建筑节能检测

JIANZHU JIENENG JIANCE

重庆市城乡建设委员会
中煤科工集团重庆设计研究院　组编

秦晋蜀　主编

U0190558

重庆大学出版社

内 容 提 要

本书是《建筑节能管理与技术丛书》之一。全书共 7 章，主要介绍了建筑节能检测的基本理论与试验方法，内容包括：建筑节能检测机构的资质要求及检测流程、节能基本参数的检测、建筑节能材料及系统检测、建筑构件热工性能检测、建筑物热工性能现场检测、空调系统检测以及与建筑节能相关的其他检测。

本书主要供建筑节能检测人员培训使用，也可作为建筑节能工程项目管理、设计、施工、监理人员相关专业人员的学习教材或参考书。

图书在版编目(CIP)数据

建筑节能检测/秦晋蜀主编.—重庆:重庆大学
出版社,2012.7(2022.8 重印)
(建筑节能管理与技术丛书)
ISBN 978-7-5624-6657-4

Ⅰ.①建…　Ⅱ.①秦…　Ⅲ.①建筑—节能—检测
Ⅳ.①TU111.4

中国版本图书馆 CIP 数据核字(2012)第 089177 号

建筑节能管理与技术丛书

建筑节能检测

重庆市城乡建设委员会
中煤科工集团重庆设计研究院　组编
主编 秦晋蜀
策划编辑:林青山　王　婷

责任编辑:王　婷　蒋曜州　　版式设计:李　懋
责任校对:秦巴达　　　　　　责任印制:赵　晟

*

重庆大学出版社出版发行
出版人:饶帮华
社址:重庆市沙坪坝区大学城西路 21 号
邮编:401331
电话:(023) 88617190　88617185(中小学)
传真:(023) 88617186　88617166
网址:http://www.cqup.com.cn
邮箱:fxk@ cqup.com.cn(营销中心)
全国新华书店经销
POD:重庆新生代彩印技术有限公司

*

开本:787mm×1092mm　1/16　印张:16　字数:379 千
2012 年 7 月第 1 版　　2022 年 8 月第 4 次印刷
ISBN 978-7-5624-6657-4　定价:49.00 元

编委会名单

总　编　程志毅　吴　波　谢自强

编　委　（以姓氏笔画为序）

丁小猷　卢　军　吕　忠　华冠贤

刘宪英　杨　东　李怀玉　何　丹

张　军　张智强　陈本义　赵本坤

秦晋蜀　莫天柱　夏吉均　彭成荣

董孟能　廖袖锋

序

建设资源节约型、环境友好型社会是党中央、国务院根据我国新时期的社会、经济发展状况作出的重大战略部署，是加快转变经济发展方式的重要着力点。推进三大用能领域之一的建筑节能已成为建设领域实现可持续发展和实施节约能源基本国策的重大举措。

重庆市城乡建设委员会自 1998 年开始推进建筑节能工作，积极开展技术创新和管理机制创新，着力完善建筑节能的政策、技术、产业三大支撑体系，在新建建筑执行建筑节能标准管理、国家机关办公建筑及大型公共建筑节能监管体系建设、可再生能源建筑应用示范城市和示范县建设、民用建筑节能运行管理、推进既有建筑节能改造和发展低碳绿色建筑 6 个方面取得了显著成效，在转变建设行业发展方式、创新建筑节能监管制度、强化科技支撑、提升建筑节能实施能力、完善经济激励机制、形成建筑节能工作体系 6 个方面创造了很多工作经验，特别是建立了完善的地方建筑节能标准体系、积极推进墙体自保温技术体系规模化应用、有效推行能效测评标识制度，以及率先在南方地区规模化推进既有建筑节能改造等，为全国推进建筑节能提供了范例，得到住房城乡建设部的高度评价，实现了经济效益、社会效益和环境效益的统一。

为加快"两型"社会建设，"十二五"期间国家和重庆政府都对建筑节能提出了更高的要求，《重庆市国民经济和社会发展第十二个五年规划纲要》已将实施建筑节能、发展低碳建筑列为"十二五"时期建设"两型"社会的重要工程项目，到"十二五"期末，重庆要累计形成年节能 446 万吨标煤，减排当量 CO_2 1 016 万吨的能力，任务艰巨而光荣。但建筑节能贯穿于建筑物设计、建造和运行使用的全过程，涉及政策制定、技术研发、标准编制、工程示范、产业发展、经济激励和监督执行等方方面面，其专业性、技术性、政策性强，涉及面广、协调工作量大，是一个复杂的系统工程，要确保完成目标任务，必须加强建筑节能的实施能力建设，通过系统教育，不断提升行政管理人员、工程技术管理人员和施工工人三个层面的建筑节能从业人员的技术、管理水平和操作能力。

为此,我委组织编写出版了《建筑节能管理与技术丛书》,按照国家建设资源节约型、环境友好型社会的要求,以建筑节能法律法规、技术标准为主线,系统总结了建筑节能管理、设计、施工及验收、材料与设备、检测和运行管理等方面的工作要求、技术规定和基本知识,共计 6 册,为城乡建设主管部门以及广大建设、设计、审图、施工、监理、检测及材料生产、供应单位的主要管理和技术人员提供一套集权威性、系统性、实用性为一体的工具书,作为全市开展建筑节能培训教育的专用教材,以期对建筑节能事业的全面发展作出应有的贡献。

希望建设行业从业人员加强学习,不断适应新形势,把握新机遇,满足新要求,围绕城乡建设可持续发展,开拓创新,为建设资源节约型、环境友好型社会作出积极贡献。

程志毅

重庆市城乡建设委员会党组书记、主任

二〇一二年五月

前 言

　　我国仍属于发展中国家,人口众多,人均能源资源相对匮乏,资源能源供应与经济社会发展之间的矛盾十分突出。节能是我国经济和社会发展的一项长远战略方针,也是当前一项极为紧迫的任务。当前我国的建筑能耗占社会总能耗的 30% 左右,国民经济要实现可持续发展,推行建筑节能已势在必行,迫在眉睫。

　　建筑节能检测工作贯穿于建筑节能施工、监理、验收和维护等各个环节,它为控制工程质量和评判节能效果提供客观、公正、准确、及时的检测数据,为节能新技术、新材料、新工艺在实际工程中的广泛应用提供技术保障和科学依据。

　　一方面,建筑节能检测工作从最近几年才逐步开展起来,在技术与经验方面积累不够;另一方面,我国建筑节能工作得到快速推进,北京、天津、重庆、上海等少数大城市已率先实施节能 65% 的标准,大量的建筑节能新技术、新材料、新工艺在实际工程中得以应用,对检测工作提出了更高要求。为促进建筑节能工作快速有序发展,提升建筑节能检测人员整体素质,重庆市城乡建设委员会和中煤科工集团重庆设计研究院组织编写了这本《建筑节能检测》。

　　本书为《建筑节能管理与技术丛书》之一,由重庆市建筑科学研究院秦晋蜀主编,重庆市建筑科学研究院周光、陈彦杰、李志坤、刘艳萌、吴莹、雷映平、曾海涛参加编写了第 1、2、3、4、5、7 章,重庆大学卢军编写第 6 章。在编写过程中,还得到了重庆大学、中国人民解放军后勤工程学院等单位的大力支持和帮助,在此谨表真诚的谢意。

　　由于编者水平有限,书中的错误和疏漏在所难免,敬请读者不吝赐教。

编　者

2012 年 5 月

目　录

第1章 建筑节能检测机构要求

1.1 概 述

建筑节能检测的主要任务是保证建筑过程节能质量、综合评价建筑热环境质量与建筑物节能效果。本书所指的建筑节能检测是由取得相应资质的机构(即第三方检测机构)来完成的。

1.1.1 检测机构的类型

在建设工程领域有3种类型的检测机构,其地位与作用如下:

1)第一方检测机构

第一方检测机构也称生产方(卖方)检测机构,附属于生产企业的检测实验室。它对产品进行试验、有效性验证和审核,其检测结果属于自我声明,其数据说服力最弱。在工程建设领域,建筑材料生产企业所属的检测机构属于第一方检测机构。

鉴于检测机构计量认证有公正性要求,其母体不应从事所检产品的生产、销售和经营,故第一方检测机构不便进行计量认证,但可申请实验室认可。一旦通过国家实验室认可,表明该实验室具备了按照有关国际认可准则开展检测工作的技术能力和管理水平,并可在出具的产品检测报告中加盖中国实验室国家认可委员会标志"CNAS"。

2)第二方检测机构

第二方检测机构也称买方检测机构,一般附属于买方企业,也可附属于商会或行业协会。它按既定标准对供货商的产品进行试验和评价,为管理者确定是否购买该产品提供技术依据。它使同类产品的制造商与合格性能信息之间相互独立,为供货商们提供了一个公平的竞争环境。

在建设工程领域,工程建设企业所属的检测机构属于第二方检测机构的范畴,它根据相关标准对进场的建筑材料、构件等外购商品进行进场检测,以便确定该商品能否进入施工工序。它也可对多个供应商的同类产品进行比较试验和评价,为决策者选择供货商提供数据支撑。有些规模大的监理公司也设有检测实验室,其性质仍属于第二方检测机构。

第二方检测机构可以自愿申请计量认证,也可以自愿申请实验室认可。

3)第三方检测机构

第三方检测机构也称社会中介检测机构,它是独立于卖方和买方之外的中介工程质量检测机构,它与供需双方既无行政隶属关系,又无经济利益牵连,从而具备向社会提供公证数据的条件。为保证检测机构在提供服务时的公正性、科学性和权威性,我国建立了对产品质量检测机构的计量认证制度。也就是通过立法,对凡是为社会出具公证数据的检测机构(实验室)进行强制考核的一种手段。其法律依据包括:

①《中华人民共和国计量法》及其实施细则。

②《中华人民共和国标准化法》及其实施细则。

③《中华人民共和国产品质量法》。

④《中华人民共和国认证认可条例》。

⑤《实验室和检查机构资质认定管理办法》。

⑥《计量认证/审查认可(验收)获证检测机构监督管理办法。

⑦其他与资质认定相关的法律法规等。

《中华人民共和国计量法》规定:"为社会提供公证数据的产品质量检验机构,必须经省级以上人民政府计量行政部门对其计量检定、测试的能力和可靠性考核合格",即计量认证合格。可见,第三方检测机构必须通过计量认证。

在建设工程领域,第三方检测机构包括许多设备精良的科研院所,高等院校的实验室等,也有原来属于产品质量监督机构的检测中心,近几年来也有不少来自民营或外资经营的检测机构。

1.1.2 计量认证与实验室认可的比较

计量认证与实验室认可的对象都是检测机构。计量认证是对为社会出具公证数据的检测机构的行政许可,属强制性的。实验室认可是由权威机构(国家实验室认可委员会)对有能力执行认可范围的检测或校准工作的实验室给予承认的合格评定活动,属于自愿性的。因此计量认证与实验室认可在评审检测机构的依据、类型、性质、实施等方面都有不同之处。两者存在的异同比较见表1.1。

表1.1 计量认证与实验室认可比较表

类型	计量认可	实验室认可
目的	提高检测机构的管理水平和技术能力	提高实验室的管理水平和技术能力
依据	计量法第二十二条、产品质量检验机构计量认证/审查认可(验收)评审准则	CNAL/CA01:2005、检测和校准实验室认可准则(ISO/IEC 17025:2005)、GB/T 15481—2000
性质	强制性认证、行政许可	自愿性认可
对象	第三方各类检测机构	第一、二、三方检测/校准试验室
类型	国家认证认可监督管理委员会、省级(两级)	国家实验室认可(一级)
实施	省级以上质量技术监督部门	中国实验室国家认可委员会
考核结果	颁发证书,可使用CMA标志	颁发证书,可使用认可标志

1.1.3 建筑节能检测的内容

建筑节能检测的内容包括建筑围护结构检测、建筑节能材料检测和空调系统检测3个部分。建筑节能检测按检测场地分为实验室检测和现场检测两部分,检测项目主要包括建筑材料检测(如墙体保温材料、幕墙节能材料、门窗节能材料等),外墙外保温系统检测(如胶粉聚苯颗粒外墙外保温系统、膨胀聚苯板薄抹灰外墙外保温系统、无机保温砂浆外墙外保温系统等),建筑节能工程现场检测(如围护结构现场实体检测),空调系统检测,建筑环境及电线电缆等其他检测。建筑节能基本参数包括:温度、流量、热流量、导热系数等。

建筑物进行现场节能检验时,应在有关技术文件齐全的基础上进行。其相应技术文件包括:

①节能设计的审查文件。

②工程竣工设计图纸和技术文件。

③有相应资质的检测机构出具的检测报告。

④热源设备、循环水泵等产品的合格证和性能检测报告。

⑤有关的隐蔽工程施工质量的中间验收报告。

1.2 检测机构资质要求

对检测机构而言,资质是指经行政主管机关或法律、法规授权的具有管理公共事务职能的社会组织所认定的该检测机构的检测能力和资格。其证明文件是相应的资质证书、合格证书、核准证书等。

下面所述的检测机构指为社会提供公证数据的产品质量检验机构,即第三方中介检测机构。这类机构必须通过省级以上人民政府计量行政部门对其计量认证合格,同时还需取得专项资质或行业资质。

专项资质指检测机构经行政主管机关许可,对关系到公共安全、人身健康、生命财产安全的重要单独事项进行检测的资质。建设工程检测机构的主要专项资质有室内环境污染检测、建筑幕墙检测、基桩检测等。各地建设工程检测机构可根据当地建设工程质量检测市场和自身特点申请开展相应的专项检测项目。

行业资质通常是指对某一行业需要且具备该行业的综合性的检测资质,它对该行业主要的检测项目都具有相应的检测能力和资格。在行业类别上,涉及建筑节能方面的检测归建设行政主管部门进行行业管理。就重庆地区而言,建设行政主管部门管理的检测范围除建筑材料与构件外,还包括地基与基桩、结构工程、幕墙、门窗、装修工程、建筑室内空气质量、建筑电器、建筑物可靠性安全性鉴定等。

根据《重庆市建设工程质量检测管理规定》(渝建发[2009]123号)的要求,建筑节能检测为专项检测资质,要求检测机构在取得检测资质证书后,方可从事资质许可范围内的检测工作。

1.2.1 检测机构资质基本要求

对于房屋建筑与市政基础工程质量检测机构的资质,国务院行政法规《建设工程质量管理条例》作了原则规定。不少省级人民代表大会或其常务委员会制定的地方法规或省级人民政府规章中,对本省的建设工程质量检测机构的资质管理作了具体规定,如《重庆市建筑管理条例》中规定："从事建筑工程质量检测工作的建筑工程质量检测机构,应经市人民政府建设行政主管部门审查批准,并经市技术监督行政主管部门计量认证合格"。就重庆地区而言,检测机构资质基本要求如下:

①独立法人单位。

②注册资本:见证取样检测机构不少于 80 万元人民币,专项检测机构不少于 100 万元人民币,同时申请专项检测资质和见证取样检测资质的检测机构不少于 160 万元人民币。

③所申请资质的检测项目及参数已通过计量认证。

④检测机构的技术负责人和质量负责人具有专业技术高级职称,8 年以上从事质量检测、设计、施工、监理的技术管理工作经历,且取得了检测人员岗位证。

⑤经市建设主管部门考核合格、取得检测人员岗位证书的检测人员不少于 10 人(边远区县不少于 6 人),且取得检测人员岗位证书的检测人员与所开展的检测项目相适应。

⑥有符合开展检测工作所需的仪器、设备和工作场所。

⑦有健全的技术管理和质量保证体系。

1.2.2 建筑节能专项检测机构能力要求

建筑节能检测不仅仅是对材料的单项检测,往往也包括对相应材料组成的体系进行系统检测。因此,除满足检测机构资质基本要求外,一些省市对建筑节能专项检测机构还作了其他能力方面的要求,如重庆市建筑节能专项检测机构要求建筑节能检测机构必须同时具备以下检测能力:

①建筑外窗(门)传热系数、气密性检测。

②建筑外墙保温系统传热系数、耐候性检测。

③建筑材料保温导热系数检测。

1.3 检测机构人员资格

从事建筑节能检测的机构应有与其从事检测活动相适应的专业技术人员和管理人员,对所有从事抽样、检测、签发检测报告以及操作设备等工作的人员应按要求进行资格确认并持证上岗。实验室技术主管、授权签字人的资格条件应符合要求。以重庆市为例,根据《重庆市建设工程质量检测管理规定》(渝建发[2009]123 号)的要求,建设工程质量检测工作的从业人员按工作性质分为取样人员、见证人员、检测人员三大类。具体要求如下:

①取样人员由施工单位或检测机构指定其具备相应工作能力的人员担任,负责按照有关规定和要求进行取样、制样和送样工作。见证人员应由建设单位或监理单位指定其工作人员担任,负责对取样、制样和送样行为进行见证。取样人员及其指定单位应对取样的规范性和代表性负责,见证人员及其指定单位应对送交检测试样的真实性负责。

②检测人员必须具备建设工程质量检测方面的专业知识,经过岗前培训和考核,取得检测人员岗位证书,方可从事相应的检测工作。检测人员培训工作在市建设主管部门的指导下进行,由市建设主管部门提出培训的要求和内容,由检测机构自行组织培训,或自行委托其他单位培训。检测人员的考核和岗位证书由市建设主管部门统一组织和颁发。

③检测人员不得同时受聘于两个或两个以上的检测机构。工作单位发生变动后,检测人员应持调出证明和新单位同意接收的书面意见以及岗位证书原件,到市建设主管部门办理变更手续。

④市建设主管部门对检测人员实行定期考核制度。凡是考核不合格或未参加考核的,注销其检测人员岗位证书。

检测人员有下列情形之一的,考核结论为不合格;情节严重的,3 年内不得申请参加考核工作:

a.违反有关法律、法规规定的。

b.未按有关检测标准、规范、规程进行检测的。

c.出具虚假报告的。

d.违反相关职业道德和执业纪律,不遵守有关规章制度的。

e.超出本人岗位证书所核定的检测项目或参数的范围从事检测业务的。

f.超出所在检测单位资质许可范围从事检测业务的。

g.同时受聘于两个或者两个以上的检测机构的。

h.有其他不良行为的。

⑤任何单位或个人不得伪造、损毁、涂改、转借、出租检测人员岗位证书。岗位证书如有遗失,检测人员应持在市级公众媒体发布的遗失公告向市建设主管部门申请补办。

1.4 检测机构资质申办程序

申办资质证书的一般程序为:检测机构(申请人)向行政主管机关或法律、法规授权的具有管理公共事务职能的社会组织(以下合称主管部门)报送规定格式与内容的资质申请书和相关材料以提出资质申请,主管部门受理后,对申报材料依法进行审查,组织评审组对检测机构的检测能力和管理水平进行考核评审,而后主管部门对考核评审材料进行审查,申请人符合资质标准的,予以批准并颁发相应的检测机构资质证书。申请人不符合资质标准的,下达不合格通知书。以下介绍重庆市检测机构资质申办相关规定。

申请检测资质的单位应当向注册所在区县(自治县)建设主管部门提出申请,经区县(自治县)建设主管部门初审合格后,报市建设主管部门审批。

检测机构的资质申请分为新申请检测资质、检测资质增项和检测资质重新核定。

(1)新申请检测资质

新申请检测资质应提交下列资料:

①《重庆市建设工程质量检测机构资质申请表》。

②工商营业执照复印件。

③企业章程、营业场所的证明文件复印件。

④与所申请检测资质范围相对应的计量认证证书复印件。

⑤所申请开展检测项目及参数需要的主要检测仪器、设备清单及标准、规范目录清单。

⑥检测机构法定代表人和技术、质量负责人的任职文件、职称证书、身份证复印件。

⑦所申请开展检测项目及参数需要的检测人员的职称证书、身份证、检测人员岗位证书

和社会保险凭证复印件。

⑧检测机构管理制度及质量控制措施。

（2）检测资质增项

检测资质增项应提交下列资料：

①《重庆市建设工程质量检测机构资质申请表》。

②原资质证书正、副本复印件。

③与所申请检测资质范围相对应的计量认证证书复印件。

④所申请增加检测项目及参数需要的主要检测仪器、设备清单及标准、规范目录清单。

⑤所申请开展检测项目及参数需要的检测人员的职称证书、身份证、检测人员岗位证书和社会保险凭证复印件。

⑥新增检测场所和质量保证措施的材料（仅限需增大检测场所和增加质量保证措施的）。

（3）检测资质重新核定

检测机构因改制、分立、合并、重组或其他原因导致其资质条件发生变化的，应根据变化后实际达到的资质条件，申请重新核定检测资质。

检测资质重新核定，除按新申请检测资质提交材料外，还应提交：

①上级主管部门对检测机构改制、分立、合并或重组的批准文件（仅限有上级主管部门的）。

②原资质证书正、副本复印件。

（4）其他相关规定

①机构名称、地址、法定代表人、技术负责人发生变化的，检测机构应当在调整之日起3个月内持有区县（自治县）建设主管部门意见的申请表到市建设主管部门办理资质证书变更手续。资质证书变更应提交下列材料：

a.《重庆市建设工程质量检测机构资质证书变更申请表》。

b.申请变更事项的依据及证明材料。

c.原资质证书正、副本复印件。

②新申请检测资质、资质增项或资质重新核定的，从受理至办结的时限为20个工作日（不含专家评审、公示及重新制证时间）；申请资质证书变更的，从受理至办结的时限为2个工作日（不含重新制证时间）。

③《建设工程质量检测机构资质证书》应当注明检测业务范围，分为正本和副本，由市建设主管部门统一印制，正本和副本具有同等法律效力。正本主要反映资质的类别，副本主要反映具体批准的检测项目和参数。

④检测机构资质证书有效期为3年。资质证书有效期满需要延期的，检测机构应当在资质证书有效期满60个工作日前向检测机构所在地区县（自治县）建设主管部门提出延期申请，并报送《重庆市建设工程检测机构资质延期申请表》。经区县（自治县）建设主管部门初审合格后报市建设主管部门。经市建设主管部门审查同意后，在其资质证书副本上加盖延期专用章。逾期未申请的，其资质证书自行作废。检测机构在资质证书有效期内有下列行为之一的，建设主管部门不予延期：

a. 超出资质范围从事检测活动的。

b. 转包检测业务的。

c. 涂改、倒卖、出租、出借或者以其他形式非法转让资质证书的。

d. 未按照国家有关工程建设强制性标准进行检测,造成质量安全事故或致使事故损失扩大的。

e. 伪造检测数据,出具虚假检测报告或者鉴定结论的。

f. 达不到资质标准条件的。

⑤任何单位和个人不得涂改、伪造、出借或者以其他形式非法转让资质证书;不得非法扣押、没收资质证书。如有遗失,经公告后可向市建设主管部门申请补办,需提交以下资料:

a. 在市级公众媒体上的遗失公告。

b. 补办资质证书的申请。

c. 原证书复印件。

⑥外地检测机构进渝承接质量检测业务的,应到市建设主管部门办理备案手续,并提供下列资料:

a.《外地建设工程质量检测单位入渝备案表》。

b. 注册所在地省级建设主管部门颁发的检测资质证书正本及副本复印件。

c. 注册所在地省级建设主管部门出具的外出承揽检测业务的介绍信。

d. 与申请入渝检测项目和参数相对应的计量认证证书复印件。

e. 入渝检测人员的身份证、资格证书、职称证书、证明具备检测能力的材料复印件及人事关系证明材料,外地检测机构来渝的负责人、技术负责人和质量负责人的任命文件。

f. 入渝开展检测项目和参数需要的场地、主要检测设备清单及其他能力证明材料。

g. 入渝检测机构管理制度和质量控制措施。

备案申请资料收齐后,市建设主管部门将结合所申请入渝检测的项目和参数对所提交的资料及场所进行核查。对资料齐全且与实际情况相符的,市建设主管部门办理备案手续。

外地入渝检测机构取得备案手续后,应在已备案的项目和参数范围内从事检测活动,并自觉接受建设主管部门的监督检查。外地入渝检测机构的备案手续有效期为 1 年。

⑦检测机构取得检测资质后,若其资质条件发生变化,不再符合相应资质标准的,市建设主管部门责令其限期整改;整改期满仍达不到规定要求的,应吊销其检测资质证书。破产、撤销、歇业的检测机构,其资质证书应交回市建设主管部门予以注销。

第2章 建筑节能基本参数检测

2.1 温度检测

温度是用来表征物体冷热程度的物理量。建筑物室内平均温度、小区室内平均温度和检测持续时间内室外平均温度是建筑物能耗的基本参数。

2.1.1 温度检测仪表的工作原理

温度检测仪表是利用物体在温度发生变化时其某些物理量(如几何尺寸、压力、电阻、热电势和辐射强度等)也随之变化的特性来测量温度的。它通过感温元件,将被测对象的温度转换成其他形式的信号传送给温度显示仪表,然后由显示仪表将被测对象的温度显示或记录下来。

2.1.2 温度检测仪表的类别

温度检测仪表的分类如图2.1所示。

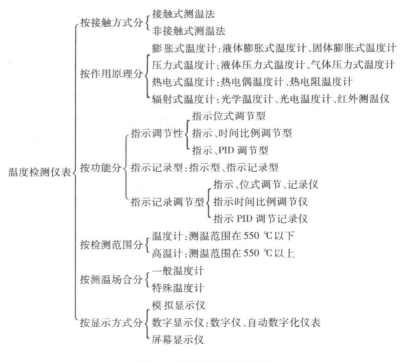

图2.1 温度检测仪表分类

8

2.2 流量检测

2.2.1 流量的概念及分类

流量是指单位时间流过某一截面的流体量。流量可分为质量流量和体积流量。

1）质量流量

质量流量是指单位时间内通过某截面流体的质量，用符号 Q_m 表示，单位为 kg/s。根据定义，质量流量可以用式（2.1）表示：

$$Q_m = \int_m \rho v \mathrm{d}A \qquad (2.1)$$

式中 ρv——截面 A 中某一微元面积 $\mathrm{d}A$ 上的流体密度，kg/m³。

如果流体在该截面上的密度和流速处处相等，则质量流量可写成：

$$Q_m = \rho v A = \rho Q_v \qquad (2.2)$$

2）体积流量

体积流量是指单位时间内通过某截面的流体的体积，用符号 Q_v 表示，单位为 m³/s。根据其定义，体积流量可以用式（2.3）表示：

$$Q_v = \int_A v \mathrm{d}A \qquad (2.3)$$

式中 v——截面 A 中某一微元面积 $\mathrm{d}A$ 上的流速，m/s。

如果流体在该截面上的流速处处相等，则体积流量可写成：

$$Q_v = vA \qquad (2.4)$$

式中 A——管道截面积，m²。

由于流体的体积受流体工作状态的影响，因此在用体积流量时，必须同时给出流体的压力和温度。

2.2.2 流量检测的主要方法

流量检测方法的分类比较复杂，目前还没有统一的分类方法，下面列举建筑节能检测中常用的几种流量检测方法。

1）质量流量法

质量流量检测法分为直接法与间接法两大类。

直接法是利用检测元件，使输出信号直接反映质量流量。这类检测方法主要有利用孔板和定量泵组合实现的差压式检测方法，利用同轴双涡轮组合的角动量式检测方法，应用麦纳斯效应的检测方法和基于科里奥利力效应的检测方法。

间接法是利用两个检测元件分别测出两个相应参数，通过运算，间接获取流体的质量。

检测元件的组合主要有：

①ρQ_v^2 检测元件和 ρ 检测元件的组合。

②Q_v 检测元件和 ρ 检测元件的组合。

③ρQ_v^2 检测元件和 Q_v 检测元件的组合。

2）体积流量法

如果流体以固定体积从容器中逐次排放流出，对排放次数计数，就可以求得通过仪器的流体总量。若检测排放的频率，即可显示流量。这种方法叫体积流量法，也叫容积法。它是单位时间内以标准固定体积对流动介质连续不断地进行度量，以排放流体固定容积数来计算流量的。如刮板流量计、椭圆齿轮流量计和标准体积管等，都是按此原理工作的。这类仪器所显示的是体积流量和总量，因此必须同时检测密度才能求出质量流量。

容积法的特点是流动状态对检测的影响小、精度高，适于检测高黏度、低雷诺数的流体，而不宜用于检测高温高压流体和脏污介质的流量，测量流量的上限也不大。

3）速度法

速度法又称流速法，它是先测出管道内的平均流速，再乘以管道截面积求得流体的体积流量。

根据一元流动连续方程，当流动截面恒定时，截面上的平均流速与体积流量成正比，于是根据各种与流速有关的物理现象便可以建立流量计，如利用超声波在流体中的传播速度决定于声速和流速的矢量和（即用流速调制声速），可制成超声波流量计。涡轮流量计、节流式流量计、电磁式流量计、涡旋式流量计、动压测量管等均属此类。目前流量仪表中以这类仪表最多，它们有较宽的使用领域，有用于高温高压流体的，也有精度较高的，有的能量损失很小，有的可适应脏污介质等。由于它们也是显示体积流量，因此如果要显示质量流量，还需要测量流体的密度。

由于这种方法利用了平均流速，所以管道条件对结果的影响很大。例如，雷诺数、涡流、截面上的流速分布不对称等都会造成工作仪表的显示误差。

2.2.3 流量检测仪表的类型

在建筑节能检测中，流量检测复杂多变，用于流量检测的仪表结构及原理多种多样，产品规格型号繁多，但就其在目前建筑节能检测中的应用情况看，无论是一般检测还是特殊检测，无论是大流量检测还是小流量检测，大多是利用节流原理进行流量检测的差压式流量计。其他常用的流量检测仪表还有面积式流量计、容积式流量计、电磁流量计、涡轮流量计、漩涡流量计、靶式流量计、均速管流量计等。各种形式的流量计如图 2.2 所示。

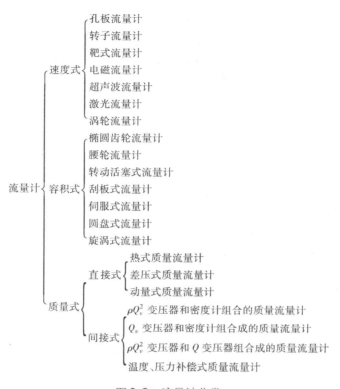

图2.2 流量计分类

2.3 热流量检测

2.3.1 热流的分类及测试方法

根据传热的3种基本方式——导热(热传导)、对流和辐射,相应地,热流也存在3种基本方式——导热热流、对流热流和辐射热流。由于对流传热情况比较复杂,直接用热流计测量对流热流有比较大的困难,而导热热流和辐射热流的测量相对简单,因此目前研究和应用的热流计以导热热流计和辐射热流计为主。

1)导热热流

测量原理:依据传热的基本定律,利用在等温面上测定待测物体经过等温边界传导的逃逸热流,并对通过等温面的热流进行时间积分的方法来测定热量,其数学表达式为:

$$Q = \iint_s \int_\tau \lambda \left.\frac{\mathrm{d}t}{\mathrm{d}r}\right|_s \mathrm{d}S \cdot \mathrm{d}\tau \tag{2.5}$$

式中 S——等温面面积;

$\left.\dfrac{\mathrm{d}t}{\mathrm{d}r}\right|_s$——$\mathrm{d}S$ 处的法向等温梯度;

λ——等温面处的包围层材料的导热系数,$\mathrm{W}/(\mathrm{m \cdot K})$;

τ——时间，s。

根据测量原理，对导热热流的测量方法可分为稳态测量法和动态测量法。

稳态测量法是指根据稳态条件下的傅立叶定律，对于一定厚度的无限大平板，当有恒定的热流垂直流过时，在平板两面就存在一定的温差，如果已知平板材料的导热系数和平板厚度，只要测得平板两表面的温差，就可通过式(2.6)得到流过平板的热流密度。这种测量方法的优点是测量原理简单、使用方便。

$$q = \frac{\lambda}{\delta}\Delta t \tag{2.6}$$

式中　q——热流密度，W/m^2；

　　　λ——平板的导热系数，W/(m·K)；

　　　δ——平板的厚度，m；

　　　Δt——平板两面的温差，K。

动态测量方法是指根据总计热容法(忽略敏感元件内部的温差)，通过测量敏感元件背部热电偶的温度随时间的变化曲线来求出敏感元件前端面处的局部热流密度。这种测量方法的优点在于测量设备结构简单、反应灵敏、测量时间短。

2)辐射热流

热辐射是一种电磁波，其波长范围为 0.1 ~ 100 μm，辐射型热流的测量方法按其测试原理划分，可分为稳态辐射热流法和瞬态辐射热流法。

稳态辐射热流的测试原理一般是由稳态热平衡方程导出的。图 2.3 所示是最简单的物理模型。使用这种测量方法，热流计的探头至少有 3 部分：

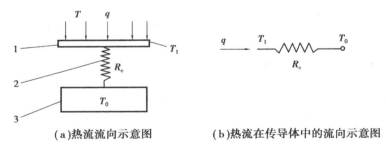

(a)热流流向示意图　　　　**(b)热流在传导体中的流向示意图**

图 2.3　稳态辐射热流计测试原理模型示意图

1—接受面；2—传导体；3—低温块

①辐射热流接受面，面积为 A。

②连接接受面与低温块的传导体，热阻为 R_c。

③低温块(或恒温块)，温度为 T_0。

当有热流密度为 q 的辐射热流投射于表面 1 时，它吸收的热量将通过连接体 2 传给低温块 3，当到达稳态热平衡时，表面 1 的温度为 T_1，其热平衡方程为：

$$qA = \frac{T_1 - T_0}{R_c} \text{ 或 } q = K\Delta T \tag{2.7}$$

式中　K——仪器常数，$K = \frac{1}{AR_c}$；

ΔT——待测量,$\Delta T = T_1 - T_0$,一般由温差热电偶对检出。

瞬态辐射热流测试根据其测试原理不同又可分为集总热容法和薄膜法。

集总热容法使用一面涂黑的银盘或铜片作感受体,它与支座绝热,支座腔(恒温腔)由水冷腔或大热容铜套制成。对于受热的银盘或铜片可写出热平衡方程式:

$$\alpha I A = m C_p \left(\frac{\mathrm{d}T}{\mathrm{d}\tau}\right)_h + h \times 2A\Delta T \tag{2.8}$$

式中 A——银盘或铜片的面积,m^2;

　　m——质量,kg;

　　C_p——比热容,$\mathrm{J/(kg \cdot K)}$;

　　$\left(\dfrac{\mathrm{d}T}{\mathrm{d}\tau}\right)_h$——升温速率,$\mathrm{K/s}$;

　　h——银盘或铜片对外界的换热系数,$\mathrm{W/(m^2 \cdot K)}$;

　　ΔT——银盘或铜片对环境的温差,K;

　　I——太阳辐射强度,$\mathrm{W/m^2}$;

　　α——银盘或铜片表面的吸收率。

薄膜法的目的是尽量减小感受件的热容,使之获取的热量只和感受件与周围接触体的温差有关。基于这种原理制成的薄膜辐射热流计的薄膜探头非常薄,并且用对温度敏感的电阻薄膜沉积在绝缘的物体上(通常是石英或玻璃)制成。热辐射透过玻璃传到薄膜表面时,表面被加热并向周围传热,薄膜的温度随透射辐射和传递热量的变化而变化,其电阻也因之而变化。由于这种变化的感应非常快,且受热量与温度之间并非线性变化关系,一般需要用计算机来计算。

2.3.2　热流测试仪表分类

热流计能够直接测量热流量,适用于现场测试建筑物围护结构保温的热力和冷冻管道、工业窑炉等设备壁面以及生物体或人体的散热量,对节能工作有着重要的意义。

热流计的分类如图 2.4 所示。

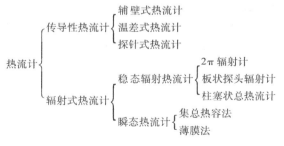

图 2.4　热流检测仪表的类型

2.4　建筑材料导热系数检测

建筑保温材料越来越广泛地应用于各种工程中,而这些材料具有一系列的热物理特性,在进行热工计算时,往往涉及这些热特性。为使计算准确可靠,就必须正确地选择材料热物理指标,使其与材料实际使用情况相符,否则,计算所得到的结果与实际情况会有很大的差异。另外,材料的热物理特性受许多因素的影响,如材料的化学成分、密度、温度、湿度等,其中湿度对材料的影响很大,在实际使用中,由于受气候、施工水分、生产和使用状况等各方面的影响,将会导致材料的保温性能下降。因此,在热工计算中必须考虑这个问题。为此,准确测定不同状态下材料的热物理特性有十分重要的意义。

材料的导热系数即是反映其导热性能的物理量,可用于评价材料的热力学特性。其含义为在稳态条件下,1 m 厚的材料,两侧表面温差为 1 K 时,1 h 内通过 1 m² 面积所传递的热量,单位为W/(m·K)。目前检测材料导热系数的方法主要有两大类:稳态法和非稳态法,其分类方法如图 2.5 所示。本章将介绍建筑材料导热系数常用的测试方法、实验装置以及对试件的要求。

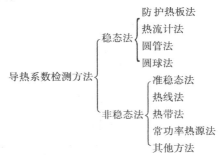

图 2.5　材料导热系数检测方法

2.4.1　防护热板法

防护热板法是运用一维稳态导热过程的基本原理来测定材料导热系数的方法,可以用来测定材料的导热系数及其与温度的关系。检测方法及装置、试样的要求按照《绝热材料稳态热阻及有关特性的测定——防护热板法》(GB 10294)进行。

1)原理

防护热板法的检测设备是根据在一维稳态情况下通过平板的导热量 Q 与平板两面的温差 ΔT 成正比,与平板的厚度 δ 成反比,以及与导热系数 λ 成正比的关系来设计的。即是在稳态条件下,在防护热板装置的中心计量区域内,在具有平行表面的均匀板状试件中,建立类似于以两个平行匀温平板为界面的无限大平板中存在的恒定热流。

为保证在中心计量单元建立一维热流和准确测量热流密度,加热单元应分为在中心的计量单元和由隔缝分开、环绕计量单元的防护单元,并且需有足够的边缘绝热和外防护套,特别是在远高于或低于室温下运行的装置,必须设置外防护套。

通过薄壁平板(壁厚≤壁长和壁宽的1/10)的稳定导热量按式(2.9)计算:

$$Q = \frac{\lambda}{\delta} \cdot \Delta T \cdot A \qquad (2.9)$$

式中　Q——通过薄壁平板的热量,W;

　　　λ——薄壁平板的导热系数,W/(m·K);

　　　δ——薄壁平板的厚度,m;

　　　A——薄壁平板的面积,m²;

　　　ΔT——薄壁平板的热端和冷端温差,℃。

如果通过测试,得出平板两面温差 $\Delta T = (t_R - t_L)$、平板厚度 δ、垂直于热流方向的导热面积 A 和通过平板的热流量 Q,就可以根据式(2.10)得出导热系数。

$$\lambda = \frac{Q \cdot \delta}{\Delta T \cdot A} \tag{2.10}$$

需要指出的是,式(2.10)所得的导热系数是在当时的平均温度下材料的导热系数值,此平均温度按式(2.11)计算。

$$\bar{t} = \frac{1}{2}(t_R + t_L) \tag{2.11}$$

式中 $\bar{t}$——测试材料导热系数的平均温度,℃;

t_R——被测试件的热端温度,℃;

t_L——被测试件的冷端温度,℃。

2)测量装置

根据上述原理可建造两种形式的防护热板装置:双试件式和单试件式。双试件装置中,在两个近似相同的试件中夹一个加热单元,试件的外侧各设置一个冷却单元。热流由加热单元分别经两侧试件传给两侧的冷却单元(图2.6(a))。单试件式装置中加热单元的一侧用绝热材料和背防护单元代替试件和冷却单元(图2.6(b)),绝热材料的两表面应控制温差为零,无热流通过。

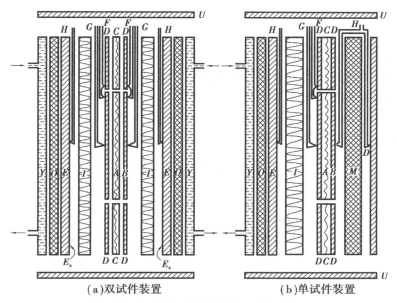

(a)双试件装置　　　　　　　　　(b)单试件装置

图2.6　防护热板法装置一般特点

加热单元 { 计量单元 { A—计量加热器　　　冷却单元 { E—冷面加热器
　　　　　　　　　　 B—计量面板　　　　　　　　　　 Es—冷却单元面板
　　　　　 防护单元 { C—防护加热器　　　　　　　　　 O—绝热层
　　　　　　　　　　 D—防护面板　　　　　　　　　　 Y—冷却水套

U—防护外套　　　　　　　　　I—被测试件

背防护单元 { L—背防护加热器　　　F—平衡检测温差热电偶
　　　　　　 M—绝热层　　　　　　G—加热单元表面测温热电偶

H—冷却单元表面测温热电偶　　　M—背防护单元温差热电偶

3）装置的技术要求

（1）加热单元

加热面板的表面温度必须为一均匀的等温面，在试件的两表面形成稳定的温度场。加热单元包括计量单元和防护单元两部分。计量单元由一个计量加热器和两块计量面板组成。防护单元由一个（或多个）防护加热器及两倍于防护加热器数量的防护面板组成。面板通常由高导热系数的金属制成，其表面

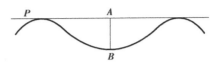

图 2.7　表面偏离真实平面示意图
AP—真实平面;AB—表面偏离

不应与试件和环境有化学反应。工作表面应加工成平面，在所有工作条件下，平面度应优于 0.025%（图 2.7）。在运行中，面板的温度不均匀性应小于试件温差的 2%。双试件装置，在测定热阻大于 $0.1\ m^2 \cdot K/W$ 的试件时，加热单元的两个表面板之间的温差应小于 ±0.2 K。所有工作表面应处理到在工作温度下的总半球辐射率大于 0.8。

①隔缝和计量面积。加热单元的计量单元与防护单元之间应有隔缝，隔缝在面板平面上所占的面积不应超过计量单元面积的 5%。

计量面积（试件由计量单元供给热流量的面积）与试件厚度有关。厚度趋近于零时，计量面板面积趋近于计量单元面积。厚试件的计量面积为隔缝中心线包围的面积，为避免复杂的修正，若试件的厚度大于隔缝宽度的 10 倍，应采用中心线包围的面积。

②隔缝两侧的温度不平衡。应采用适当的方法检测隔缝两侧的温度不平衡。通常采用多接点的热电堆，热电堆的接点应对金属板绝缘。在方形防护热板装置里，当仅用有限的温差热电偶时，建议检测平均温度不平衡的位置是沿隔缝距计量单元角的距离等于计量单元连长 1/4 的地方，且应避开角部和轴线位置。当传感器装设在金属面板的沟槽里时，无论面对试件还是面对加热器，除非经细致实验和理论校核证实测温传感器与金属面板间热阻的影响可忽略，否则都应避免用薄片来支承热电堆或使用类似的方法。温差热电偶放置之处应能记录沿隔缝边上存在的温度不平衡，而不是在计量单元和防护单元金属面板上某些任意点间存在的不平衡。建议隔缝边缘到传感器间的距离应小于计量单元连长的 5%。

实际上，温度平衡具有一定的不确定性，因此隔缝热阻应该尽量高。计量单元和防护单元间的机械连结应尽量少，尽可能避免金属或连续的连接。所有电线应斜穿过隔缝，并且应该尽量用细的、低导热系数的导线，避免用铜导线。

（2）冷却单元

冷却单元表面尺寸至少应与加热单元的尺寸相同。冷却单元可以是连续的平板，但最好与加热单元类似。它应维持在恒定的低于加热单元的温度。板面温度的不均匀性应小于试件温差的 2%。

（3）边缘绝热和边缘热损失

加热单元和试件的边缘绝热不良是试件中热流场偏离一维热流场的根源。此外，加热单元和试件边缘上的热损失会在防护单元的面板内引起侧向温度梯度，因而产生附加热流场歪曲。应采用边缘绝热、控制周围环境温度、增加外防护套或线性温度梯度的防护套，或者这些方法结合使用，以限制边缘热损失。

（4）背防护单元

单试件装置中的背防护单元由加热器和面板组成。背防护单元面向加热单元的表面的温度应与所对应的加热单元表面的温度相等,防止任何热流流过插入其间的绝热材料。应限制绝热材料的厚度,防止因侧向热损失在加热单元的计量单元中引起附加的热流而造成误差。因防护单元表面与加热单元表面温度不平衡以及绝热材料侧向热损失引起的测量误差应小于 ±0.5%。

（5）测量仪表

①温度测量仪表:

a.温度不平衡检测:测量温度不平衡的传感器常用直径小于 0.3 mm 的热电偶组成的热电堆。检测系统的灵敏度应保证因隔缝温度不平衡引起的热性质测定误差不大于 ±0.5%。

b.装置内的温度:任何能够保证测量加热和冷却单元面板间温度差的准确度达到 ±1% 的方法都可用来测量面板的温度。表面温度常用永久性埋设在面板沟槽内或放在试件接触表面下的温度传感器(热电偶)来测量。

在计量单元面板上设置的温度传感器的数量应大于 $10\sqrt{A}$ 或 2(取大者)。A 为计量单元的面积,以 m^2 计。推荐将一个传感器设置在计量面积的中心。冷却单元面板上设置温度传感器的数量应与计量单元的相同,位置应与计量单元相对应。

c.试件的温差:由于试件与装置的面板之间的接触热阻影响,试件的温差用不同的方法确定。

方法一:表面平整、热阻大于 0.5 $m^2\cdot K/W$ 的非刚性试件,温差由永久性埋设在加热和冷却单元面板内的温度传感器(通常为热电偶)测量。

方法二:刚性试件则用适当的匀质薄片插入试件与面板之间。由薄片-刚性试件-薄片组成的复合试件的热阻按方法一确定。薄片的热阻应不大于试件热阻的 1/10,并应在与测定时相同的平均温度、相同厚度和压力下单独测量薄片的热阻。总热阻与薄片热阻之差为刚性试件的热阻。

方法三:直接测量刚性试件表面温度的方法是在试件表面或在试件表面的沟槽内装设热电偶。这种方法应使用很细的热电偶或薄片型热电偶。热电偶的数量应满足装置内温度测量的要求。此时试件的厚度应为垂直试件表面方向(热流方向)上热电偶的中心距离。

d.温度传感器的形式和安装:安装在金属面板内的热电偶,其直径应小于 0.6 mm,较小尺寸的装置宜用直径不大于 0.2 mm 的热电偶。低热阻试件表面的热电偶宜埋入试件表面内,否则必须用直径更细的热电偶。

所有热电偶必须用标定过的热偶线材制作,线材应满足 GB 10294 中专用级要求。如不满足,应对每支热电偶单独标定后筛选。

因温度传感器周围热流的扭曲、传感器的漂移和其他特性引起的温差测量误差应小于 ±1%。使用其他温度传感器时,亦应满足上述要求。

②厚度测量。测量试件厚度的误差应小于 ±0.5%。

由于热膨胀和板的压力,试件的厚度可能变化。建议在实际的测定温度和压力下测量试件厚度。

③电气测量系统。温度和温差测量仪表的灵敏度应不低于 ±0.2%,加热器功率测量的误差应小于 ±0.1%。

（6）夹紧力

应配备可施加恒定压紧力的装置,以改善试件与板的热接触或在板间保持一个准确的间距,可采用恒力弹簧、杠杆静重系统等方法。测定绝热材料时,施加的压力一般不大于2.5 kPa。测定可压缩的试件时,冷板的角(或边)与防护单元的角(或边)之间需垫入小截面的低导热系数的支柱以限制试件的压缩。

（7）围护

当冷却单元的温度低于室温或平均温度显著高于室温时,应将防护热板装置放入封闭窗口中,以便控制箱内环境温度。当冷却单元的温度低于室温时,常设置制冷器控制箱内空气的露点温度,防止冷却单元表面结露。如需要在不同气体中测定,应具备控制气体及其压力的方法。

4）试件

（1）试件尺寸

应根据所使用装置的形式,从每个样品中选取一或两块试件。当需要两块试件时,它们应该尽可能一样(最好是从同一试样上截取),厚度差别应小于 2%。试件的尺寸要能够完全覆盖加热单元的表面。试件的厚度应是实际使用的厚度或大于能给出被测材料热性质的最小厚度。试件厚度应满足不平衡热损失和边缘热损失误差之和小于 0.5%。

试件的制备和状态调节应按照被测材料的产品标准进行。

（2）试件制备

a. 固体材料。试件的表面应通过适当方法加工平整,使试件与面板能紧密接触。刚性试件表面应制作得与面板一样平整,并且整个表面的不平行度应在试件厚度的 ±2% 以内。

某些实验室将高热导率试件加工成与所用装置计量单元、防护单元尺寸相同的中心和环形两部分,或将试件制成与中心计量单元相同的尺寸,而隔缝和防护单元部分用合适的绝热材料来代替。这些技术的理论误差应另行分析,在这种情况下,计算中所用的计量面积 A 应为:

$$A = A_m + A_g \times \frac{1}{2} \times \frac{\lambda_g}{\lambda} \tag{2.12}$$

式中 A_m——计量部分面积,m^2;

　　　A_g——隔缝面积,m^2;

　　　λ_g——面对隔缝部分材料的导热系数,$W/(m \cdot K)$;

　　　λ——试件的导热系数,$W/(m \cdot K)$。

由膨胀系数大而质地硬的材料制作的试件,在承受温度梯度时会极度翘曲,这会引起附加热阻,产生误差或毁坏测试装置。测定这类材料时需要使用特别设计的装置。

b. 松散材料。测定松散材料时,试件的厚度至少为松散材料中颗粒直径的 10 倍。称取经状态调节过的试样,按材料产品标准的规定制成要求密度的试件。如果没有规定,则按下述方法之一制作,然后将试件很快放入装置中或留在标准实验室气氛中达到平衡。

方法一：当装置在垂直位置运行时采用的方法。

在加热面板和各冷却面板间设立要求的间隔柱，组装好防护热板组件。在周围或防护单元与冷却面板的边缘之间用适合封闭样品的低导热系数材料围绕，以形成一个（或两个）顶部开口的盒子（加热单元两侧各一个）。把称重过的调节好的材料分成4（或8）个相等部分，每个试件4份。依次将每份材料放入试件的空间中，并在此空间内振动、装填、压实，直到材料占据它1/4的空间，从而制成密度均匀的试件。

方法二：当装置在水平位置运行时采用的方法。

用一个（或两个）外部尺寸与加热单元相同的、由低导热系数材料做成薄壁盒子，盒子的深度等于待测试件的深度。用不超过50 μm的塑料薄片和不反射的薄片（石棉纸或其他适当的均匀薄片材料）制作盒子开口面的盖子和底板，以粘贴或其他方法把底板固定到盒子的壁上。把具有一面盖子的盒子水平放在平整表面上，盒子内放入试件。注意使两个试件具有相等并且均匀的密度。然后盖上另一个盖板，形成封闭的试件。在放置可压缩的材料时，应抖松材料使盖子稍凸起，这样能在要求的密度下使盖子与装置的板有良好的接触。从试件方向看，在工作温度下盖子和底板表面的半球辐射系数应大于0.8。如盖子和底板有可观的热阻，可用在试件的温差中所述方法测定纯试件的热阻。

某些材料在试件准备过程中会有材料损失，可能要求在测定前重称试件。这种情况下，应先测定盒子和盖子的质量，以计算测定时材料的密度。

（3）试件状态调节

测定试件质量后，必须把试件放在干燥器或通风烘箱里，以材料产品标准中规定的温度（或对材料适宜的温度）将试件调节到恒定的质量。热敏感材料（如EPS板）不应暴露在能改变试件性质的温度下。当试件在给定的温度范围内使用时，应在这个温度范围的上限、空气流动并控制的环境下调节到恒定的质量。当测量传热性质所需时间比试件从实验室的空气中吸收显著水分所需要的时间短时（如混凝土试件），建议在干燥结束时，把试件快速放入装置中以防止其吸收水分。反之（如低密度的纤维材料或泡沫塑料试件），建议把试件留在标准的实验室空气（293 ± 1 K，50% ± 10% RH）中继续调节，直至与室内空气平衡。其他情况（如高密度的纤维材料）的调节过程取决于操作者的经验。

5）测定

①测量质量。用合适的仪器测定试件质量，准确到 ± 0.5%，称量后立即将试件放入装置中进行测定。

②测量厚度。刚性材料试件（如混凝土试件）厚度的测定可在放入装置前进行；容易发生变形的软体材料试件（如泡沫塑料）厚度由加热单元和冷却单元位置确定，或记下夹紧力，在装置外重现测定时试件上所受压力，然后测定试件的厚度。

③密度测定。由前面测定的试件质量、厚度及边长等数据计算确定试件的密度。有些材料（如低密度纤维材料）测量以计量面积为界的试件密度可能更精确，这样可得到较正确的热性质与材料密度之间的关系。

④温差选择。传热过程与试件的温差有关，应按照测定目的选择温差：

a. 按照材料产品标准中的要求。

b. 按被测定试件或样品的使用条件。

c. 确定温度与热性质之间的关系时,温差要尽可能小于 5 K。

d. 当要求试件内的传质减到最小时,按测定温差所需的准确度选择最低温差。

6)环境条件

①在空气中测定。调节环绕防护热板组件的空气的相对湿度,使其露点温度比冷却单元温度至少低 5 K。当把试件封入气密性袋内避免试件吸湿时,封袋与试件冷面接触的部分不应出现凝结水。

②在其他气体或真空中测定。如在低温下测定,装有试件的装置应该在冷却之前用干气体吹除空气;温度为 77 ~ 230 K 时,可用干气体作为填充气体,并将装置放入一密封箱中;冷却单元温度低于 125 K 时可使用氮气,应小心调节氮气压力以避免凝结;温度为 21 ~ 77 K 时,通常用氮气,有时使用氢气。

7)热流量的测定

测量施加于计量面积的平均电功率,精确到 ±0.2%。

输入功率的随机波动、变动引起的热板表面温度波动或变动,应小于热板和冷板间温差的 ±0.3%。

调节并维持防护部分的输入功率,现在的测量仪器基本上采用自动控制,以得到符合要求的计量单元与防护单元之间的温度不平衡程度。

8)冷面控制

当使用双试件装置时,调节冷却面板温度使两个试件的温差相同(差异小于 ±2%)。可采用水循环冷却的测量装置,调节流量计来控制。

9)温差检测

测量加热面板和冷却面板的温度(或试件表面温度),以及计量与防护部分的温度不平衡程度,由试件温差测量的 3 种方法之一确定试件的温差。

10)结果计算

①密度。按式(2.13)计算测定时试件的密度 ρ。

$$\rho = m/V \tag{2.13}$$

式中　ρ——测定时干试件的密度,kg/m³;

　　　m——干燥后试件的质量,kg;

　　　V——干燥后试件所占的体积,m³。

②传热性质。热阻按式(2.14)计算:

$$R = \frac{A(T_1 - T_2)}{Q} \tag{2.14}$$

导热系数按式(2.15)计算:

$$\lambda = \frac{Qd}{A(T_1 - T_2)} \tag{2.15}$$

式中 R——试件的热阻，$m^2 \cdot K/W$；

      Q——加热单元计量部分的平均热流量，其值等于平均发热功率，W；

      T_1——试件热面温度平均值，K；

      T_2——试件冷面温度平均值，K；

      d——试件测定时的平均厚度，m；

      A——计量面积，m^2。

11）测试报告

测试报告应包括以下内容：

①材料的名称、标志和物理性能。

②试件的制备过程和方法。

③试件的厚度，应注明由热、冷单元位置确定或测量试件的实际厚度。

④状态调节的方法和温度。

⑤调节后材料的密度。

⑥测定时试件的平均温差及确定温差的方法。

⑦测定时的平均温度和环境温度。

⑧试件的导热系数。

⑨测试日期和时间。

2.4.2　热流计法

热流计法的检测方法及装置、试样的要求按照《绝热材料稳态热阻及有关特性的测定——热流计法》进行。

1）原理

当热板和冷板在恒定温度的稳定状态下，热流计装置在热流传感器中心测量部分和试件中心部分建立类似于无限大平壁中存在的单向稳定热流。假定测量时具有稳定的热流密度 q、平均温度 T_m 和温差 ΔT。用标准试件测得的热流量为 Q_s、被测试件热流量为 Q_u，则标准试件热阻 R_s 和被测试件热阻 R_u 的比值为：

$$\frac{R_u}{R_s} = \frac{Q_s}{Q_u} \tag{2.16}$$

如果满足确定导热系数的条件，且试件厚度 d 为已知，可算出试件的导热系数。

由于侧向热损，不可能在试件和热流传感器的整个面积上建立一维热流。因此，在测试时要特别注意通过试件热流传感器边缘的热损失。边缘热损失与试件的材料、尺寸以及装置的构造有关。因此，要注意标准试件与被测试件的热性能和几何尺寸（厚度）的差别，以及用防护热板装置测定标准试件与用标准试件标定热流计装置时温度边界条件的差别对标定的影响。

2)测试装置

热流计装置的典型布置如图 2.8 所示。装置由加热单元、一个(或两个)热流传感器、一块(或两块)试件和冷却单元组成。图 2.8(a)为单试件不对称布置,热流传感器可以面对任一单元放置;图 2.8(b)为单试件双热流传感器对称布置;图 2.8(c)为双试件对称布置,其中两块试件应该基本相同,由同一样品制备;亦可在加热单元的另一侧面另加热流传感器和冷却单元构成双向装置(图 2.8(d)和(e))。

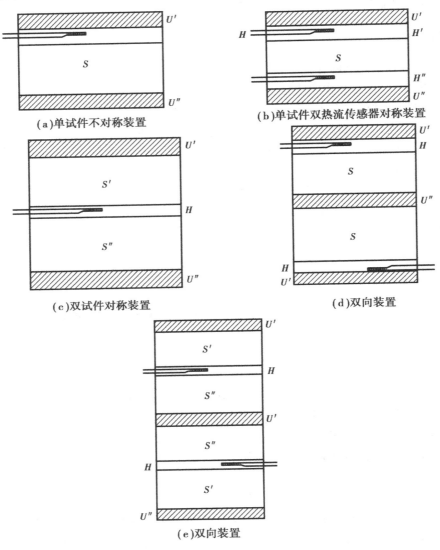

图 2.8 热流计装置的典型布置

S,S',S''—试件;U',U''—冷却和加热器;H',H''—热流传感器

加热单元和冷却单元以及热流传感器的工作表面(与试件接触的表面)的平面度应优于 0.025%,并处理至在工作温度下的总半球辐射率大于 0.8。

（1）加热和冷却单元

加热和冷却单元的工作表面上，温度不均匀性应小于试件温差的1%。如果热流传感器直接与加热或冷却单元工作表面接触，并且热流传感器对沿表面的温差敏感，则温度均匀性要求更高，应保证热流密度测量误差小于0.5%。可用在两块金属板中放置均匀比功率的电热丝或在板中保持恒温流体来达到，也可二者结合使用。冷却单元的等温面尺寸至少应和加热单元的工作表面一样大。

测定时工作表面温度的波动或漂移不应超过试件温差的0.5%。热流传感器由于表面温度波动引起的输出波动应小于±2%，必要时可在热流传感器与加热或冷却单元的工作表面间插入绝热材料作阻尼。

（2）热流传感器

热流传感器是利用在具有确定热阻的板材上产生温差来测量通过它本身的热流密度的装置。

热流传感器由芯板、表面温差检测器、表面温度传感器和起保护及热阻尼作用的盖板组成。可利用金属板（箔）作均温板以改善或简化测量，但是不应设置在会使热流传感器的输出受影响的地方。

芯板应使用不吸湿的、热匀质的、各向同性的、长期稳定和硬的（可压缩性较小的）材料制作。在使用温度下以及正常的装卸后，材料性质不应发生有影响其特性的变化。软木复合物、硬橡胶、塑料、陶瓷、酚醛层压板和环氧或硅脂填充的玻璃纤维织品等可用于制作芯板。芯板的两个表面应平行，以保证热流均匀垂直于表面。

①热电堆。热电堆应采用灵敏和稳定的温差检测器测量芯板上的微小温差。常用多接点的热电堆，其类型如图2.9所示。热电堆的热电势e与流过芯板的热流密度q有关，$q = f \cdot e$，其中f称为标定常数，它与温度有关，在一定程度上还与热流密度有关。热电堆的导线直径宜小于0.2 mm。建议用产生热电势高、导热系数低的热电元件。

如果热流不是垂直通过热流传感器的主表面，则热流传感器的主表面上就有温度梯度，此时应避免用图2.9所示的热接点布置，它对沿垂直和平行于热流传感器主表面的温差都很敏感。必须采取措施防止输出导线的热流对输出的影响。

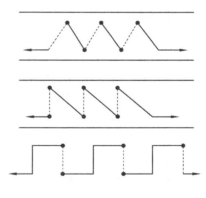

图2.9 热电堆示意图

当热流传感器输出小于200 μV时，必须采取特殊技术，消除导线、测量线路和热流传感器本体中附加热电势对测量的影响。

温差检测器应均匀分布在热流传感器最中心区域，其面积为整个表面积的10% ~40%。或可集中布置在不小于10%的区域内，并且这个区域在热流传感器中心的40%范围内。

②表面板。热流传感器的两个表面应予以覆盖。表面板的厚度在满足防止温差检测器导线分流的前提下，应尽量薄。正确设计的热流传感器，在试件的导热系数大幅度变化时，

其灵敏度应与试件的导热系数无关。表面板亦可起阻尼作用,减少温度波动。表面板应采用与芯板类似的材料,用黏合或使用易熔材料等方法黏合到芯板上。

③表面温度传感器。应测量热流传感器靠试件一侧表面的平均温度。$80~\mu m$ 的铜箔能平均热流传感器计量区域的表面温度,箔片应该超出该区域大约等于热流传感器的厚度。箔片能够作为铜-康铜热电偶的一部分或者用于安装铂热电阻。热电偶的直径应小于 $0.2~mm$,康铜丝焊在箔片中心,而铜线焊在靠近边缘的某一点。应清除热电偶丝焊接的焊锡球,保证表面平整。

(3)其他测量装置

①装置的温度。测量加热和冷却单元(或热流传感器)工作表面间的温度差应准确到 $\pm 1\%$。

加热和冷却单元工作表面的温度可用永久性安装在槽内或直接装在工作表面之下的热电偶测量。当采用双试件对称测量时,置于加热和冷却单元的工作表面上的温度传感器可用差动连接。此时温度传感器必须与板电气绝缘,建议绝缘电阻大于 $1~M\Omega$。

每一表面上温度传感器的数量应不小于 $10\sqrt{A}$ 个或 2 个(取大者;A 为计量单元的面积,以 m^2 计)。如热电偶经常更换或经常标定,对于面积小于 $0.04~m^2$ 的板,每个面上可只用一个热电偶。新建立的装置至少需要两支热电偶。

②试件上的温差:

a. 热阻大于 $0.5~m^2 \cdot K/W$,且表面能很好贴合到工作表面的软质试件,通常采用固定在加热、冷却单元或热流传感器表面上的温度传感器进行测量。

b. 硬质试件由于受工作表面与试件之间的接触热阻的影响,需采用特殊的方法。已证实可用于硬试件的一种方法是在试件和工作表面之间插入适当的均匀材料的薄片,然后用装在试件表面上或埋入试件表面的热电偶来测定试件温差,均匀布置的热电偶数量参见装置的温度测量。此法也可与在试件和工作表面间插入低热阻材料的薄片结合使用。

③温度传感器。使用热电偶作温度传感器时,装在加热和冷却单元表面上的热电偶直径应不大于 $0.6~mm$,小尺寸装置宜小于 $0.2~mm$。装在试件表面或埋入试件表面的热电偶直径应小于 $0.2~mm$。热电偶应采用经过标定的偶线制成。

采用其他温度传感器(如铂热电阻),必须具有相当的准确度、灵敏度和稳定性。由于温度传感器周围的热流混乱、温度传感器的漂移等引起的温差测量的总误差应小于 $\pm 1\%$。

④电气测量系统。装置的整个测量系统(包括计算电路)应满足下列要求:

a. 灵敏度、线性、准确度和输入阻抗应满足测量试件温差小于 $\pm 0.5\%$,测量热电堆热电势的误差小于 $\pm 0.6\%$。

b. 灵敏度高于温差检测器最小输出的 0.15%。

c. 在温差检测器预期输出范围内,非线性误差小于 $\pm 0.1\%$。

d. 由于输入阻抗引起的计数误差应小于 $\pm 0.1\%$,一般大于 $1~M\Omega$ 可满足要求。

e. 稳定性应满足在两次标定之间或 $30~d$ 内(取大者)计数变化小于 $\pm 0.2\%$。

f. 在温差和热电堆输出中,噪声电压的有效值应小于 $\pm 0.1\%$。

⑤厚度测量。测量厚度的误差应小于 $\pm 0.5\%$。建议在装置中,在测试的温度和压力条

件下测量试件的厚度。使用电子式传感器时,必须定期检查,检查间隔应小于1年。

⑥机械装置。框架应能在一个或几个方向固定装置。框架上应设置施加可重复的恒定压紧力的机构,以保证良好的热接触或者在冷、热板表面间保证准确的间距。稳定的压紧力可用恒力弹簧、杠杆系统或恒重产生,对试件施加的压力一般不大于2.5 kPa。测定易压缩材料时,必须在加热和冷却单元的角或边缘上使用小截面的低导热系数的支柱来限制试件的压缩。

⑦边缘绝热和边缘热损失。热流计装置应该用边缘绝热材料、控制周围空气温度或者同时使用两种方法来限制边缘损失的热量。尤其在测定平均温度与试验室空气温度有显著差异时,应该用外壳包围热流计装置,保持箱内温度等于试件的平均温度。

边缘热损失:所有布置形式的边缘热损失灵敏度与热流传感器对沿表面温差的灵敏度有关。因此,只有用实验才能检查边缘热损失对测量热流密度的影响。单试件双热流传感器对称布置的装置可通过比较两个热流传感器的计数来估计边缘热损失的误差。边缘热损失的误差应小于±0.5%。

为得到较小的边缘热损失误差,通过边缘的热流量应小于通过试件热流量的20%。

3)测定过程

(1)试件

①试件尺寸。根据装置的类型从每个样品中选择一或两块试件,当需要两块试件时,两块试件的厚度差应小于2%。试件的尺寸应能完全覆盖加热、冷却单元及热流传感器的工作表面,并且应具有实际使用的厚度,或者具有大于可确定被测材料热性质的试件的最小厚度。

②试件的制备。试件表面应该用适当的方法加工平整,使试件和工作表面之间能够紧密接触。对于硬质材料,试件的表面应该做得和与其接触的工作表面一样平整,并且在整个表面上的不平等度应控制在试件厚度的±2%之内。

当试件用硬质材料制成,并且(或者)热阻小于0.1 m² · K/W时,应采用在试件上的热电偶测量试件的温差,试件的厚度应该取两侧热电偶中心之间垂直于试件表面的平均距离。

③试件状态调节。在测定试件的质量之后,必须按被测材料的产品标准中规定的温度(或在对试件合适的温度下),把试件放在干燥器中或者通风烘箱中调节到恒定的质量。热敏感材料不应暴露在会改变试件性质的温度下。如试件在给定的温度范围内使用,则应在这个温度范围的上限、空气流动控制的环境下,调节到恒定的质量。

如测量热性质所需要的时间比试件从实验室的空气中吸收显著水分所需要的时间短时(如混凝土试件),建议在干燥结束时,把试件快速放入装置中以防止其吸收水分。反之(如低密度的纤维材料或泡沫塑料),建议把试件留在标准的实验室空气中继续调节,直至与室内空气平衡。其他情况(如高密度的纤维材料)的调节过程取决于操作者的经验。

把试件调节到恒定质量之后,应冷却并贮存于封闭的干燥器或者封闭的部分抽真空的聚乙烯袋中,在试验前,试件应取出称重并立即放入装置中。

为了防止在测定时试件吸湿,可将试件封闭在防水封套中。如封套的热阻不可忽略,则封套的热阻必须单独测定。

（2）测定步骤

①质量测量。用合适的仪器测量试件的质量，误差不超过 ±0.5%。测定后，应立即把试件放入装置内。

②厚度测定。试件测定时的厚度是指测定时测得的试件的厚度或板与热流传感器间隙的尺寸，或者在装置之外利用能重现在测试时对试件施加压力的装置进行测量的厚度。

针对某些材料（如低密度纤维材料），测量由计量区域所包围的部分试件的密度可能比测量整个试件的密度更准确，这样可得到较正确的密度和测量的热性质之间的关系。在可能时，测定时要监视厚度。

③温差的选择。传热过程与试件上的温差有关，应按照测定的目的选择温差：

a. 按材料产品标准的要求。

b. 按所测试件或样品的使用条件。

c. 在测定温度和热性质关系时，温差要应尽可能低 5~10 ℃。

d. 当要求试件中的传质现象最小时，按温差测量所需要的准确度选择最低的温差。

④环境条件。应根据装置的类型和测定温度，按要求施加边缘绝热和（或）环境的特殊条件。周围环境温度控制系统中常设置制冷器，以维持封闭空气的露点温度至少比冷却单元温度低 5 K，防止冷凝和试件吸湿。

⑤热流和温度测量。通过观察热流传感器平均温度和输出电势、试件平均温度以及温差来检查热平衡状态。

热流计装置达到热平衡所需要的时间与试样的密度、比热、厚度和热阻的乘积以及装置的结构密切相关。许多测定的计数间隔可能只需要上述乘积的 1/10，因此推荐用实验对比确定。在缺少类似试件在相同仪器上测定的经验时，以等于上述乘积或 300 s（取大者）的时间间隔进行观察，直到 5 次计数所得到的热阻值相差在 ±1% 之内，并且不在一个方向上单调变化时为止。

在达到平衡以后，测量试件热、冷面的温度。

完成上述的观察后，立即测量试件的质量。当试件厚度不是由板的间隙确定时，建议在试验结束时重复测量厚度。

4）结果计算

（1）密度

按式（2.17）计算测定时试件的密度 ρ：

$$\rho = m/V \tag{2.17}$$

式中　ρ——测定时干试件的密度，kg/m^3；

m——干燥后试件的质量，kg；

V——干燥后试件所占的体积，m^3。

（2）热性质

①单试件装置：

a. 不对称布置。热阻 R 按式（2.18）计算：

$$R = \frac{\Delta T}{f \cdot e} \tag{2.18}$$

导热系数 λ 按式(2.19)计算:

$$\lambda = f \cdot e \times \frac{d}{\Delta T} \tag{2.19}$$

式中 ΔT——试件热面和冷面温度差,K 或 ℃;

       f——热流传感器的标定系数,W/(m² · V);

       e——热流传感器的输出,V;

       d——试件的平均厚度,m。

b. 双热流传感器对称布置。热阻 R 按式(2.20)计算:

$$R = \frac{\Delta T}{0.5(f_1 \cdot e_1 + f_2 \cdot e_2)} \tag{2.20}$$

导热系数 λ 按式(2.21)计算:

$$\lambda = 0.5(f_1 \cdot e_1 + f_2 \cdot e_2) \times \frac{d}{\Delta T} \tag{2.21}$$

式中 f_1——第一个热流传感器的标定系数,W/(m² · V);

       e_1——第一个热流传感器的输出,V;

       f_2——第二个热流传感器的标定系数,W/(m² · V);

       e_2——第二个热流传感器的输出,V。

②双试件布置。总热阻 R_t 按式(2.22)计算:

$$R_t = \frac{1}{f \cdot e}(\Delta T' + \Delta T'') \tag{2.22}$$

平均导热系数 λ_{avg} 按式(2.23)计算:

$$\lambda_{avg} = \frac{f \cdot e}{2}\left(\frac{d'}{\Delta T'} + \frac{d''}{\Delta T''}\right) \tag{2.23}$$

式(2.22)和式(2.23)中角标分别表示两块试件(′表示第一块试件,″表示第二块试件)。

5)测试报告

测试报告应包括以下内容:

①材料的名称、标志和物理性能。

②试件的制备过程和方法。

③测定时试件的厚度(在双试件布置中为两块试件的总厚度),并注明厚度是强制由热、冷单元位置确定或测量试件的实际厚度确定。

④状态调节的方法和温度。

⑤调节后材料的密度。

⑥测定时试件的平均温差及确定温差的方法。

⑦测定时的平均温度。

⑧热流密度。

⑨试件的导热系数。

⑩所用热流计装置的类型(一块或两块试件)、取向(垂直、水平或任何其他方向,单试件装置的试件不是垂直方向时,应说明试件热侧的位置)、热流传感器数量及位置、减少边缘热损失的方法和在测定时板周围的环境温度。

⑪插入试件与装置面板之间的薄片材料或所用的防水封套及其热阻。

⑫测试日期和时间。

第3章 建筑节能材料检测

我国正在加快建设以低碳为特征的建筑体系。其中,采用性能良好、节能环保的建筑材料是实现低碳建筑的重要内容。建筑节能材料本系列丛书中有专门介绍,本章仅从检测角度介绍墙体材料、幕墙、门窗、屋面和地面保温隔热材料等基本检测要点。

3.1 墙体保温材料

墙体保温材料检验分出厂检验、材料进入施工现场复验、见证抽样送检和型式检验。前面几种检验容易理解,型式检验是由生产厂家委托有资质的检测机构,对定型产品或成套技术的全部性能指标进行的检验。其报告为型式检验报告,通常在产品定型鉴定、正常生产时、规定时间内、工艺参数改变或有型式检验要求时进行。

3.1.1 建筑保温砂浆

建筑保温砂浆是指以膨胀珍珠岩、玻化微珠或膨胀蛭石、胶凝材料为主要成分,掺加其他功能组分制成的用于建筑物墙体绝热的干拌混合物。使用时需加适当面层。

1)性能要求

①外观质量:建筑保温砂浆的外观应为均匀、干燥无结块的颗粒状混合物。

②堆积密度:Ⅰ型应不大于 250 kg/m³,Ⅱ型应不大于 350 kg/m³。

③石棉含量:建筑保温砂浆应不含石棉纤维。

④放射性:天然放射性核素镭-266、钍-232、钾-40 的放射性比活度应同时满足 $I_{Ra} \leq 1.0$ 和 $I_r \leq 1.0$。

⑤分层度:建筑保温砂浆加水后拌和物的分层度应不大于 20 mm。

⑥成型后产品的性能:成型后产品的性能应符合表 3.1 的要求。

表 3.1 成型后产品的性能

项　目	技术要求	
	Ⅰ型	Ⅱ型
干密度(kg/m³)	240~300	301~400
抗压强度(MPa)	≥0.20	≥0.40
导热系数[W/(m·K)]	≤0.070	≤0.085
线收缩率(%)	≤0.30	≤0.30
压剪粘结强度(kPa)	≥50	≥50
燃烧性能级别	应符合 GB 8624 规定的 A₁ 级要求	应符合 GB 8624 规定的 A₁ 级要求

⑦抗冻性:当用户有抗冻性要求时,15次冻融循环后质量损失率应不大于5%,抗压强度损失率应不大于25%。

⑧软化系数:外保温型建筑保温砂浆的软化系数应不小于0.50。

2)试验方法

（1）外观质量

目测产品外观是否均匀、有无结块。

（2）堆积密度

①设备:

a.电子天平:量程为5 kg,精度为0.1 g。

b.量筒:圆柱形金属筒（尺寸为内径108 mm、高109 mm）容积为0.001 m³,要求内壁光洁,并具有足够的刚度,量筒应经常进行校核。

c.堆积密度试验装置（图3.1）。

②试验步骤:

a.将抽取的试样注入堆积密度试验装置的漏斗中,启动活动门,将试样注入量筒。

b.用直尺刮平量筒试样表面,刮平时直尺应紧贴量筒上表面边缘。

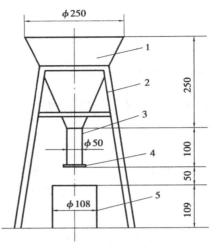

图3.1 堆积密度试验装置
1—漏斗;2—支架;3—导管;
4—活动门;5—量筒

c.分别称量量筒的质量m_1、量筒和试样的质量m_2。

d.试验过程中应保证试样呈松散状态,防止任何程度的振动。

③结果计算。堆积密度按式（3.1）计算:

$$\rho = \frac{m_2 - m_1}{\nu} \tag{3.1}$$

式中　ρ——试样堆积密度,kg/m³;

　　　m_1——量筒的质量,kg;

　　　m_2——量筒和试样的质量,kg;

　　　ν——量筒的容积,m³。

试验结果取3次试验结果的算术平均值,保留3位有效数字。

（3）石棉含量

石棉含量的检测按HBC19的规定进行。

（4）放射性

天然放射性核素镭-266、钍-232、钾-40的放射性比活度的检测按GB 6566的规定进行。

（5）分层度

①拌合物的制备:拌制拌和物时,拌和用的材料应提前24 h放入试验室内。拌和时试验室的温度应保持在（20 ±5）℃。搅拌可采用机械或人工拌和方式,用搅拌机搅拌时,搅拌的用量不少于搅拌机容量的20%,搅拌时间不宜少于2 min。

将建筑保温砂浆与水拌和进行试配,确定拌和物稠度为（50 ±5）mm时的水料比,稠度的检测方法按 JGJ 70 标准规定进行。

按确定的水料比或生产者推荐的水料比混合搅拌制备拌和物。

②分层度的测定：

a.将拌和好的砂浆先进行稠度试验,然后将同批砂浆(或经稠度试验的砂浆重新拌和均匀)一次注满分层度筒内。

b.静置 30 min 后,去掉上层 200 mm 砂浆,然后取出底层 100 mm 砂浆,在砂浆搅拌锅内重新拌匀,2 min 后再测定砂浆稠度值。

c.两次砂浆稠度的差值,即为砂浆的分层度值(以 mm 计)。

d.砂浆的分层度应取两次试验结果的算术平均值。两次分层度试验值之差如大于 20 mm 应重新做试验。

(6)成型后产品的性能

①干密度。

a.试件的制备：

● 使用 70.7 mm × 70.7 mm × 70.7 mm 试模,试模内壁事先应涂刷薄层脱模剂。

● 将制备的拌和物一次注满试模,用捣棒均匀由外向里按螺旋方向插捣 25 次,插捣时应尽量不破坏其保温骨料,为防止可能留下孔洞,允许用油灰刀沿模壁插捣数次,使砂浆高出试模顶面 6~8 mm,共成型 6 个三联试模共 18 个试件。

● 当建筑保温砂浆拌和物表面出现麻斑状态时,将高出部分的拌和物沿试模顶面削去抹平。

● 试件制作后应在(20 ±5)℃温度环境下停置(48 ±4)h,然后编号拆模,拆模后应立即在(20 ±3)℃、相对湿度 60% ~80% 的条件下或生产商规定的养护条件下养护至 28 d(自成型时算起)或生产商规定的时间(生产商规定的养护时间自成型时算起不得多于 28 d)。

b.干密度的测定:养护结束后将试件从养护室取出并在(105 ±5)℃或生产商提供的温度下烘至恒重,取其中 6 个试件遵照 GB/T 5486.3 的规定进行干密度的测定,试验结果取 6 个试件干密度测定值的算术平均值。

②抗压强度。检测干密度后的 6 个试件,按 GB/T 5486.2 中的规定进行抗压强度试验。以 6 个试件检测值的算术平均值作为抗压强度值 s_0。

③导热系数。制备符合导热系数测定仪要求尺寸的试件,按 GB/T 10294 规定的方法测试导热系数。

④线收缩率。

a.试验步骤：

● 将收缩头固定在试模两端的孔洞中,使收缩头露出试件端面(8 ±1)mm。

● 将试模内壁涂刷脱模剂,向试模内注满标准浆料并略高于试模的上表面,用捣棒均匀插捣 25 次,为防止浆料留下孔隙,用油灰刀沿模壁插数次,然后将高出的浆料沿试模顶面削去抹平。试块成型后用湿布覆盖再用聚乙烯薄膜覆盖,在试验室温度条件下养护 7 d 后去掉覆盖物,对试件进行编号、拆模并标明测试方向。然后用标准杆调整收缩仪的百分表的零点,按标明的测试方向立即测定试件的长度,即为初始长度。

● 测定初始长度后,将试件放在标准试验条件下继续养护 49 d。第 56 d 测定试件的长度,即为干燥后长度。

b. 结果计算。收缩率按式(3.2)计算:

$$\varepsilon = (L_0 - L_1)/(L - L_d) \qquad (3.2)$$

式中　ε——自然干燥收缩率,%;

　　　L_0——试件的初始长度,mm;

　　　L_1——试件干燥后的长度,mm;

　　　L——试件的长度,为160 mm;

　　　L_d——两个收缩头埋入试样中长度之和,mm。

试验结果按3个试件测定值的算术平均值来确定,如个别值与平均值偏差大于20%,应剔除,但一组至少应有2个数据计算平均值;试验结果取2位有效数字。

(7)软化系数

将制得的测定干密度外的另6个干燥后的试件,浸入温度为(20±5)℃的水中,水面应高出试件20 mm以上,48 h后取出。浸泡水面应高出试件约20 mm,试件间距应大于5 mm。从水中取出试件,用拧干的湿毛巾擦去表面附着水,遵照GB/T 5486.2的规定进行抗压强度检测,以6个试件检测值的算术平块值作为浸水后的抗压强度值s_1。

软化系数按式(3.3)计算:

$$j = s_0/s_1 \qquad (3.3)$$

式中　j——软化系数,要求精确至0.01;

　　　s_0——抗压强度,MPa;

　　　s_1——浸水后抗压强度,MPa。

⑧燃烧性能级别:燃烧性能级别的检测按GB/T 5464的规定进行测定。

3.1.2　胶粉聚苯颗粒外墙外保温系统材料

胶粉聚苯颗粒外墙外保温系统是指以胶粉聚苯颗粒保温浆料为保温层,抗裂砂浆复合耐碱玻璃纤维网格布或热镀锌电焊网为防护层,涂料或面砖为饰面层的建筑外墙外保温系统。

1)性能要求

(1)界面砂浆

界面砂浆性能应符合表3.2的要求。

表3.2　界面砂浆性能指标

项　　目		单　位	指　标
界面砂浆压剪粘结强度	原强度	MPa	≥0.7
	耐水	MPa	≥0.5
	耐冻融	MPa	≥0.5

（2）胶粉料

胶粉料的性能应符合表 3.3 的要求。

表 3.3　胶粉料性能指标

项　　目	单　　位	指　　标
初凝时间	h	≥4
终凝时间	h	≤12
安定性（试饼法）	—	合格
拉伸粘结强度	MPa	≥0.6
浸水拉伸粘结强度	MPa	≥0.4

（3）聚苯颗粒

聚苯颗粒轻骨料的性能应符合表 3.4 的要求。

表 3.4　聚苯颗粒轻骨料性能指标

项　　目	单　　位	指　　标
堆积密度	kg/m^3	8.0～21.0
粒度（5 mm 筛孔筛余）	%	≤5

（4）胶粉聚苯颗粒保温浆料

胶粉聚苯颗粒保温浆料的性能应符合表 3.5 的要求。

表 3.5　胶粉聚苯颗粒保温浆料性能指标

项　　目	单　　位	指　　标
湿表观密度	kg/m^3	≤420
干表观密度	kg/m^3	180～250
导热系数	W/(m·K)	≤0.060
蓄热系数	$W/(m^2·K)$	≥0.95
抗压强度	kPa	≥200
压剪粘结强度	kPa	≥50
线性收缩率	%	≤0.3
软化系数	—	≥0.5
难燃性	—	B_1 级

（5）抗裂剂及抗裂砂浆

抗裂剂及抗裂砂浆性能应符合表 3.6 的要求。

表 3.6　抗裂剂及抗裂砂浆性能指标

项　目		单　位	指　标
抗裂剂	不挥发物含量	%	≥20
	贮存稳定性(20±5)℃	—	6 个月,试样无结块凝聚及发霉现象,且拉伸粘结强度满足抗裂砂浆指标要求
抗裂砂浆	可使用时间　可操作时间	h	≥1.5
	可使用时间　在可操作时间内拉伸粘接强度	MPa	≥0.7
	拉伸粘结强度(常温 28 d)	MPa	>0.7
	浸水拉伸粘结强度(常温 28 d,浸水 7 d)	MPa	>0.5
	压折比	—	≤3.0

注:水泥应采用强度等级 42.5 的普通硅酸盐水泥,并应符合 GB 175—1999 的要求;砂应符合 JGJ 52—2006 的规定,筛除直径大于 2.5 mm 的颗粒,含泥量应少于 3%。

(6)耐碱网布

耐碱网布的性能应符合表 3.7 的要求。

表 3.7　耐碱网布性能指标

项　目		单　位	指　标
外观		—	合格
长度、宽度		m	50~100、0.9~1.2
网孔中心距	普通型	mm	4×4
	加强型		6×6
单位面积质量	普通型	g/m²	≥160
	加强型		≥500
断裂强力(经、纬向)	普通型	N/50 mm	≥1 250
	加强型	N/50 mm	≥3 000
耐碱强力保留率(经、纬向)		%	≥90
断裂伸长率(经、纬向)		%	≤5
涂塑量	普通型	g/m²	≥20
	加强型		
玻璃成分		%	符合 JC 719 的规定,其中 Z_rO_2 14.5±0.8,T_iO_2 6±0.5

（7）弹性底涂

弹性底涂的性能应符合表3.8的要求。

表3.8 弹性底涂性能指标

项 目		单 位	指 标
容器中状态		—	搅拌后无结块,呈均匀状态
施工性		—	刷涂无障碍
干燥时间	表干时间	h	≤4
	实干时间	h	≤8
断裂伸长率		%	≥100
表面憎水性		%	≥98

（8）柔性耐水腻子

柔性耐水腻子的性能应符合表3.9的要求。

表3.9 柔性耐水腻子性能指标

项 目		单 位	指 标
容器中状态		—	无结块、均匀
施工性		—	刮涂无障碍
干燥时间（表干）		h	≤5
打磨性		—	手工可打磨
耐水性(96 h)		—	无异常
耐碱性(48 h)		—	无异常
粘结强度	标准状态	MPa	≥0.60
	冻融循环(5次)	MPa	≥0.40
柔韧性		—	直径50 mm,无裂纹
低温贮存稳定性		—	−5 ℃冷冻4 h无变化,刮涂无困难

（9）外墙外保温饰面涂料

外墙外保温饰面涂料必须与胶粉聚苯颗粒外保温系统相容,其性能除应符合国家及行业相关标准外,还应满足表3.10的抗裂性要求。

表3.10 外墙外保温饰面涂料抗裂性能指标

项 目		指 标
抗裂性	平涂用涂料	断裂伸长率≥150%
	连续性复层建筑涂料	主涂层的断裂伸长率≥100%
	浮雕类非连续性复层建筑涂料	主涂层初期干燥抗裂性满足要求

（10）面砖粘结砂浆

面砖粘结砂浆性能应符合表3.11的要求。

表3.11 面砖粘结砂浆的性能指标

项 目		单 位	指 标
拉伸粘结强度		MPa	≥0.60
压折比		—	≤3.0
压剪粘结强度	原强度	MPa	≥0.6
	耐温7 d	MPa	≥0.5
	耐水7 d	MPa	≥0.5
	耐冻融30 次	MPa	≤0.5
线性收缩率		%	≤0.3

注:水泥应采用强度等级42.5的普通硅酸盐水泥,并应符合GB 175—1999的要求;砂应符合JGJ 52—2006的规定,筛除直径大于2.5 mm的颗粒,含泥量应少于3%。

（11）面砖勾缝料

面砖勾缝料的性能应符合表3.12的要求。

表3.12 面砖勾缝料性能指标

项 目		单 位	指 标
外 观		—	均匀一致
颜 色		—	与标准样一致
凝结时间		h	大于2 h,小于24 h
拉伸粘结强度	常温常态14 d	MPa	≥0.60
	耐水(常温常态14 d,浸水48 h,放置24 h)	MPa	≥0.50
压折比(抗压强度/抗折强度)		—	≤3.0
透水性(24 h)		mL	≤3.0

（12）塑料锚栓

塑料锚栓通常由螺钉和带圆盘的塑料膨胀套管两部分组成,金属螺钉应采用不锈钢或经过表面防腐蚀处理的金属制成,塑料钉和带圆盘的塑料膨胀套管应采用聚酰胺、聚乙烯或聚丙烯制成,制作塑料钉和塑料套管的材料不得使用回收的再生材料。塑料锚栓有效锚固深度不应小于25 mm,塑料圆盘直径不应小于50 mm,单个塑料锚栓抗拉承载力标准值(C25混凝土基层)不应小于0.80 kN。

（13）热镀锌电焊网

热镀锌电焊网(俗称四角网)应符合《镀锌电焊网》QB/T 3897标准,并应满足表3.13的要求。

表3.13 热镀锌电焊网性能指标

项 目	单 位	指 标
工艺	—	热镀锌电焊网
丝径	mm	0.9±0.04
网孔大小	mm	12.7×12.7
焊点抗拉力	N	>65
镀锌层质量	g/m²	≥122

（14）饰面砖

外保温饰面砖应采用粘贴面带有燕尾槽的产品并不得带有脱模剂。其性能应符合下列现行标准的要求：《陶瓷砖和卫生陶瓷分类及术语》（GB/T 9195），《干压陶瓷砖》（GB/T 4100.1、GB/T 4100.2、GB/T 4100.3、GB/T 4100.4），《陶瓷劈离砖》（JC/T 457），《玻璃马赛克》（GB/T 7697）。并应同时满足表3.14性能指标的要求。

表3.14 饰面砖性能指标

项 目		单 位	指 标
尺寸	6 m 以下墙面 表面面积	cm²	≤410
	6 m 以下墙面 厚度	cm	≤1.0
	6 m 及以上墙面 表面面积	cm²	≤190
	6 m 及以上墙面 厚度	cm	≤0.75
单位面积质量		kg/m²	≤20
吸水率	Ⅰ，Ⅵ，Ⅶ气候区	%	≤3
	Ⅱ，Ⅲ，Ⅳ，Ⅴ气候区		≤6
抗冻性	Ⅰ，Ⅵ，Ⅶ气候区	—	50 次冻融循环无破坏
	Ⅱ气候区		40 次冻融循环无破坏
	Ⅲ，Ⅳ，Ⅴ气候区		10 次冻融循环无破坏

注：气候区划分级按 GB 50178 中一级区划的Ⅰ—Ⅶ区执行。

（15）附件

在胶粉聚苯颗粒外保温系统中所采用的附件（包括密封膏、密封条、金属护角、盖口条等），应分别符合相应的产品标准的要求。

2）试验方法

标准试验环境为空气温度（23±2）℃，相对湿度（50±10）%。在非标准试验环境下试验时，应记录温度和相对湿度。本标准试验方法中所述脱模剂是采用机油和黄油调制的，粘度大于 100 s。

（1）界面砂浆

界面砂浆压剪粘结强度应按 JC/T 547 中规定进行测定。其养护条件为：

a. 原强度：在试验室环境条件下养护 14 d。

b. 耐水：在试验条件空气中养护 14 d，然后在试验条件水中浸泡 7 d，取出擦干表面水分，进行测定。

c. 耐冻融：在试验条件空气中养护 14 d，然后按 GBJ 82 抗冻性能试验循环 10 次。

（2）胶粉料

①初凝时间、终凝时间和安定性：

a. 按 GB/T 1346 中规定测定标准稠度用水量。

b. 按 GB/T 1346 中规定测定初凝时间、终凝时间。配料时在胶砂搅拌机中搅拌 3 min。

c. 按 GB/T 1346 中规定测定安定性。配料时在胶砂搅拌机中搅拌 3 min。

②拉伸粘结强度、浸水拉伸粘结强度：

a. 试样制作：在 10 个 70 mm×70 mm×20 mm 水泥砂浆试块上，在 1.1 倍标准稠度用水量条件下按 JG/T 24 的规定成型试块。

b. 养护：用聚乙烯薄膜覆盖，在试验室温度条件下养护 7 d。去掉覆盖物后在试验室温度条件下继续养护 48 d，用双组分环氧树脂或其他高强度粘结剂粘结钢质上夹具，放置 24 h。

c. 试验过程：其中 5 个试件按 JG/T 24 中 6.14.2.2 的规定测得的抗拉强度即为拉伸粘结强度。另 5 个试件按 JG/T 24 中 6.14.3.2 的规定测得的浸水 7 d 的抗拉强度即为浸水拉伸粘结强度。

（3）聚苯颗粒

①堆积密度：按 JC 209 的规定进行测定。

②粒度：按 JC 209 的规定进行测定。烘干温度为(50±2)℃，筛孔尺寸为 5 mm。

（4）胶粉聚苯颗粒保温浆料

标准胶粉聚苯颗粒保温浆料（简称标准浆料）制备：按厂家产品说明书中规定的比例和方法，在胶砂搅拌机中加入水和胶粉料，搅拌均匀后加入聚苯颗粒继续搅拌至均匀。

①湿表观密度。

a. 仪器设备：

• 标准量筒：容积为 0.001 m³，要求内壁光洁，并具有足够的刚度，标准量筒应定期进行校核。

• 天平：精度为 0.01 g。

• 油灰刀、抹子。

• 捣棒：直径 10 mm，长 350 mm 的钢棒，端部应磨圆。

b. 试验步骤：将称量过的标准量筒，用油灰刀将标准浆料填满量筒，使其稍有富余，用捣棒均匀插捣 25 次（插捣过程中如浆料沉落到低于筒口，则应随时填加浆料），然后用抹子抹平，将量筒外壁擦净，称量浆料与量筒的总重，要求精确至 0.001 kg。

c. 结果计算：浆料湿密度按式（3.4）计算。

$$\rho = (m_1 - m_0)/V \qquad (3.4)$$

式中 ρ——浆料湿密度，kg/m^3；

m_0——容量筒质量，kg；

m_1——浆料加容量筒的质量，kg；

V——容量筒的体积，m^3。

试验结果取 3 次试验结果算术平均值，保留 3 位有效数字。

②干表观密度。

a. 仪器设备：

● 烘箱：灵敏度 $\pm 2\ ℃$；

● 天平：精度为 $0.01\ g$；

● 干燥器：直径 $> 300\ mm$；

● 游标卡尺：量程 $0 \sim 125\ mm$；精度 $0.02\ mm$；

● 钢板尺：量程 $500\ mm$，精度 $1\ mm$；

● 油灰刀，抹子；

● 组合式无底金属试模：$300\ mm \times 300\ mm \times 30\ mm$；

● 玻璃板：$400\ mm \times 400\ mm \times (3 \sim 5)\ mm$。

b. 试件制备。

● 成型方法：将 3 个空腔尺寸为 $300\ mm \times 300\ mm \times 30\ mm$ 的金属试模分别放在玻璃板上，用脱模剂涂刷试模内壁及玻璃板，用油灰刀将标准浆料逐层加满并略高出试模。为防止浆料留下孔隙，用油灰刀沿模壁插数次，然后用抹子抹平，制成 3 个试件。

● 养护方法：试件成型后用聚乙烯薄膜覆盖，在试验室温度条件下养护 7 d 后拆模，拆模后在试验室标准条件下养护 21 d，然后将试件放入 $(65 \pm 2)\ ℃$ 的烘箱中，烘干至恒重，取出放入干燥器中冷却至室温备用。

c. 试验步骤：取制备好的 3 块试件分别磨平并称量质量，精确至 $1\ g$。按顺序用钢板尺在试件两端距边缘 $20\ mm$ 处和中间位置分别测量其长度和宽度，精确至 $1\ mm$，取 3 个测量数据的平均值。用游标卡尺在试件任何一边的两端距边缘 $20\ mm$ 处和中间处分别测量厚度，在相对的另一边重复以上测量，精确至 $0.1\ mm$，要求试件厚度差小于 2%，否则应重新打磨试件，直至达到要求。最后取 6 个测量数据的平均值。由以上测量数据可求得每个试件的质量与体积。

d. 结果计算：干表观密度按式（3.5）计算。

$$\rho = m/V \tag{3.5}$$

式中 ρ——干密度，kg/m^3；

m——试件质量，kg；

V——试件体积，m^3。

试验结果取 3 个试件试验结果的算术平均值，保留 3 位有效数字。

③导热系数：测试干表观密度后的试件，按 GB/T 10294 的规定测试导热系数。

④蓄热系数：按 JGJ 51 的规定进行。

⑤抗压强度：

a. 仪器设备：

● 钢质有底试模：$100\ mm \times 100\ mm \times 100\ mm$，应具有足够的刚度并拆装方便。试模的内表面不平整度应为每 100 mm 不超过 0.05 mm,组装后各相邻面的不垂直度小于 0.5°。

• 捣棒:直径 10 mm,长 350 mm 的钢棒,端部应磨圆。

• 压力试验机:精度(示值的相对误差)小于 ±2%,量程应选择在材料的预期破坏荷载相当于仪器刻度的 20% ~80%;试验机的上、下压板的尺寸应大于试件的承压面,其不平整度应为每 100 mm 不超过 0.02 mm。

b. 试件制备。

• 成型方法:将金属模具内壁涂刷脱模剂,向试模内注满标准浆料并略高于试模的上表面,用捣棒均匀由外向里按螺旋方向插捣 25 次,为防止浆料留下孔隙,用油灰刀沿模壁插数次,然后将高出的浆料沿试模顶面削去用抹子抹平。必须按相同的方法同时成型 10 块试件,其中 5 个测抗压强度,另 5 个用来测软化系数。

• 养护方法:试块成型后用聚乙烯薄膜覆盖,在试验室温度条件下养护 7 d 后去掉覆盖物,对试件进行编号并拆模。然后将试件放在标准试验条件下继续养护 48 d。将试件放入 (65 ±2)℃的烘箱中烘 24 h,从烘箱中取出放入干燥器中备用。

c. 试验步骤:从干燥器中取出的试件应尽快进行试验,以免试件内部的温湿度发生显著的变化。取出其中的 5 块测量试件的承压面积,长宽测量精确到 1 mm,并据此计算试件的受压面积。将试件安放在压力试验机的下压板上,试件的承压面应与成型时的顶面垂直,试件中心应与试验机下压板中心对准。开动试验机,当上压板与试件接近时,调整球座,使接触面均衡受压。承压试验应连续而均匀地加荷,加荷速度应为每秒钟 (0.5 ~1.5) kN,直至试件破坏,然后记录破坏荷载 N_0。

d. 结果计算:抗压强度按式(3.6)计算。

$$f_0 = N_0 / A \tag{3.6}$$

式中 f_0——抗压强度,kPa;

N_0——破坏压力,kN;

A——试件的承压面积,mm^2。

试验结果以 5 个试件测值的算术平均值作为该组试件的抗压强度,保留 3 位有效数字。当 5 个试件的最大值或最小值与平均值的差超过 20% 时,以中间 3 个试件的平均值作为该组试件的抗压强度值。

⑥软化系数。取余下的 5 个试件,将其浸入到 (20 ±5)℃的水中(用铁篦子将试件压入水面下 20 mm 处),48 h 后取出擦干,然后测定其浸水后的抗压强度 f_1。

软化系数按式(3.7)进行计算:

$$\psi = f_1 / f_0 \tag{3.7}$$

式中 ψ——软化系数;

f_0——绝对干燥状态下的抗压强度,kPa;

f_1——浸水后的抗压强度,kPa。

⑦压剪粘结强度。压剪粘结强度按 JC/T 547 中规定进行测定。标准浆料厚度控制在 10 mm。成型 5 个试件,用聚乙烯薄膜覆盖,在试验室温度条件下养护 7 d。去掉覆盖物后在试验室标准条件下养护 48 d,将试件放入 (65 ±2)℃的烘箱中烘 24 h,然后取出放在干燥器中冷却待用。

⑧线性收缩率:按 JGJ 70 的规定进行测定。

a. 试验步骤:

• 将收缩头固定在试模两端的孔洞中,使收缩头露出试件端面(8 ±1)mm。

• 将试模内壁涂刷脱模剂,向试模内注满标准浆料并略高于试模的上表面,用捣棒均匀插捣 25 次,为防止浆料留下孔隙,可用油灰刀沿模壁插数次,然后将高出的浆料沿试模顶面削去抹平。试块成型后用聚乙烯薄膜覆盖,在试验室温度条件下养护 7 d 后去掉覆盖物,对试件进行编号、拆模并标明测试方向。然后用标准杆调整收缩仪的百分表的零点,按标明的测试方向立即测定试件的长度,即为初始长度。

• 测定初始长度后,将试件放在标准试验条件下继续养护 49 d。第 56 d 测定试件的长度,即为干燥后长度。

b. 结果计算。收缩率按式(3.8)计算。

$$\varepsilon = (L_0 - L_1)/(L - L_d) \tag{3.8}$$

式中　ε——自然干燥收缩率,%;

　　　L_0——试件的初始长度,mm;

　　　L_1——试件干燥后的长度,mm;

　　　L——试件的长度,mm;

　　　L_d——两个收缩头埋入砂浆中长度之和,mm。

c. 试验结果以 5 个试件测定值的算术平均值来确定,当 5 个试件的最大值或最小值与平均值的差超过 20% 时,以中间 3 个试件的平均值作为该组试件的线性收缩率值。

⑨难燃性:按 GB/T 8625 的规定进行。

(5)抗裂剂及抗裂砂浆

标准抗裂砂浆的制备:按厂家产品说明书中规定的比例和方法配制的抗裂砂浆即为标准抗裂砂浆。抗裂砂浆的性能均应采用标准抗裂砂浆进行测试。

①抗裂剂不挥发物含量:按 GB/T 2793 的规定进行。试验温度(105 ±2)℃,试验时间(180 ±5)min,取样量 2.0 g。

②抗裂剂贮存稳定性:从刚生产的抗裂剂中取样,装满 3 个容量为 500 mL 的有盖容器。在(20 ±5)℃条件下放置 6 个月,观察试样有无结块、凝聚及发霉现象,并按④的规定测抗裂砂浆的拉伸粘结强度,粘结强度不低于表 3.6 拉伸粘结强度原强度的要求。

③抗裂砂浆可使用时间:标准抗裂砂浆配制好后,在试验环境中按制造商提供的可操作时间(没有规定时按 1.5 h)放置,然后按拉伸粘结强度测试的规定进行,试验结果以 5 个试验数据的算术平均值表示。

④抗裂砂浆拉伸粘结强度、浸水拉伸粘结强度。

a. 试样:在 10 个 70 mm × 70 mm × 20 mm 水泥砂浆试块上,用标准抗裂砂浆按 JG/T 24 的规定成型试块,试块用聚乙烯膜覆盖在试验室温度条件下养护 7 d,试验室标准条件下继续养护 20 d。用双组份环氧树脂或其他高强度粘结剂粘结钢质上夹具,放置 24 h。

b. 试验过程:其中 5 个试件按 JG/T 24 的规定测得的抗拉强度即为拉伸粘结强度。另 5 个试件按 JG/T 24 的规定测得的浸水 7 d 的抗拉强度即为浸水拉伸粘结强度。

⑤抗裂砂浆压折比。

a.抗压强度、抗折强度测定按 GB/T 17671 的规定进行。养护条件:采用标准抗裂砂浆成型,用聚乙烯薄膜覆盖,在试验室标准条件下养护 2 d 后脱模,继续用聚乙烯薄膜覆盖养护 5 d,去掉覆盖物后在试验室标准条件下养护 21 d。

b.压折比按式(3.9)计算。

$$T = R_c/R_f \tag{3.9}$$

式中　T——压折比;

R_c——抗压强度,N/mm^2;

R_f——抗折强度,N/mm^2。

(6)耐碱网布

①外观:按 JC/T 841 的规定进行测定。

②长度及宽度:按 GB/T 7689.3 的规定进行测定。

③网孔中心距:用直尺测量连续 10 个孔的平均值。

④单位面积质量:按 GB/T 9914.3 的规定进行测定。

⑤断裂强力:按 GB/T 7689.5 中类型 I 的规定测经向和纬向的断裂强力。

⑥耐碱强力保留率。

a.测试经向和纬向初始断裂强力 F_0。

b.水泥浆液的配制:取 1 份强度等级 42.5 的普通硅酸盐水泥与 10 份水搅拌 30 min 后,静置过夜。取上层澄清液作为试验用水泥浆液。

c.试验过程:

方法一:在试验室条件下,将试件平放在水泥浆液中,浸泡时间 28 d。

方法二(快速法):将试件平放在(80 ±2)℃的水泥浆液中,浸泡时间 4 h。然后取出试件,用清水浸泡 5 min 后,用流动的自来水漂洗 5 min,然后在(60 ±5)℃的烘箱中烘 1 h 后,在试验环境中存放 24 h。按 GB/T 7689.5 测试经向和纬向耐碱断裂强力 F_1。

注:如有争议,以方法一为准。

d.试验结果:耐碱强力保留率应按式(3.10)计算。

$$B = \frac{F_1}{F_0} \times 100\% \tag{3.10}$$

式中　B——耐碱强力保留率,%;

F_1——耐碱断裂强力,N;

F_0——初始断裂强力,N。

⑦断裂伸长率。

a.试验步骤:按 GB/T 7689.5 测定断裂强力并记录断裂伸长值 ΔL。

b.试验结果:断裂伸长率按式(3.11)计算。

$$D = (\Delta L/L) \times 100\% \tag{3.11}$$

式中　D——断裂伸长率,%;

ΔL——断裂伸长值,mm;

L——试件初始受力长度,mm。

⑧涂塑量:按 GB/T 9914.2 的规定进行。试样涂塑量 G(单位:g/m^2)按式(3.12)计算。

$$G = \left(\frac{m_1 - m_2}{L} \cdot B\right) \times 106 \qquad (3.12)$$

式中　m_1——干燥试样加试样皿的质量,g;

$\quad\quad m_2$——灼烧后试样加试样皿的质量,g;

$\quad\quad L$——小样长度,mm;

$\quad\quad B$——小样宽度,mm。

⑨玻璃成分:按 JC 719 规定进行。

(7)弹性底涂

①容器中状态:打开容器,允许在容器底部有沉淀。涂料经搅拌易于混合均匀时,可评为"搅拌均匀后无硬块,呈均匀状态"。

②施工性:用刷子在平滑面上刷涂试样,涂布量为湿膜厚度约 100 μm,使试板的长边呈水平方向,短边与水平方向成约85°角竖放,放置 6 h 后再用同样方法涂刷第二道试样,在第二道涂刷时,刷子运行无困难,则可判为"刷涂无障碍"。

③干燥时间:

a.表干时间:按 GB/T 16777 进行,试件制备时,用规格为 250 μm 的线棒涂布器进行制膜。

b.实干时间:按 GB/T 16777 进行,试件制备时,用规格为 250 μm 的线棒涂布器进行制膜。

④断裂伸长率:

a.试验步骤:按 GB/T 16777 进行。拉伸速度为 200 mm/min,并记录断裂时标线间距离 L_1。

b.结果计算:断裂伸长率应按式(3.13)计算。

$$L = (L_1 - 25)/25 \qquad (3.13)$$

式中　L——试件断裂时的伸长率,%;

$\quad\quad L_1$——试件断裂时标线间的距离,mm;

$\quad\quad 25$——拉伸前标线间的距离,mm。

⑤表面憎水率:按 GB/T 10299 的规定进行。

a.试样。试样尺寸:300 mm × 150 mm,保温层厚度 50 mm;试样制备:50 mm 胶粉聚苯颗粒保温层(7 d) + 4 mm 抗裂砂浆(复合耐碱网布)(5 d) + 弹性底涂。实干后放入(65 ± 2)℃的烘箱中烘至恒重。

b.试验步骤:按 GB/T 10299 要求进行。

c.结果计算:表面憎水率按式(3.14)计算。

$$\text{表面憎水率} = \left(1 - \frac{V_1}{V}\right) \times 100 = \left(1 - \frac{m_2 - m_1}{V \times \rho}\right) \times 100 \qquad (3.14)$$

式中　V_1——样中吸入水的体积,cm^3;

$\quad\quad V$——试样的体积,cm^3;

$\quad\quad m_2$——淋水后试样的质量,g;

m_1——水前试样的质量,g;

ρ——水的密度,取 1 g/cm³。

(8)柔性耐水腻子

标准腻子的制备:按厂家产品说明书中规定的比例和方法配制的柔性耐水腻子为标准腻子,柔性耐水腻子的性能检测均须采用标准腻子。

①容器中状态:按 JG/T 157 的规定进行。

②施工性:按 JG/T 157 的规定进行。

③干燥时间:按 GB/T 157 的规定进行。

④耐水性:按 JG/T 157 的规定进行。

⑤耐碱性:按 JG/T 157 的规定进行。

⑥粘结强度:按 JG/T 157 的规定进行。

⑦低温贮存稳定性:按 JG/T 157 的规定进行。

⑧打磨性:按 JG/T 157 的规定进行。

⑨柔韧性:按 GB 1748 的规定进行。

(9)外墙外保温饰面涂料

①断裂伸长率:按 GB/T 16777 的规定进行。

②初期干燥抗裂性:按 GB 9779 的规定进行。

③其他性能指标:按建筑外墙涂料相关标准的规定进行。

(10)面砖粘结砂浆

标准粘结砂浆的制备:按厂家产品说明书中规定的比例和方法配制的面砖粘结砂浆为标准粘结砂浆,面砖粘结砂浆的性能检测均须采用标准粘结砂浆。

①拉伸粘结强度:按 JC/T 547 的规定进行。

试件成型后用聚乙烯薄膜覆盖,在试验室温度条件下养护 7 d,将试件取出继续在试验室标准条件下养护 7 d。按 JC/T 547 的规定进行测试和评定。标准粘结砂浆厚度控制在 3 mm。测试时,如果是 G 型砖与钢夹具之间分开,应重新测定。

②压折比:按 GB/T 17671 的规定进行。养护条件:采用标准粘结砂浆成型,用聚乙烯薄膜覆盖,在试验室标准条件下养护 2 d 后脱模,继续用聚乙烯薄膜覆盖养护 5 d,去掉覆盖物在试验室标准条件下养护 7 d。

③压剪胶接强度:按 JC/T 547 中的规定进行。标准粘结砂浆厚度控制在 3 mm。

④线性收缩率:按 JC/T 547 中的规定进行。

(11)面砖勾缝料

标准面砖勾缝料的制备:按厂家产品说明书中规定的比例和方法配制的面砖勾缝料为标准面砖勾缝料,面砖勾缝料的性能检测均须采用标准面砖勾缝料。

①外观:目测,观察有无明显混合不匀物及杂质等异常情况。

②颜色:取样(300 ±5)g,加水混合均匀后(按厂家说明书中规定的比例加水混合),在 80 ℃下烘干,目测其颜色是否与标样一致。

③凝结时间:按 JGJ 70 的规定进行。

④拉伸粘结强度:试件成型后用聚乙烯膜覆盖在室温度条件下养护 7 d 后,去掉聚乙烯

膜,继续在试验室标准条件下养护7 d。

⑤压折比:

a. 抗压强度、抗折强度测定按 GB/T 17671 的规定进行。养护条件:采用标准面砖勾缝料成型,用聚乙烯薄膜覆盖,在试验室标准条件下养护2d 后脱模,继续用聚乙烯薄膜覆盖养护5 d,去掉覆盖物在试验室标准条件下养护7 d。

b. 压折比按式(3.15)计算:

$$T = R_c/R_f \tag{3.15}$$

式中 T——压折比;

R_c——抗压强度,N/mm^2;

R_f——抗折强度,N/mm^2。

⑥透水性。

a. 试件。

● 尺寸:200 mm × 200 mm。

● 制备:50 mm 胶粉聚苯颗粒保温层 +5 mm 面砖勾缝料,用聚乙烯薄膜覆盖,在试验室温度条件下养护7 d。去掉覆盖物在试验室标准条件下养护21 d。

b. 试验装置:由带刻度的玻璃试管(卡斯通管 Carsten-Rohrchen)组成,容积 10 mL,试管刻度为 0.05 mL。

c. 试验过程:将试件置于水平状态,将卡斯通管放于试件的中心位置,用密封材料密封试件和玻璃试管间的缝隙,确保水不会从试件和玻璃试管间的缝隙渗出。往玻璃试管内注水,直至试管的0 刻度,在试验条件下放置 24 h,再读取试管的刻度,见图3.2。

d. 试验结果:试验前后试管的刻度之差即为透水量,取 2 个试件的平均值,精确至0.1 mL。

(12)塑料锚栓

应按 JG 149 的规定进行。

(13)热镀锌电焊网

应按 QB/T 3897 的规定进行。

(14)饰面砖

①尺寸:按 GB/T 3810.1 的规定,抽取 10 块整砖为试件,按 GB/T 3810.2 的规定进行检测。

②单位面积质量。

a. 干砖的质量:将所测的 10 块整砖,放在(110 ±5)℃的烘箱中干燥至恒重后,放在有硅胶或其他干燥剂的干燥器内冷却至室温。采用能精确称量至试样质量0.01% 的天平称量。以 10 块整砖的平均值作为干砖的质量 W。

b. 表面积的测量:以所测得的平均长和宽,作为试样长 L 和宽 B。

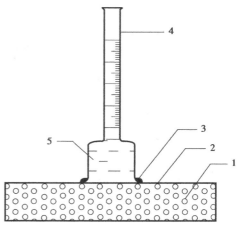

图 3.2 面砖勾缝料透水性试验示意图
1—胶粉聚苯颗粒保温浆料;2—勾缝料;
3—密封材料;4—卡斯通管;5—水

c. 单位面积质量:单位面积质量按式(3.16)进行计算。

$$M = W \times 10^3 / (L \times B) \tag{3.16}$$

式中　M——单位面积质量,kg/m^2;

　　　W——干砖的质量,g;

　　　L——饰面砖长度,mm;

　　　B——饰面砖宽度,mm。

③吸水率:按 GB/T 3810.3 的规定进行。

④抗冻性:按 GB/T 3810.12 的规定进行,其中低温环境温度采用(-30 ± 2)℃,保持 2 h 后放入不低于 10 ℃的清水中融化,2 h 为一个循环。

⑤其他项目:按国家或行业相关产品标准进行。

3.1.3　膨胀聚苯板薄抹灰外墙外保温系统材料

膨胀聚苯板薄抹灰外墙外保温系统是以膨胀聚苯板、胶粘剂和必要时使用的锚栓、抹面胶浆和耐碱网格布及涂料组成的外墙外保温系统。

1)性能要求

(1)胶粘剂

胶粘剂的性能指标应符合表 3.15 的要求。

表 3.15　胶粘剂的性能指标

试验项目		性能指标
拉伸粘结强度 (与水泥砂浆)(MPa)	原强度	≥0.60
	耐水	≥0.40
拉伸粘结强度 (与膨胀聚苯板)(MPa)	原强度	≥0.10,破坏界面在膨胀聚苯板上
	耐水	≥0.10,破坏界面在膨胀聚苯板上
可操作时间(h)		1.5~4.0

(2)膨胀聚苯板

膨胀聚苯板应为阻燃型,其性能指标除应符合表 3.16、表 3.17 的要求外,还应符合 GB/T 10801.1—2002 第Ⅱ类的其他要求。膨胀聚苯板出厂前应在自然条件下陈化 42 d 或在 60 ℃蒸汽中陈化 5 d。

表 3.16　膨胀聚苯板主要性能指标

试验项目	性能指标
导热系数[W/(m·K)]	≤0.041
表观密度(kg/m³)	18.0~22.0
垂直于板面方向的抗拉强度(MPa)	≥0.10
尺寸稳定性(%)	≤0.30

表3.17 膨胀聚苯板允许偏差

试验项目		允许偏差
厚度(mm)	≤50	±1.5
	>50	±2.0
长度(mm)		±2.0
宽度(mm)		±1.0
对角线差(mm)		±3.0
板边平直(mm)		±2.0
板面平整度(mm)		±1.0

注:本表的允许偏差值以1 200 mm×600 mm的膨胀聚苯板为基准。

(3)抹面胶浆

抹面胶浆的性能指标应符合表3.18的要求。

表3.18 抹面胶浆的性能指标

试验项目		性能指标
拉伸粘结强度(与膨胀聚苯板)(MPa)	原强度	≥0.10,破坏界面在膨胀聚苯板上
	耐水	≥0.10,破坏界面在膨胀聚苯板上
	耐冻融	≥0.10,破坏界面在膨胀聚苯板上
柔韧性	抗压强度/抗折强度(水泥基)	≤3.0
	开裂应变(非水泥基)(%)	≥1.5
可操作时间(h)		1.5~4.0

(4)耐碱网布

耐碱网布的主要性能指标应符合表3.19的要求。

表3.19 耐碱网布主要性能指标

试验项目	性能指标
单位面积质量(g/m²)	≥130
耐碱断裂强力(经、纬向)(N/50 mm)	≥750
耐碱断裂强力保留率(经、纬向)(%)	≥50
断裂应变(经、纬向)(%)	≤5.0

(5)锚栓

金属螺钉应采用不锈钢或经过表面防腐处理的金属制成,塑料钉和带圆盘的塑料膨胀套管应采用聚酰胺(polyamide6、polyamide6.6)、聚乙烯(polyethylene)或聚丙烯(polypropylene)制成,制作塑料钉和塑料套管的材料不得使用回收的再生材料。锚栓有效锚固深度应不小于25 mm,塑料圆盘直径应不小于50 mm。其技术性能指标应符合表3.20的要求。

表3.20　锚栓技术性能指标

试验项目	技术指标
单个锚栓抗拉承载力标准值(kN)	≥0.30
单个锚栓对系统传热增加值[W/(K·m²)]	≤0.004

(6)涂料

涂料必须与薄抹灰外保温系统相容,其性能指标应符合外墙建筑涂料的相关标准。

(7)附件

在薄抹灰外保温系统中所采用的附件(包括密封膏、密封条、包角条、包边条、盖口条等),应分别符合相应的产品标准的要求。

2)试验方法

(1)胶粘剂

①拉伸粘结强度:拉伸粘结强度按 JG/T 3049 中 5.10 进行测定。

a.试样。试样尺寸如图3.3所示,胶粘剂厚度为3.0 mm,膨胀聚苯板厚度为20 mm;每组试件由6块水泥砂浆试块和6个水泥砂浆或膨胀聚苯板试块粘结而成。

制作:按 GB/T 176 中第6章的规定,用普通硅酸盐水泥与中砂按1:3(重量比),水灰比0.5制作水泥砂浆试块,养护28 d后,备用;用表观密度为18 kg/m³ 的经过规定陈化后合格的膨胀聚苯板作为试验用标准板,切割成试验所需尺寸;胶粘剂按产品说明书制备后将规定的试件粘结,粘结厚度为3 mm,面积为40 mm×40 mm。分别准备测原强度和测耐水拉伸粘结强度各一组,粘结后在试验条件下养护。

养护环境:按 JC/T 547 中 6.3.4.2 的规定。

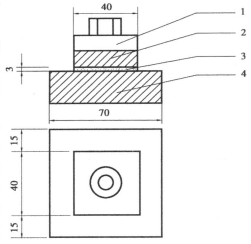

图3.3　拉伸粘结强度示意图
1—拉伸用钢质夹具;2—水泥砂浆块;
3—胶粘剂;4—膨胀聚苯板或砂浆块

b.试验过程:养护期满后进行拉伸粘结强度测定,拉伸速度为(5±1)mm/min。记录每个试样的测试结果及破坏界面,并取4个中间值计算算术平均值。

②可操作时间:胶浆搅拌后,在试验环境中按制造商提供的可操作时间(在没有规定时按4 h)放置,然后按①中原强度测试的规定进行,试验结果平均粘结强度不低于表3.15原

强度的要求。

（2）膨胀聚苯板

①垂直于板面方向的抗拉强度。

a. 试验仪器：

● 拉力机。需有合适的测力范围和行程，精度1%。

● 固定试样的刚性平板或金属板：互相平行的一组附加装置，避免试验过程中拉力的不均衡。

● 直尺：精度为0.1 mm。

b. 试样：

● 试样尺寸：100 mm×100 mm×50 mm。数量：5个。

● 制备：在保温板上切割下试样，其基面应与受力方向垂直，切割时需离膨胀聚苯板边缘15 mm以上，试样的两个受检面的平行度和平整度的偏差应不大于0.5 mm。

● 试样在试验环境下放置6 h以上。

c. 试验过程：

● 将试样以合适的胶粘剂粘贴在两个刚性平板或金属板上。要求：胶粘剂对产品表面既不增强也不损害；避免使用损害产品的强力粘胶；胶粘剂中如含有溶剂，必须与产品相容。

● 试样装入拉力机上，以（5±1）mm/min的恒定速度加荷，直至试样破坏，最大拉力以kN表示。

d. 试验结果：

● 记录试样的破坏形状和破坏方式，或表面状况。

● 垂直于板面方向的扰抗拉强度 σ_{mt} 应按式（3.17）计算，以5个试验结果的算术平均值表示，精确至0.01 kPa。

$$\sigma_{mt} = \frac{F_m}{A} \tag{3.17}$$

式中　σ_{mt}——拉伸强度，kPa；

　　　F_m——最大拉力，kN；

　　　A——样品横断面积，m²。

● 破坏面如在试样与两个刚性平板或金属板之间的粘胶层中，则该试样测试数据无效。

②其他性能：按照GB/T 10801.1的规定进行。

（3）抹面胶浆

①拉伸粘结强度：

a. 拉伸粘结强度按胶粘剂规定的方法，进行原强度、耐水和耐冻融试验，抹面胶浆厚度为3 mm。

b. 耐冻融拉伸粘结强度试样以下条件经冻融循环后测定。

将试样放在（50±3）℃的干燥箱中16 h，然后浸入（20±3）℃的水中8 h，试样抹面胶浆面向下，水面应至少高出试样表面20 mm；再置于（−20±3）℃中冷冻24 h为一个循环。试样经10个循环后，冻融循环结束。

②抗压强度/抗折强度:

a. 抗压强度、抗折强度的测定应按 GB/T 17671 的规定进行,试样龄期 28 d,应按产品说明书的规定制备。

b. 试验结果:抗压强度/抗折强度应按式(3.18)计算,计算结果精确至 1% 。

$$T = \frac{R_c}{R_f} \tag{3.18}$$

式中　T——抗压强度/抗折强度;

　　　R_c——抗压强度,MPa;

　　　R_f——抗折强度,MPa。

③开裂应变:

a. 试验仪器:

● 应变仪:长度为 150 mm,精密度等级 0.1 级。

● 小型拉力试验机。

b. 试样:

● 数量:纬向、经向各 6 条。

● 抹面胶浆按照产品说明配制搅拌均匀后,待用。

● 制备:将抹面胶浆满抹在 600 mm × 100 mm 膨胀聚苯板上,贴上标准网布。网布两端应伸出抹面胶浆 100 mm,再刮抹面胶浆至 3 mm 厚,网布伸出部分反包在抹面胶浆表面。试验时把两条试条对称地互相粘贴在一起,网格布反包的一面向外,用环氧树脂粘贴在拉力机的釜属夹板之间。将试样放置在室温条件下养护 28 d,将膨胀聚苯板剥掉,待用。

c. 试验过程:

● 将两个对称粘贴的试条安装在试验机的夹具上,应变仪应安装在试样中部,两端距金属夹板尖端至少 75 mm,如图 3.4 所示。

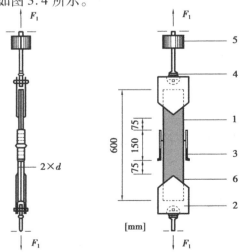

图 3.4　试件与应变仪的安装

1—对称安装的试件;2—用于传递拉力的钢板;3—电子应变计;4—用于传递
拉力的万向节;5—10 kN 测力原件;6—粘结防护层与钢板的环氧树脂

● 加荷速度应为 0.5 mm/min,加荷至 50% 预期裂纹拉力,之后卸载。如此反复进行 10 次。加荷和卸载持续时间应为 1 ~ 2 min。

● 如果在 10 次加荷过程中试样没有破坏,则第 11 次加荷直至试条出现裂缝并最终断裂。在应变值分别达到 0.3%,0.5%,0.8%,1.5% 和 2.0% 时停顿,观察试样表面是否开裂,并记录裂缝状态。

d. 试验结果:观察试样表面裂缝的数量,并测量和记录裂纹的数量和宽度,记录试样出现第一条裂缝时的应变值(开裂应变)。试验结束后,测量和记录试样的宽度和厚度。

④可操作时间:按胶粘剂可操作时间规定进行,试验结果拉伸粘结强度应不低于表 3.18 原强度的要求。

(4)耐碱网布

①单位面积质量:按 GB/T 9914.3 进行。

②耐碱断裂强力及耐碱断裂强力保留率。

a. 试样:按 GB 7689.5 表 1 的类型 I 的规定制备。

b. 试验过程:

● 按 GB 7689.5 的类型 I 规定测定初始断裂强力 F_0;

● 将耐碱试验用的试样全部浸入(23 ± 2)℃ 的 5% NaOH 水溶液中,试样在加盖封闭的容器中浸泡 28 d;

● 取出试样,用自来水浸泡 5 min 后,用流动的自来水漂洗 5 min,然后在(60 ± 5)℃ 的烘箱中烘 1 h 后,在试验环境中存放 24 h;

● 测试每个试样的耐碱断裂强力 F_1 并记录。

c. 试验结果:

● 耐碱断裂强力为 5 个试验结果的算术平均值,精确至 1 N/50 mm。

● 耐碱断裂强力保留率应按式(3.19)计算,以 5 个试验结果的算术平均值表示,精确至 0.1%。

$$B = \frac{F_1}{F_0} \times 100\% \qquad (3.19)$$

式中　B——耐碱断裂强力保留率,%;

　　　F_0——初始断裂强力,N;

　　　F_1——耐碱断裂强力,N。

③断裂应变。

a. 按 GB 7689.5 的类型 I 规定测定断裂伸长值 ΔL。

b. 试验结果:断裂应变应按式(3.20)计算,以 5 个试验结果的算术平均值表示,精确至 0.1%。

$$D = \frac{\Delta L}{L} \times 100\% \qquad (3.20)$$

式中　D——断裂应变,%;

　　　ΔL——断裂伸长值,mm;

　　　L——试样初始受力长度,mm。

（5）锚栓

①单个锚栓抗拉承载力：

a. 试验仪器：

- 拉拔仪：测量误差不大于 2%。
- 位移计：仪器误差不大于 0.02 mm。

b. 试样：C25 混凝土试块，尺寸根据锚栓规格确定。锚栓边距、间距均不小于 100 mm，锚栓试样 10 件。

c. 试验过程：在试验环境下，根据厂商的规定，在混凝土试块上安装锚栓，并在锚栓上安装位移计，夹好夹具，安装拉拔仪，拉拔仪支脚中心轴线与锚栓中心轴线间距离不小于有效锚固深度的 2 倍。均匀稳定加载，且荷载方向垂直于混凝土试块表面，加载至出现锚栓破坏，记录破坏荷载值、破坏状态，并记录整个试验的位移值。

d. 试验结果：对破坏荷载值进行数理统计分析，假设其为正态分布，并计算标准偏差。根据试验数据按照公式（3.21）计算锚栓抗拉承载力标准值 $F_{5\%}$。

$$F_{5\%} = F_{平均} \times (l - k_s \times v) \qquad (3.21)$$

式中　$F_{5\%}$——单个锚栓抗拉承载力标准值，kN；

　　　$F_{平均}$——试验数据平均值，kN；

　　　k_s——系数，$n = 5$（试验个数）时，$k_s = 3.4$；$n = 10$ 时，$k_s = 2.568$；$n = 15$ 时，$k_s = 2.329$；

　　　v——变异系数（试验数据标准偏差与算术平均值的绝对值之比）。

e. 锚栓在其他种类的基层墙体中的抗拉承载力应通过现场试验确定。

②单个锚栓对系统传热增加值。

a. 试验过程：在没有安装锚栓的系统中，遵照 GB 13475 进行系统传热系数的测定（试验 1），然后在同一个系统中按照厂家规定安装锚栓，遵照 GB 13475 测量其传热系数（试验 2）。

b. 试验结果：计算试验 2 中，测量的传热系数和试验 1 中测量的传热系数的差值，此差值除以每 m² 试验锚栓的个数，得出单个锚栓对系统传热性能的平均影响值。

3.1.4　酚醛保温板外墙外保温系统材料

酚醛保温板外墙外保温系统是以酚醛保温板、胶粘剂和必要时使用的锚栓、抹面胶浆和耐碱网格布及涂料等组成的外墙外保温系统。

1）性能要求与试验方法

①专用界面粘结剂与水泥砂浆的拉伸粘结强度在干燥状态下不得小于 0.6 MPa，浸水48 h 后不得小于 0.4 MPa；与保温板的拉伸粘结强度在干燥状态下和浸水 48 h 后均不得小于 0.1 MPa，并且破坏部位应位于保温板内。

②酚醛板性能应符合表 3.21 的要求。

表 3.21　酚醛板性能指标

项　目	指　标		试验方法
	酚醛板	复合酚醛板	
表观密度（kg/m³）	≥60	≤250	GB/T 6343
导热系数（泡沫,平均温度 25 ℃）[W/(m·K)]	≤0.025	—	GB/T 10294
*传热系数（泡沫,平均温度 25 ℃）[W/(m²·K)]	—	≤1.0	
压缩强度（MPa）	≥0.1	≥0.3	GB/T 8813
垂直于板面方向的抗拉强度（MPa）	≥0.1		JG 149
吸水率（泡沫,浸水 96 h）（%）	≤7.5		GB/T 8810
透湿系数[ng/(Pa·m·s)]	2~8		GB/T 17146
尺寸稳定性（泡沫,70 ℃±2 ℃,48 h）（%）	≤1.5		GB/T 8811
燃烧性能	B 级	不低于 B 级	GB 8624
烟密度（SDR）（mg·L⁻¹）（%）	≤5		GB/T 8627
*甲醛释放量（mg/L）	≤0.5		GB 18580

注:1. 表中复合酚醛板的表观密度和导热系数,为常用的 20 mm 厚酚醛板与 3 mm 厚抗裂水泥砂浆等复合
　　 而成的 23 mm 厚复合酚醛板表观密度和传热系数的实际检测数值。
　 2. 表中甲醛释放量指标对于酚醛板外墙内保温系统有要求,外保温系统无此要求。

③专用界面粘结剂性能应符合表 3.22 的要求。

表 3.22　专用界面粘结剂性能指标

项　目		性能指标	试验方法
压剪胶结强度（与基准水泥砂浆）（MPa）	原强度	≥0.80	JC/T 547
	耐水	≥0.60	
拉伸胶结强度（与基准水泥砂浆）（MPa）	原强度	≥0.70	JG 149
	耐水	≥0.50	
拉伸胶结强度（与酚醛板）（MPa）	原强度	≥0.15	
	耐水	≥0.12	
可操作时间（h）		1.5~4.0	

④抗裂砂浆性能应符合表3.23的要求。

表3.23　抗裂砂浆性能指标

项　目		性能要求	试验方法
可用时间	可操作时间(h)	≥1.5	JG 158
	在可操作时间内拉伸粘结强度(MPa)	≥0.7	
拉伸粘结强度(常温28 d)(MPa)		≥0.7	
浸水拉伸粘结强度(常温7 d,浸水7 d)(MPa)		≥0.5	
压折比		≤3.0	

⑤耐碱玻纤网格布性能应符合表3.24的要求。

表3.24　耐碱玻纤网格布性能指标

项　目	性能要求		试验方法
	普通型	加强型	
网孔中心距(mm)	4~6		—
单位面积质量(g/m²)	≥160	≥300	GB/T 9914.3
耐碱拉伸断裂强力(经、纬向)(N/50 mm)	≥750	≥1 500	GB/T 7689.5
耐碱拉伸断裂强力保留率(经、纬向)(%)	≥50		GB/T 20102
断裂伸长率(经、纬向)(%)	≤5.0		GB/T 7689.5
涂塑量(g/m²)	≥20		—
氧化锆、氧化钛含量(%)	ZrO_2 14.5±0.8,TiO_2 6.0±0.5 或 ZrO_2≥16.0		JC 935

⑥锚栓性能应符合表3.25的要求。

表3.25　锚栓性能指标

项　目	性能要求	试验方法
圆盘固定片直径(mm)	≥50	游标卡尺测量
塑料套管外径(mm)	8~10	
单个锚栓抗拉承载力标准值(C25混凝土基层墙体)(kN)	≥0.60	JG 149
单个锚栓对系统传热增加值[W/(m²·K)]	≤0.004	

⑦热镀锌钢丝网性能应符合表3.26的要求。

表 3.26 热镀锌钢丝网性能指标

项 目	性能要求	试验方法
工艺	热镀锌电焊网	QB/T 3897
丝径(mm)	0.90±0.04	
网孔大小(mm)	12.7×12.7	
焊点抗拉力(N)	>65	
镀锌层质量(g/m^2)	≥122	

⑧外墙柔性耐水腻子性能应符合表 3.27 的要求。

表 3.27 柔性耐水腻子性能指标

项 目		性能要求	试验方法
容器中状态		无结块、均匀	JG/T 157
施工性		刮涂无障碍	
干燥时间(表干)(h)		≤5	
初期干燥抗裂性(6 h)		无裂纹	
打磨性		手工可打磨	
吸水量(g/10 min)		≤2.0	
耐碱性(48 h)		无异常	
耐水性(96 h)		无异常	
粘结强度(MPa)	标准状态	≥0.60	
	冻融循环(5 次)	≥0.40	
柔韧性		直径 50 mm,无裂纹	GB 1748
非粉状组分的低温贮存稳定性		−5 ℃冷冻 4 h 无变,刮涂无困难	JG/T 157

⑨饰面砖性能应符合表 3.28 的要求。

表 3.28 饰面砖性能指标

项 目		性能要求	试验方法
尺寸	表面面积(cm^2)	≤100	GB/T 3810.1
	厚度(mm)	≤7.5	
单位面积质量(kg/m^2)		≤20	JG 158
吸水率(%)		≤(0.5~6)	GB/T 3810.3
抗冻性(−30 ℃)		10 次冻融循环无破坏	GB/T 3810.12

⑩柔性瓷砖粘结剂性能应符合表 3.29 的要求。

表 3.29　柔性瓷砖粘结剂性能指标

项　　目		性能要求	试验方法
拉伸粘结强度（MPa）	原强度	≥0.50	JC/T 547
	耐水强度		
	耐温强度		
	耐冻融强度		
晾置时间为 20 min 的拉伸胶粘强度（MPa）		≥0.50	
横向变形（mm）		≥2.0	
滑移（mm）		≤0.5	

⑪柔性瓷砖填缝剂性能应符合表 3.30 的要求。

表 3.30　柔性瓷砖填缝剂性能指标

项　　目		性能要求	试验方法
耐磨损性（mm³）		<2 000	JC/T 1004
抗折强度（MPa）	原强度	>2.5	
	耐冻融强度		
抗压强度（MPa）	原强度	>15	
	耐冻融强度		
收缩值（mm/m）		<3.0	
吸水量（g）	30 min	<5.0	
	240 min	<10.0	
横向变形（mm）		≥2.0	JC/T 547

2）现场复验项目与试验方法

①酚醛板外墙保温工程采用的保温板和专用界面粘结剂等,进场时应对其下列性能进行复验,复验应为见证取样送检。

a.酚醛板（或复合酚醛板）的导热系数（或传热系数）、密度、压缩强度:导热系数检测方法参见本书 2.4 节,材料密度检测方法参见本书 3.2.2 节,压缩强度检测参见本书 3.4.3 节。

b.专用界面粘结剂的粘结强度:专用界面粘结剂的粘结强度检测参见本书 3.1.2 节。

c.增强网的力学性能、抗腐蚀性能。

②酚醛板外墙保温工程的施工,应符合下列规定:

a.保温板的厚度必须符合设计要求。

b.保温板与基层及各构造层之间的粘结或连接必须牢固。粘结强度和连接方式应符合设计要求。保温板与基层的粘结强度应做现场拉拔试验。

c.保温板采用锚栓固定,锚栓数量、位置、锚固深度和拉拔力应符合设计要求,并应进行锚固力现场拉拔试验。饰面砖应做粘结强度拉拔试验,检验标准除应符合《建筑工程饰面砖粘结强度检验标准》JGJ 110 要求外,尚应符合设计要求和国家现行有关标准的规定。

保温板与基层及各构造层拉拔试验、锚固件抗拔试验、饰面砖抗拔试验参见本书5.1.3节。

3.1.5 岩(矿)棉板外墙外保温系统材料

岩(矿)棉板外墙外保温系统是以岩(矿)棉板、胶粘剂和必要时使用的锚栓、抹面胶浆和耐碱网格布及涂料组成的外墙外保温系统。

1)性能要求

①岩(矿)棉板表面应平整。制品的规格和外观尺寸偏差应符合表3.31的要求。

表3.31 岩(矿)棉板规格和外观尺寸偏差

板的规格(mm)		尺寸允许偏差(mm)	平整度偏差(mm)	直角偏离度(mm/m)
长度	1 200	+10,−3	—	—
宽度	600	+2,−2	≤6	≤5
厚度	20～120	+3,−1		

②岩(矿)棉板的技术性能应符合表3.32的要求。

表3.32 岩(矿)棉板性能指标

项 目	性能指标
干密度(kg/m³)	140,150,160
导热系数(25 ℃)[W/(m・K)]	≤0.040
压缩强度(kPa)	≥40
垂直于板面的抗拉强度(kPa)	≥7.5
憎水率(%)	≥98
吸水量(部分浸入,24 h)(kg/m²)	≤1.0
质量吸湿率(%)	≤1.0
尺寸稳定性(%)	长、宽、厚均≤1.0
酸度系数	≥1.6
燃烧性能级别	A1(A)级

③胶粘剂的技术性能应符合表3.33的要求。

表3.33　胶粘剂性能指标

项　目		性能指标
拉伸粘结强度 （与水泥砂浆）（MPa）	原强度	≥0.60
	耐水（浸水48 h，干燥2 h）	≥0.40
可操作时间（h）		1.5～2.0

④抹面胶浆的技术性能应符合表3.34的要求。

表3.34　抹面胶浆性能指标

项　目		性能指标
拉伸粘结强度 （与水泥砂浆）（MPa）	原强度	≥0.60
	耐水（浸水48 h，干燥2 h）	≥0.40
柔韧性	压折比	≤3.0
可操作时间（h）		1.5～2.0

⑤玻纤网布按性能和用途分为标准型和加强型两种,其性能应符合表3.35的要求。

表3.35　玻纤网布性能指标

项　目	性能指标	
	标准型	加强型
经纬密度（根/25 mm）	4×4	3×3
单位面积质量（g/m²）	≥160	≥300
耐碱拉伸断裂强力（经、纬向）（N/50 mm）	≥1 000	≥2 000
耐碱拉伸断裂强力保留率（经、纬向）（%）	≥60	≥60
断裂应变（经、纬向）（%）	≤5.0	≤5.0

⑥锚固件带圆盘的塑料套管和塑料钉应采用聚酰胺、聚乙烯或聚丙烯材料制成,且不得使用回收的再生料;金属螺钉应采用不锈钢材料或经过表面有防腐处理的金属制成,且具有断热桥设置。塑料圆盘的直径不应小于60 mm。锚固件的技术性能应符合表3.36的要求。

表3.36　锚固件的性能指标

项　目	不同基材		
	普通混凝土（C25）	加气混凝土	其他砌体材料
单个锚固件抗拉承载力 标准值（kN）	≥0.60	≥0.30	≥0.40
锚固件圆盘强度标准值（kN）	≥0.50		

⑦用于外墙外保温的饰面材料应采用具有良好透气性的水性外墙涂料、砂壁状涂料以及饰面砂浆,其技术性能应符合相关标准的要求。

⑧饰面砂浆的技术性能应符合表 3.37 的要求。

表 3.37　外墙用饰面砂浆性能指标

项　目		性能指标
可操作时间	30 min	刮涂无障碍
初期干燥抗裂性		无裂纹
吸水量(g)	30 min	≤2.0
	240 min	≤5.0
拉伸粘结强度(MPa)	原强度	≥0.50
	老化循环后	≥0.50
抗泛碱性		无可见泛碱,不掉粉
耐沾污性(白色或浅色)	立体状,级	≤2
耐候性(750 h)		≤1 级

⑨外墙外保温抹面层的找平材料应采用柔性耐水腻子,其技术性能应符合表 3.38 的要求,且应与选用的饰面涂料具有相容性。

表 3.38　柔性耐水腻子性能指标

项　目		性能指标
容器中状态		无结块、均匀
施工性		刮涂无障碍
干燥时间(表干)(h)		≤5
吸水量(g/10 min)		≤2
耐水性(96 h)		无气泡、无开裂、无掉粉
耐碱性(48 h)		无气泡、无开裂、无掉粉
拉伸粘结强度,MPa	标准状态	≥0.60
	冻融循环(5 次)	≥0.40
打磨性		手工可打磨
柔韧性		直径 50 mm,无裂纹
非粉状组分的低温贮存稳定性		−5 ℃冷冻 4 h 无变化,刮涂无障碍

2）试验方法

（1）防水界面砂浆

界面砂浆压剪粘结强度按 JG 158《胶粉聚苯颗粒外墙外保温系统》的规定执行。

（2）粘结剂

粘结剂应按 JG 149《膨胀聚苯板薄抹灰外墙外保温系统》中胶粘剂的规定执行。

（3）矿棉板

①导热系数：按 GB/T 10294《绝热材料稳态热阻及有关特性的测定　防护热板法》的规定执行。

②其他性能：按 GB/T 11835《绝热用岩棉、矿渣棉及其制品》的规定执行。

（4）抗裂砂浆

①强度、压折比：按 JG 158《胶粉聚苯颗粒外墙外保温系统》的规定执行。

②可操作时间：按 JG 149《膨胀聚苯板薄抹灰外墙外保温系统》的规定执行。

（5）耐碱网布

耐碱网布各项性能按 JG 158《胶粉聚苯颗粒外墙外保温系统》对耐碱网布试验方法的规定执行。

（6）耐水腻子

耐水腻子性能按 JG 158《胶粉聚苯颗粒外墙外保温系统》对耐水腻子试验方法的规定执行。

（7）饰面涂料

饰面涂料性能按 JG/T 24《合成树脂乳液砂壁状建筑涂料》的规定执行。

（8）面砖粘结砂浆

面砖粘结砂浆按 JG 158《胶粉聚苯颗粒外墙外保温系统》对面砖粘结砂浆试验方法的规定执行。

（9）面砖勾缝剂

面砖勾缝剂按 JG 158《胶粉聚苯颗粒外墙外保温系统》对面砖粘结砂浆试验方法的规定执行。

（10）塑料锚栓

①单个锚栓抗拉承载力标准值：按 JG 149《膨胀聚苯板薄抹灰外墙外保温系统》的规定执行。

②单个锚栓圆盘强度标准值：按 JG 149《膨胀聚苯板薄抹灰外墙外保温系统》的规定执行。

（11）热镀锌电焊网

热镀锌电焊网按 QB/T 3897《镀锌电焊网》的规定执行。

（12）饰面砖

饰面砖按 JG 158《胶粉聚苯颗粒外墙外保温系统》对面砖试验方法的规定执行。

（13）其他附件

其他附件按相关国家、行业相关产品标准要求执行。

3.1.6 砌体传热系数

1)原理

热箱法是基于一维稳态传热的原理,在试件两侧的箱体(热箱和冷箱)内,分别建立所需的温度、风速和辐射条件,达到稳定状态后,测量空气温度、试件和箱体内壁的表面温度及输入到计量箱的功率,就可以根据式(3.22)计算出试件的热传递性质——传热系数。因为要检测通过被测对象的热量,所以要把传向别处的热量进行剔除,这样根据处理方式的不同又分为标定热箱法和防护热箱法。

$$K = \frac{Q}{A(T_i - T_e)} \tag{3.22}$$

式中 K——传热系数,W/(m² · K);

Q——通过试件功率,W;

A——热箱开口面积,m²;

T_i——热箱空气温度,K 或℃;

T_e——冷箱空气温度,K 或℃。

标定热箱法的装置(图3.5)置于一个温度受到控制的空间内,该空间的温度可与计量箱内部的温度不同。采用高比热阻的箱壁使得流过箱壁的热流量 Q_3 尽量小。输入的总功率 Q_p 应根据箱壁热流量 Q_3 和侧面迂回热损 Q_4 进行修正。流过箱壁的热流量 Q_3 和侧面迂回热损 Q_4 应该用已知比热阻的试件进行标定,标定试件的厚度、比热阻范围应同被测试件的范围相同,其温度范围亦应与被测试件试验的温度范围相同。

$$Q_1 = Q_p - Q_3 - Q_4$$
$$R = A(T_{si} - T_{se})/Q_1$$
$$K = Q_1/A(T_{ni} - T_{ne})$$

式中 Q_p——输入的总功率,W;

Q_1——通过试件的功率,W;

Q_3——箱壁热流量,W;

Q_4——侧面迂回热损,W;

A——热箱开口面积,m²;

T_{si}——试件热侧表面温度,K;

T_{se}——试件冷侧表面温度,K;

T_{ni}——试件热侧环境温度,K;

T_{ne}——试件冷侧环境温度,K。

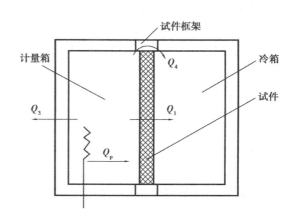

图3.5 标定热箱法检测原理示意图

防护热箱法中,计量箱置于防护箱内(图3.6)。控制防护箱的环境温度,使试件内不平衡热流量 Q_2 和流过计量箱壁的热流量 Q_3 减至最小。

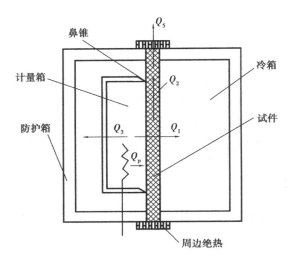

$$Q_1 = Q_p - Q_3 - Q_2$$
$$R = A(T_{si} - T_{se})/Q_1$$
$$K = Q_1/A(T_{ni} - T_{ne})$$

式中　Q_2——试件内不平衡热流,W;
　　　其他符号与图 3.5 相同。

图 3.6　防护热箱法检测原理示意图

2)装置要求

(1)计量箱

计量箱面积必须足够大,使试验面积具有代表性。对于有模数的构件,计量箱尺寸应精确为模数的整倍数。

计量面积的尺寸取决于试件的最大厚度,可参照 GB 10294 规定的原则确定试件大小同厚度的比例关系。

计量箱箱壁应该是热均匀体,以保证箱壁内表面温度均匀,便于用热电堆或其他热流传感器测量流过箱壁的热流量 Q_3。Q_3 的不确定性引起 Q_1 的误差不应大于 ±0.5%。另外,箱壁应是气密性的绝热体。可以用泡沫塑料或者用中间为泡沫塑料并有适当面层的夹心板做成。箱壁的表面辐射率应大于 0.8。

防护热箱装置中的计量箱的鼻锥应紧贴试件表面以形成一个气密性的连接。鼻锥密封垫的宽度不应超过计量宽度的 2%,最大不超过 20 mm。

供热及空气循环装置应保证试件表面有均匀的空气温度分布,沿着气流方向的空气温度梯度不得超过 2 K/m。平行于试件表面气流的横向温度差不应超过热、冷侧空气温差的 2%。

通常采用电阻加热器作为热源,热源应用绝热反射罩屏蔽,使得辐射到计量箱壁和试件上的辐射热量减至最小。

采用强迫对流时,建议在计量箱中设置平行于试件表面的导流屏。导流屏应与计量箱内面同宽,而上下端有空隙以便空气循环。导流屏在垂直其表面方向上可以移动,以调节平行于试件表面的空气速度。导流屏表面的辐射率亦应大于 0.8。

在垂直位置测量时,自然对流所形成的循环应能达到所需的温度均匀性和表面换热系数。当空气为自然对流时,试件同导流屏之间的距离应远大于边界层的厚度,或者不用导流屏。当自然对流循环不能满足所要求的条件时,应安装风扇。风扇电动机安装在计量箱中时,必须测量电动机消耗的功率并加到加热器消耗的功率上。如果只有风叶在计量箱内,应准确测量轴功率并加到加热器消耗的功率上,使得试件热流量测量误差小于 ±0.5%,建议气流方向与自然对流方向相同,计量箱的深度在满足边界层厚度和容纳设备的前提下应尽量小。

(2)防护箱

防护箱的作用是在计量箱周围建立适当的空气温度和表面换热系数,使流过计量箱壁的热流量 Q_3 及试件不平衡热流量 Q_2 减到最小。

防护面积大小及边界绝热应满足:当测试最大预期比热阻和厚度的均质试件时,由周边热损 Q_5 引起的热流量 Q_1 的误差应小于 ±0.5%。

防护箱内壁的辐射率、加热器屏蔽等要求与计量箱相同。

防护箱内环境的不均匀性引起不平衡误差应小于 ±0.5%。为避免防护箱中的空气停滞不动,通常需要安装循环风扇。

(3)试件框架

试件框架的作用主要是支承试件。标定热箱装置中的试件框架是侧面迂回热损的通路,因此是一个重要的部件,其朝向试件的面应由低导热系数的材料做成。

(4)冷箱

标定热箱装置中,冷箱的大小取决于计量箱的大小;防护热箱装置中,冷箱的大小取决于防护箱的大小。

箱壁应绝热良好并防止结露,箱壁内表面的辐射率、加热器的热辐射屏蔽及温度均匀性的要求与计量箱相同。

制冷系统的蒸发器出口处可设置电阻加热器,以精确调节冷箱温度。为使箱内空气温度均匀分布,可设置导流屏。建议气流方向与自然对流方向相同。电机、风扇和蒸发器应进行辐射屏蔽。空气速度应可以调节,测量建筑构件时,风速一般为 0.1~10 m/s。

(5)温度测量

测量空气温度和试件表面温度的温度传感器(一般采用热电偶)应该尽量均匀分布在试件表面上,并且热侧和冷侧互相对应布置。应测量所有与试件进行辐射换热表面的温度,以便计算平均辐射温度。

除非已知道温度的分布,否则各种用途的温度传感器数量至少为 2 支/m²,并且总数不得少于 9 支。

为提高精度,可用示差接法测量试件两侧的空气温差、表面的温差和计量箱壁两侧的表面温差。

①装置和试件表面的温度测量:采用热电偶时其线径应小于 0.5 mm。热电偶的接点及至少100 mm 长的偶丝应沿等温面布置,用粘结剂或胶带固定在被测表面以形成良好的热接触,其表面用辐射率与被测表面相同的材料覆盖。

②空气温度测量:应对温度传感器进行热辐射屏蔽。在自然对流情况下,温度传感器应该置于边界层的外面。多数情况下,边界层厚度为几厘米;紊流情况下,边界层的厚度可能超出0.1 m。强迫对流时,试件与导流屏之间应有完全扩展的紊流。应设置温度传感器测量空气的容积温度(绝热混合温度)。

③热电堆。用于监视流过计量箱壁热流量的热电堆接点,并且每 0.25 m² 至少要有 1 个接点。

(6)温度控制

稳态时,至少在两个连续的测量周期内,计量箱内温度的随机波动和漂移应小于试件两侧空气温差的 ±1%。此项要求原则上亦适用于防护箱和冷箱,防护箱的温度控制引起的附加不平衡误差应小于 ±0.5%。

(7)仪器

温差测量的准确度应高于试件两侧空气温差的 ±1%,建议测量仪表增加的不确定性应小于 ±0.05 K。绝对温度测量的准确度为两侧空气温差的 ±5%。

热电堆的输出、加热器及风扇的输入功率等的测量仪器的准确度应该使得被测试件的热流量 Q_1 的准确度高于 ±3%。

(8)装置的品质检验

当建成一台新的装置或对原有装置进行改进后,在开始正常工作之前,必须细致地进行一系列检验。

3)测量步骤

(1)试件的状态调节

为减少试件中热流受到所含水分的影响,建议在测量前将试件调节到气干状态。

(2)试件的选择与安装

测量试件应选择(或做成)有代表性的。对非均质试件应作如下考虑:

①防护热箱法中,如有可能,应将热桥对称地布置在计量面积和防护面积的分界线上,这样热桥面积的一半在计量箱内,另一半在防护箱内。如果试件是有模数的,计量箱的周边应同模数线重合或在模数线的中间。如果不能满足这些要求,可将计量箱放在不同位置做几次试验,并且要非常谨慎地考虑这些结果,必要时辅以温度、热流的测量和计算。

②标定热箱法中,应考虑试件边缘的热桥对侧面迂回传热的影响。试件安装时周边应密封,让空气或水汽不能从边缘进入试件,也不从热的一侧传到冷的一侧,反之亦然。试件的边缘应绝热,使 Q_5 减小到符合准确度的要求。

③在防护热箱法中,可用隔板将试件中连续的空腔分成防护空腔和计量空腔,试件表面为高导热性的饰面时,可在计量箱周边将饰面切断。如果试件表面不平整,可用砂浆、嵌缝材料或其他适当的材料将同计量箱周边密封接触的面积填平。如果试件尺寸小于计量箱所要求的试件尺寸,可将试件镶嵌在一块辅助墙板的中间。这种情况下,辅助墙板与试件之间的边界范围内的热流将不是一维的,辅助墙板的比热阻和厚度应与试件相同。

④对于非均质试件,上述所要求的温度传感器数目将不能保证得到可靠的平均表面温度。对于中等非均质试件,每一个温度变化区域应该放置辅助温度传感器。试件的表面平均温度是每个区域的表面平均温度的面积加权平均值。上述情况不能用于极不均质的试件,因为在此情况下,不能测量试件的比热阻 R,只能根据试件两侧的环境温度差确定传热系数 U。当试件不均匀性引起的表面温度的局部差值超过试件两侧表面平均温差的 20% 时,可认为是不均质的。

⑤防护热箱装置中应监视计量面积与防护面积间实际表面的不平衡热流量 Q_2 的热电堆。热电堆接点的位置不能太靠近鼻锥,亦不能远离鼻锥。

(3)测量条件

测量条件的选择应考虑最终的使用条件和对准确度的影响,最小温差为 20 ℃。应根据试验要求调节热、冷侧的空气速度,调节防护箱的温度使 Q_2 和 Q_3 尽可能接近零。

(4)测量的持续时间

接近达到稳态后,两个至少为 3 h 测量周期内功率和温度测量值及其计算的 R 或 U 平均值偏差小于 1%,并且每 1 h 的数值不是单方向变化时,才能结束测量。对于高比热阻或高热容量的试件,此要求是不够的,必须延长试验持续时间。

4)结果计算及评价

①稳态的传热性质按照下列关系式用达到稳态后两个至少为 3 h 的平均值进行计算:

$$R = A(T_{si} - T_{se})/Q_1 \tag{3.23}$$

$$R = 1/C[\lambda] \tag{3.24}$$

$$R_{si} = A(T_{ni} - T_{si})/Q_1 \tag{3.25}$$

$$R_{se} = A(T_{se} - T_{ne})/Q_1 \tag{3.26}$$

$$R_u = 1/U \tag{3.27}$$

$$U = Q_1/[A(T_{ni} - T_{ne})] \tag{3.28}$$

$$Q_1(\text{防护热箱}) = Q_p - Q_3 - Q_2 \tag{3.29}$$

$$Q_1(\text{标定热箱}) = Q_p - Q_3 - Q_4 \tag{3.30}$$

式(3.23)、式(3.25)和式(3.26)中, A 为垂直于热流的计量面积,其尺寸根据下述原则确定:

①对于防护热箱法,当试件厚度比鼻锥宽度厚的时候,取计量箱鼻锥中心线所包括的面积;当试件很薄时,取鼻锥的内周边面积。对于标定热箱法,取计量箱的内周边面积。

②均质试件或不均匀度小于 20% 的试件,可根据表面温度计算比热阻 R,根据环境温度计算传热系数 U 和表面换热系数 h。如超出上述的均匀性要求或者试件有特殊的几何形状,仅能根据环境温度计算传热系数 U。

③试验结果应同初步估计值进行比较。测试的准确度应在 ±5% 之内,存在明显差异时,应仔细检查试件,找出它与技术要求的差异,然后根据检查结果重新评价。如果仍存在有不可解释的差异,可能是计算过程过于简单或试验的误差,应找出其根源并消除。

5)检测报告

①检测报告应包括下述内容:

a.试件名称和描述(包括各种传感器的位置)。

b.试验室的名称、地址及试验日期。

c.试件方位及传热的方向。

d.热、冷侧空气的平均速度及方向。

e.总输入功率及流过试件的纯传热量。

f. 试件试验前后的质量、含湿量。

g. 测量装置的尺寸及内表面的辐射率。

h. 试验条件与本标准有不符时的说明。

②均质试件比热阻的试验报告还应包括下述各项：

a. 热、冷侧的空气温度。

b. 热、冷侧的表面温度。

c. 热、冷侧的加权表面温度。

d. 计算的比热阻和为计算传热系数由建筑规范推荐的常用表面传热系数。

e. 估计的准确度。

f. 测量的持续时间。

g. 附加测量,即作为试件一部分的材料的导热系数和含湿量测量的持续时间。

h. 试件的检查结果及对偏差的可能解释。

③非均质试件的传热系数 U 值的测量,还应报告下述各项：

a. 热、冷侧的空气温度。

b. 热、冷侧计算的环境温度。

c. 根据均质试件计算的传热系数和表面换热系数。

d. 估计的准确度。

e. 测量的持续时间。

f. 附加测量,即作为试件一部分的材料的导热系数和含湿量测量的持续时间。

g. 试验结果同初始估计值存在明显或不能解释的偏差时,应说明试件的检查结果及对偏差的可能解释。

3.2 幕墙节能材料

幕墙节能工程使用的保温隔热材料,其导热系数、密度、燃烧性能应符合设计要求。幕墙玻璃的传热系数、遮阳系数、可见光透射比、中空玻璃露点应符合设计要求。

3.2.1 导热系数

材料的导热系数检测方法参见本书2.4节。

3.2.2 表观密度

(1)状态调节

测试用样品材料生产后,应至少放置72 h,才能进行制样。

如果经验数据表明,材料制成后放置48 h 或16 h 测出的密度与放置72 h 测出的密度相差 <10% ,放置时间可减少至48 h 或16 h。

样品应在下列规定的标准环境或干燥环境(干燥器中)下至少放置16 h,这段状态调节时间可以是在材料制成后放置的72 h 中的一部分。

①标准环境条件应符合:

a. (23 ± 2)℃,(50 ± 10)%。

b. (23 ± 5)℃,(50^{+20}_{-10})%。

c. (27 ± 5)℃,(65^{+20}_{-10})%。

②干燥环境:(23 ± 2)℃或(27 ± 2)℃。

(2)试验步骤

用钢直尺测量试样的尺寸(不应使泡沫材料变形或损伤,读数应修约到1 mm)。每个尺寸至少测量3个位置,对于板状的硬质材料,在中部每个尺寸测量5个位置。分别计算每个尺寸平均值,并计算试样体积。

称取试样,精确到0.5%,单位为g。

(3)结果计算式

按式(3.31)计算表观密度,取其平均值,并精确至0.1 kg/m³。

$$\rho = \frac{M}{V} \times 10^6 \tag{3.31}$$

式中 ρ——表观密度(表观总密度或表观芯密度),kg/m³;

M——试样的质量,g;

V——试样的体积,mm³。

对一些低密度闭孔材料(如密度小于15 kg/m³的材料),空气浮力可能会导致测量结果产生误差,在这种情况下表观密度应用式(3.32)计算:

$$\rho_a = \frac{m + m_a}{V} \times 10^6 \tag{3.32}$$

式中 ρ_a——表观密度(表观总密度或表观芯密度),kg/m³;

m——试样的质量,g;

m_a——排出空气的质量,g;

V——试样的体积,mm³。

(4)标准偏差估计值

标准偏差估计值S按式(3.33)计算,取两位有效数字。

$$S = \sqrt{\frac{\sum x^2 - n \bar{x}^2}{n - 1}} \tag{3.33}$$

式中 S——标准偏差估计值;

x——单个测试值;

$\bar{x}$——一组试样的算术平均值;

n——测定个数。

3.2.3 材料燃烧性能

材料的燃烧性能检测方法参见本书3.7节。

3.2.4 幕墙传热系数

幕墙传热系数检测方法参见本书3.3.2节。

3.2.5 幕墙遮阳性能

（1）检测方法

检测固定遮阳设施的结构尺寸、安装角度，活动遮阳设施的活动、转动范围，遮阳材料的光学特性，然后与设计值进行比较，以此为结果判定遮阳设施是否满足要求。

（2）检测仪器

遮阳设施的结构尺寸、安装角度、活动、转动范围等用满足测量长度和角度要求的量具测量即可。遮阳材料的太阳光反射比和太阳光直接透射比用分光光度计。

（3）检测对象的确定

①检测数量应以一个检验批中住户套数或间数为单位进行随机抽取确定。

②受检外窗遮阳设施应在受检住户或房间内综合选取，每一受检住户或房间不得少于一处。

③遮阳材料应从受检外窗遮阳设施中现场取样送检，每处取一个试样。

④遮阳设施的结构、形式或遮阳材料不同时，应分批进行检验。

（4）操作方法

固定遮阳设施的结构尺寸、安装角度，活动遮阳设施的活动、转动范围按设计要求进行检测。遮阳材料的太阳光反射比和太阳光直接透射比光学特性按照国家标准（GB/T 2680）规定的方法进行检测。

（5）判定方法

受检外窗遮阳设施的结构尺寸、安装角度，活动遮阳设施的活动、转动范围，遮阳材料的光学特性都达到设计值，则判定该受检外窗遮阳设施合格；凡受检外窗遮阳设施有一项指标不满足设计要求，则判定该受检外窗遮阳设施不合格。

（6）结果评定

①当受检外窗的遮阳设施均合格时，判定该检验批合格。

②当不合格的受检外窗遮阳设施超过一处时，判定该检验批不合格。

③当有一处受检外窗遮阳设施检验不合格时，则应另外随机抽取3个外窗遮阳设施进行检验，抽样规则不变。第二次抽取的外窗遮阳设施都合格时判定该检验批合格；第二次抽取的受检外窗遮阳设施中仍有一处不合格时，判定该检验批不合格。

3.2.6 玻璃可见光透射率

1）测定条件

（1）试样

①一般建筑玻璃和单层窗玻璃构件的试样，均采用同材质玻璃的切片。

②多层窗玻璃构件的试样，采用同材质单片玻璃切片的复合体。

（2）标样

①在光谱透射比测定中，采用与试样相同厚度的空气层做参比标准。

②在光谱反射比测定中,采用仪器配置的参比白板做参比标准。

③在光谱反射比测定中,采用标准镜面反射体作为工作标准(例如镀铝镜),而不采用完全漫反射体作为工作标准。

(3)仪器

①分光光度计,测定光谱发射比时,配有镜面反射装置。

②波长范围紫外区 280~380 nm*;可见区 380~780 nm;太阳光区 350~1 800 nm;远红外区 4.5~25 μm*。

③波长准确度:紫外-可见区 ±1 nm 以内;近红外区 ±5 nm 以内;远红外区 ±0.2 μm 以内。

④光度测量准确度:紫外-可见区 1% 以内,重复性 0.5%;近红外区 2% 以内,重复性 1%;远红外区 2% 以内,重复性 1%。

⑤谱带半宽度:紫外-可见区 10 nm 以下;近红外区 50 nm 以下;远红外区 0.1 μm 以下。

⑥波长间隔:紫外区 5 nm;可见区 10 nm;近红外区 50 nm 或 40 nm;远红外区 0.5 μm。

(4)照明和探测的几何条件

①光谱透射比测定中,照明光束的光轴与试样表面法线的夹角不超过 10°,照明光束中任一光线与光轴的夹角不超过 5°。采用垂直照明和垂直探测的几何条件,表示为垂直/垂直,缩写为 0/0。

②光谱反射比测定中,照明光束的光轴与试样表面法线夹角不超过 10°;照明光束中任一光线与光轴的夹角不超过 5°。采用 $t°$ 角探测的几何条件,表示为 $t°/t°$,缩写为 t/t。

2)各参数的测定

(1)可见光透射比

标准照明体 D65 的相对光谱功率分布 D_λ 与明视觉光谱光视效率 $V(\lambda)$ 和波长间隔 $\Delta\lambda$ 相乘的结果,如表 3.39 所示。

①单片玻璃或单层窗玻璃构件 $\tau(\lambda)$ 是实测可见光光谱透射比。

②双层窗玻璃构件 $\tau(\lambda)$ 用式(3.34)计算:

$$\tau(\lambda) = \tau_1(\lambda)\,\tau_2(\lambda)/[1-\rho'_1(\lambda)\rho_2(\lambda)] \tag{3.34}$$

式中　$\tau(\lambda)$——双层窗玻璃构件的可见光光谱透射比,%;

$\tau_1(\lambda)$——第一片(室外侧)玻璃的可见光光谱透射比,%;

$\tau_2(\lambda)$——第二片(室内侧)玻璃的可见光光谱透射比,%;

$\rho'_1(\lambda)$——第一片玻璃,在光由室内侧射向室外侧条件下,所测定的可见光光谱反射比,%;

$\rho_2(\lambda)$——第二片玻璃,在光由室外侧射入室内侧条件下,所测定的可见光光谱反射比,%。

---

* 1 nm = 1×10^{-9} m;1 μm = 1×10^{-6} m。

表 3.39 $D_\lambda \cdot V(\lambda) \cdot \Delta\lambda$

$\lambda(nm)$	$D_\lambda \cdot V(\lambda) \cdot \Delta\lambda$	$\lambda(nm)$	$D_\lambda \cdot V(\lambda) \cdot \Delta\lambda$
380	0.000 0	590	8.330 6
390	0.000 5	600	5.354 2
400	0.003 0	610	4.849 1
410	0.010 3	620	3.150 2
420	0.035 2	630	2.081 2
430	0.094 8	640	1.381 0
440	0.227 4	650	0.807 0
450	0.419 2	660	0.461 2
460	0.666 3	670	0.248 5
470	0.985 0	680	0.125 5
480	1.518 9	690	0.053 6
490	2.133 6	700	0.027 6
500	3.349 1	710	0.014 6
510	6.139 3	720	0.005 7
520	7.052 3	730	0.003 5
530	8.779 0	740	0.002 1
540	9.442 7	750	0.000 8
550	9.807 7	760	0.000 1
560	9.430 6	770	0.000 0
570	8.689 1	780	0.000 0
580	7.899 4		

③三层窗玻璃构件 $\tau(\lambda)$ 用式(3.35)计算:

$$\tau(\lambda) = \tau_1(\lambda)\tau_2(\lambda)\tau_3(\lambda)/\{[1-\rho_1'(\lambda)\rho_2(\lambda)][1-\rho_2'(\lambda)\rho_3(\lambda)] - \tau_2^2(\lambda)\rho_1'(\lambda)\rho_3(\lambda)\} \tag{3.35}$$

式中 $\tau(\lambda)$——三层窗玻璃构件的可见光光谱透射比,%;

$\tau_3(\lambda)$——第三片(室内侧)玻璃的可见光光谱透射比,%;

$\rho_2'(\lambda)$——第二片(中间)玻璃,在光由室内侧向室外侧条件下,所测定的可见光光谱反射比,%;

$\rho_3(\lambda)$——第三片(室内侧)玻璃,在光由室外侧射入室内侧的条件下,所测定的可见光光谱反射比,%;

$\tau_1(\lambda)$,$\tau_2(\lambda)$,$\rho_1'(\lambda)$,$\rho_2(\lambda)$ 的符号含义同式(3.34)。

（2）可见光反射比

可见光反射比按式（3.36）计算：

$$\rho_v = \frac{\int_{380}^{780} D_\lambda \cdot \rho(\lambda) \cdot V(\lambda) \cdot d_\lambda}{\int_{380}^{780} D_\lambda \cdot V(\lambda) \cdot d_\lambda} \approx \frac{\sum_{380}^{780} D_\lambda \cdot \rho(\lambda) \cdot V(\lambda) \cdot \Delta\lambda}{\int_{380}^{780} D_\lambda \cdot V(\lambda) \cdot d_\lambda} \qquad (3.36)$$

式中　ρ_v——试样的可见光反射比,%；

　　　$\rho(\lambda)$——试样的可见光光谱反射比,%；

　　　$D_\lambda \cdot V(\lambda) \cdot \Delta\lambda$——见表3.39。

①单片玻璃或单层窗玻璃构件:$\rho(\lambda)$是实测可见光光谱反射比。

②双层窗玻璃构件:$\rho(\lambda)$可用式（3.37）进行计算。

$$\rho(\lambda) = \rho_1(\lambda) + \frac{\tau_1^2(\lambda)\rho_2(\lambda)}{1 - \rho_1'(\lambda)\rho_2(\lambda)} \qquad (3.37)$$

式中　$\rho(\lambda)$——双层窗玻璃构件的可见光光谱反射比,%；

　　　$\rho_1(\lambda)$——第一片（室外侧）玻璃,在光由室外射入室内侧条件下,所测定的可见光光谱反射比,%；

　　　$\tau_1(\lambda)$,$\rho_1'(\lambda)$,$\rho_2(\lambda)$的符号含义同式（3.34）。

③三层窗玻璃构件:$\rho(\lambda)$用式（3.38）计算。

$$\rho(\lambda) = \rho_1(\lambda) + \frac{\tau_1^2(\lambda)\rho_2(\lambda)[1 - \rho_2'(\lambda)\rho_3(\lambda)] + \tau_1^2(\lambda)\,\tau_2^2(\lambda)\rho_3(\lambda)}{[1 - \rho_1'(\lambda)\rho_2(\lambda)][1 - \rho_2'(\lambda)\rho_3(\lambda)] - \tau_2^2(\lambda)\rho_1'(\lambda)\rho_3(\lambda)}$$

$$(3.38)$$

式中　$\rho(\lambda)$——三层窗玻璃构件的可见光光谱反射比,%；

　　　$\tau_1(\lambda)$,$\tau_2(\lambda)$,$\rho_1(\lambda)$,$\rho_1'(\lambda)$,$\rho_2(\lambda)$,$\rho_2'(\lambda)$,$\rho_3(\lambda)$的符号含义同式（3.34）或式（3.35）。

（3）入射太阳光的分布

太阳光是指近紫外线、可见光和近红外线组成的辐射光,波长范围为3～2 500 nm。太阳辐射光照射到窗玻璃上,入射部分为 ϕ_e,ϕ_e 又分为3部分:

透射部分——$\tau_e\phi_e$；

反射部分——$\rho_e\phi_e$；

吸收部分——$\alpha_e\phi_e$。

三者关系如下:

$$\tau_e + \rho_e + \alpha_e = 1 \qquad (3.39)$$

式中　τ_e——太阳光直接透射比；

　　　ρ_e——太阳光直接反射比；

　　　α_e——太阳光直接吸收比。

窗玻璃吸收部分 $\alpha_e\phi_e$ 以热对流方式通过窗玻璃向室外侧传递部分为 $q_0\phi_e$,向室内侧传递部分为 $q_1\phi_e$,其中:

$$\alpha_e = q_0 + q_1 \qquad (3.40)$$

式中 q_0——窗玻璃向室外侧的二次热传递系数，%；

　　　q_1——窗玻璃向室内侧的二次热传递系数，%。

（4）太阳光直接透射比

太阳光直接透射比用式（3.41）计算：

$$\tau_e = \frac{\int_{300}^{2\,500} S_\lambda \cdot \tau(\lambda) \cdot d_\lambda}{\int_{300}^{2\,500} S_\lambda \cdot d_\lambda} \approx \frac{\sum_{350}^{1\,800} S_\lambda \cdot \tau(\lambda) \cdot \Delta\lambda}{\sum_{350}^{1\,800} S_\lambda \cdot \Delta\lambda} \quad\quad (3.41)$$

式中 S_λ——太阳光辐射相对光谱分布，见表3.40或表3.41；

　　　$\Delta\lambda$——波长间隔，nm；

　　　$\tau(\lambda)$——试样的太阳光光谱透射比，%，其测定和计算方法同可见光透射比中$\tau(\lambda)$，仅波长范围不同。

CIE 1972年公布了大气质量为1时，太阳光球辐射相对光谱分布S_λ和波长间隔$\Delta\lambda$相乘的结果，如表3.40所示。

表3.40　$S_\lambda \cdot \Delta\lambda$（大气质量为1时）

λ（nm）	$S_\lambda \cdot \Delta\lambda$
350	0.026
380	0.032
420	0.050
460	0.065
500	0.063
540	0.058
580	0.054
620	0.055
660	0.049
700	0.046
740	0.041
780	0.037
900	0.139
1 100	0.097
1 300	0.058
1 500	0.039
1 700	0.026
1 800	0.022

　　大气质量为2时，太阳光直接辐射相对光谱分布S_λ乘以波长间隔$\Delta\lambda$的结果，如表3.41所示。

表3.41 $S_\lambda \cdot \Delta\lambda$(大气质量为2时)

λ(nm)	$S_\lambda \cdot \Delta\lambda$	λ(nm)	$S_\lambda \cdot \Delta\lambda$
350	0.012 8	1 100	0.019 9
400	0.035 3	1 150	0.014 5
450	0.066 5	1 200	0.025 6
500	0.081 3	1 250	0.024 7
550	0.080 2	1 300	0.018 5
600	0.078 8	1 350	0.002 6
650	0.079 1	1 400	0.000 1
700	0.069 4	1 450	0.001 6
750	0.059 5	1 500	0.010 3
800	0.056 6	1 550	0.014 8
850	0.056 4	1 600	0.013 6
900	0.030 3	1 650	0.011 8
950	0.029 1	1 700	0.008 9
1 000	0.042 6	1 750	0.005 1
1 050	0.037 7	1 800	0.000 3

（5）太阳光直接反射比

太阳光直接反射比用式（3.42）计算：

$$\rho_e = \frac{\int_{300}^{2\,500} S_\lambda \cdot \rho(\lambda) \cdot d_\lambda}{\int_{300}^{2\,500} S_\lambda \cdot d_\lambda} \approx \frac{\sum_{350}^{1\,800} S_\lambda \cdot \rho(\lambda) \cdot \Delta\lambda}{\sum_{350}^{1\,800} S_\lambda \cdot \Delta\lambda} \tag{3.42}$$

式中 ρ_e——试样的太阳光直接反射比,%；

  $\rho(\lambda)$——试样的太阳光光谱反射比(其测定和计算方法见可见光反射比中 $\rho(\lambda)$,仅波长范围不同),%；

  $S_\lambda,\Delta\lambda$ 的符号含义同式（3.41）。

（6）太阳光直接吸收比

①单片玻璃或单层窗玻璃构件。计算单片玻璃或单层窗玻璃构件的太阳光直接吸收比,必须首先测定出它们的太阳光直接透射比和太阳光直接反射比,然后用式（3.39）计算。

②双层窗玻璃构件第一、第二片玻璃的太阳光直接吸收比。双层窗玻璃构件第一片玻璃的太阳光直接吸收比用式（3.43）~式（3.46）计算,第二片玻璃的太阳光直接吸收比用式（3.43）、式（3.47）和式（3.48）计算。

$$\alpha_{e_{1(2)}} = \frac{\int_{300}^{2\,500} S_\lambda \cdot \alpha_{12(12)}^{\cdot}(\lambda) \cdot d_\lambda}{\int_{300}^{2\,500} S_\lambda \cdot d_\lambda} \approx \frac{\sum_{350}^{1\,800} S_\lambda \cdot \alpha_{12(12)}^{\cdot}(\lambda) \cdot \Delta\lambda}{\sum_{350}^{1\,800} S_\lambda \cdot \Delta\lambda} \tag{3.43}$$

$$\alpha_{12}^{\cdot}(\lambda) = \alpha_1(\lambda) + \frac{\alpha_1'(\lambda)\,\tau_1(\lambda)\rho_2(\lambda)}{1 - \rho_1'(\lambda)\rho_2(\lambda)} \tag{3.44}$$

$$\alpha_1(\lambda) = 1 - \tau_1(\lambda) - \rho_1(\lambda) \tag{3.45}$$

$$\alpha_1'(\lambda) = 1 - \tau_1(\lambda) - \rho_1'(\lambda) \tag{3.46}$$

$$\alpha_{12}^{\cdot}(\lambda) = \frac{\alpha_2(\lambda)\,\tau_1(\lambda)}{1 - \rho_1'(\lambda)\rho_2(\lambda)} \tag{3.47}$$

$$\alpha_2(\lambda) = 1 - \tau_2(\lambda) - \rho_2(\lambda) \tag{3.48}$$

式中　$\alpha_{e_{1(2)}}$——双层窗玻璃构件第一或第一片玻璃的太阳光直接吸收比,% ;

$\alpha_{12}^{\cdot}(\lambda)$——双层窗玻璃构件第一片玻璃的太阳光光谱吸收比,% ;

$\alpha_{12}^{\cdot}(\lambda)$——双层窗玻璃构件第二片玻璃的太阳光光谱吸收比,% ;

$\alpha_1(\lambda)$——第一片玻璃,在光由室外侧射入室内侧条件下,测定的太阳光光谱吸收比,% ;

$\alpha_1'(\lambda)$——第一片玻璃,在光由室内侧射向室外侧条件下,测定的太阳光光谱吸收比,% ;

$\alpha_2(\lambda)$——第二片玻璃,在光由室外侧射入室内侧条件下,测定的太阳光光谱吸收比,% ;

$\tau_1(\lambda)$——第一片玻璃的太阳光光谱透射比,% ;

$\rho_1(\lambda)$——第一片玻璃,在光由室外侧射入室内侧条件下,测定的太阳光光谱反射比,% ;

$\tau_2(\lambda)$——第二片玻璃的太阳光光谱透射比,% ;

$\rho_1'(\lambda)$——第一片玻璃,在光由室内侧射向室外侧条件下,测定的太阳光光谱反射比,% ;

$\rho_2(\lambda)$——第二片玻璃,在光由室外侧射入室内侧条件下,测定的太阳光光谱反射比,% ;

S_λ——太阳光辐射相对光谱分布,见表3.40或表3.41;

$\Delta\lambda$——波长间隔,nm。

(7)半球辐射率

半球辐射率等于垂直辐射率乘以下面相应玻璃表面的系数。

涂膜的平板玻璃表面:0.94。

涂金属氧化雾膜的玻璃表面:0.94。

涂金属膜或含有金属膜的多层涂膜的玻璃表面:1.0。

常见玻璃的半球辐射率见表3.42。

表3.42 半球辐射率 ε_i

玻璃品种	半球辐射率 ε_i	
	可见光透射比≤15%	可见光透射比>15%
普通透明玻璃	—	0.83
真空磁控阴极	0.45	0.70
溅射镀膜玻璃	0.45	0.70
离子镀膜玻璃	0.45	0.70
电浮法玻璃	—	0.83

①垂直辐射率对于垂直入射的热辐射,其热辐射吸收率 α_h 定为垂直辐射率,按式(3.49)和式(3.50)计算:

$$\alpha_h = 1 - \tau_h - \rho_h \approx 1 - \rho_h \tag{3.49}$$

$$\rho_h \approx \sum_{4.5}^{25} G_\lambda \cdot \rho(\lambda) \tag{3.50}$$

(8)太阳能总透射比

太阳能总透射比用式(3.51)计算:

$$g = \tau_e + q_i \tag{3.51}$$

式中　g——试样的太阳能总透射比,%;

　　　τ_e——试样的太阳能直接透射比,%;

　　　q_i——试样向室内侧的二次热传递系数,%。

①单片玻璃或单层窗玻璃构件。τ_e 为单片玻璃或单层窗玻璃构件的太阳光直接透射比,q_i 用式(3.52)、式(3.53)计算:

$$q_i = \alpha_e \cdot [h_i/(h_i + h_e)] \tag{3.52}$$

$$h_i = 3.6 + (4.4\varepsilon_i/0.83) \tag{3.53}$$

式中　q_i——单片玻璃或单层窗玻璃构件向室内侧的二次热传递系数,%;

　　　α_e——太阳光直接吸收比;

　　　h_i——试样构件内侧表面的热传递系数,$W/(m^2 \cdot K)$;

　　　h_e——试样构件外侧表面的热传递系数,$h_e = 23\ W/(m^2 \cdot K)$;

　　　ε_i——半球辐射率,参照表3.42。

②双层窗玻璃构件。τ_e 为双层窗玻璃构件的太阳光直接透射比,q_i 用式(3.54)计算:

$$q_i = \frac{\dfrac{\alpha_{e_1} + \alpha_{e_2}}{h_e} + \dfrac{\alpha_{e_2}}{G}}{\dfrac{1}{h_i} + \dfrac{1}{h_e} + \dfrac{1}{G}} \tag{3.54}$$

式中　q_i——双层窗玻璃构件向室内侧的二次热传递系数,%;

　　　G——双层窗两片玻璃之间的热导,$W/(m^2 \cdot K)$。$G = 1/R$,R 为热阻;

　　　α_{e_1},α_{e_2},h_e,h_i 的符号含义同前。

表3.43 293 K 热辐射相对光谱分布 G_λ

波长（μm）	G_λ	波长（μm）	G_λ
4.5	0.005 3	15.0	0.028 1
5.0	0.009 4	15.5	0.026 6
5.5	0.014 3	16.0	0.025 2
6.0	0.019 4	16.5	0.023 8
6.5	0.024 4	17.0	0.025 5
7.0	0.029 0	17.5	0.021 2
7.5	0.032 8	18.0	0.020 0
8.0	0.035 8	18.5	0.018 9
8.5	0.037 9	19.0	0.017 9
9.0	0.039 3	19.5	0.016 8
9.5	0.040 1	20.0	0.015 9
10.0	0.040 2	20.5	0.015 0
10.5	0.039 9	21.0	0.014 2
11.0	0.039 2	21.5	0.013 4
11.5	0.038 2	22.0	0.012 6
12.0	0.037 0	22.5	0.011 9
12.5	0.035 6	23.0	0.011 3
13.0	0.034 2	23.5	0.010 7
13.5	0.032 7	24.0	0.010 1
14.0	0.031 1	24.5	0.009 6
14.5	0.029 6	25.0	0.009 1

（9）遮蔽系数

各种窗玻璃构件对太阳辐射热的遮蔽系数用式（3.55）计算：

$$S_e = g / \tau_s \tag{3.55}$$

式中 S_e——试样的遮蔽系数；

g——试样的太阳能总透射比，%；

τ_s——3 mm 厚的普通透明平板玻璃的太阳能总透射比，其理论值取88.9%。

（10）紫外线透射比

紫外线透射比用式（3.56）计算：

$$\tau_{uv} = \frac{\int_{280}^{380} U_\lambda \cdot \tau(\lambda) \cdot d_\lambda}{\int_{280}^{380} U_\lambda \cdot d_\lambda} \approx \frac{\sum_{280}^{380} U_\lambda \cdot \tau(\lambda) \cdot \Delta\lambda}{\sum_{280}^{380} U_\lambda \cdot \Delta\lambda} \qquad (3.56)$$

式中　τ_{uv}——试样的紫外线透射比，%；

U_λ——紫外线辐射相对光谱分布，见表3.44；

$\Delta\lambda$——波长间隔，$\Delta\lambda = 5$ nm；

$\tau(\lambda)$——试样的紫外线光谱透射比。

表3.44　紫外线球辐射相对光谱分布 U_λ 乘以波长间隔 $\Delta\lambda$

λ(nm)	$U_\lambda \cdot \Delta\lambda$
297.5	0.000 82
302.5	0.004 61
307.5	0.013 73
312.5	0.027 46
317.2	0.041 20
322.5	0.055 91
327.5	0.065 72
332.5	0.070 62
337.5	0.072 58
342.5	0.074 54
347.5	0.076 01
352.5	0.077 00
357.5	0.078 96
362.5	0.080 43
367.5	0.083 37
372.5	0.086 31
377.5	0.090 73

（11）紫外线反射比

紫外线反射比用式（3.57）计算：

$$\rho_{uv} = \frac{\int_{280}^{380} U_\lambda \cdot \rho(\lambda) \cdot d_\lambda}{\int_{280}^{380} U_\lambda \cdot d_\lambda} \approx \frac{\sum_{280}^{380} U_\lambda \cdot \rho(\lambda) \cdot \Delta\lambda}{\sum_{280}^{380} U_\lambda \cdot \Delta\lambda} \qquad (3.57)$$

式中　ρ_{uv}——试样的紫外线反射比，%；

$\rho(\lambda)$——试样的紫外线光谱反射比；

U_λ——紫外线辐射相对光谱分布，见表3.44。

3)检测报告

检测报告的内容如下:

①注明符合本标准的要求。

②测定条件:

a.仪器:名称、型号、光源类别、照明和探测几何条件。

b.试样:编号、实测厚度、测定方位。

③测定日期及测定人员姓名。

④其他必要说明。

3.2.7 中空玻璃露点

(1)试验原理

放置露点仪后玻璃表面局部冷却,当达到一定温度后,内部水汽在冷点部位结露,该温度为露点。

(2)仪器设备

①露点仪:测量管的高度为300 mm,测量表面直径为650 mm(图3.7)。

②温度计:测量范围为 –80 ~ 30 ℃,精度为1 ℃。

(3)试验条件

试样为制品或20块与制品在同一工艺条件下制作的尺寸为510 mm × 360 mm 的样品,试验在温度(23 ±2)℃,相对湿度30% ~ 75%的条件下进行。试验前将全部试样在该环境条件下放置一周以上。

(4)试验步骤

①向露点仪的容器中注入深约25 mm 的乙醇或丙酮,再加入干冰,使其温度冷却到≤ –40 ℃,并在试验中保持该温度。

②将试样水平放置,在上表面涂一层乙醇或丙酮,使露点仪与该表面紧密接触,停留时间按表3.45 的规定。

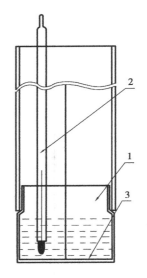

图3.7 露点仪
1—铜槽;2—温度计;
3—测量面

表3.45 露点仪与试样表面的接触时间

原片玻璃厚度(mm)	接触时间(min)
≤4	3
5	4
6	5
8	7
≥10	10

③移开露点仪,立刻观察玻璃试样的内表面上有无结露或结霜。

3.2.8 气密性检测

1)检测加压顺序

检测加压顺序见图3.8。

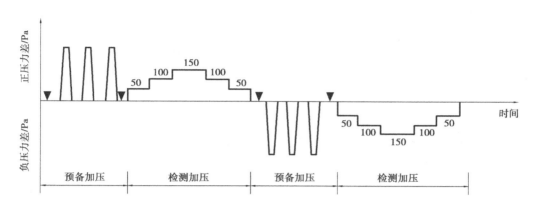

图3.8 气密检测加压顺序示意图

注:图中符号▼表示将试件的可开启部分开关不少于5次。

2)预备加压

在正、负压检测前分别施加3个压力脉冲。压力差绝对值为500 Pa,加载速度约为100 Pa/s。压力稳定作用时间为3 s,泄压时间不少于1 s。待压力差回零后,将试件上所有可开启部分开关5次,最后关紧。

3)渗透量检测

(1)附加空气渗透量检测

检测前应采取密封措施,充分密封试件上的可开启部分缝隙和镶嵌缝隙,或用不透气的盖板将箱体开口部盖严,然后按照图3.8所示检测加压顺序逐级加压,每级压力作用时间约为10 s,先逐级正压,后逐级负压。记录各级测量值。

(2)总渗透量检测

去除试件上所加密封措施或打开密封盖板后进行检测,检测程序同附加空气渗透量检测。

4)检测值的处理

分别计算出升压和降压过程中在100 Pa压差下的两个附加空气渗透量测定值的平均值 $\overline{q}_{\mathrm{f}}$ 和两个总渗透量测定值的平均值 $\overline{q}_{\mathrm{z}}$,则窗试件本身100 Pa压力差下的空气渗透量 q_{t} (单位为 m^3/h)即可按式(3.58)计算:

$$q_{\mathrm{t}} = \overline{q}_{\mathrm{z}} - \overline{q}_{\mathrm{f}}$$

(3.58)

然后,再利用式(3.59)将 q_t 换算成标准状态下的渗透量 q'(单位为 m³/h)值。

$$q' = \frac{293}{101.3} \times \frac{q_t P}{T}$$ (3.59)

式中 q'——标准状态下通过试件空气渗透量值,m³/h;

      P——实验室气压值,kPa;

      T——试验室空气温度值,K;

      q_t——试件渗透量测定值,m³/h。

将 q' 值除以试件开启缝长度 l,得出在 100 Pa 下,单位开启缝长空气渗透量 q_1'[单位为 m³/(m·h)]值,即式(3.60):

$$q_1' = \frac{q'}{l}$$ (3.60)

或将 q' 值除以试件面积 A,得到在 100 Pa 下,单位面积空气渗透量 q_2'[单位为 m³/(m²·h)]值,即式(3.61):

$$q_2' = \frac{q'}{A}$$ (3.61)

正压、负压分别按式(3.58)~式(3.61)进行计算。

为了保证分级指标值的准确度,采用由 100 Pa 检测压力差下的测定值 $\pm q_1'$ 或 $\pm q_2'$,按式(3.62)或(3.63)换算为 10 Pa 检测压力差下的相应值 $\pm q_1$[单位为 m³/(m·h)],或 $\pm q_2$[单位为 m³/(m²·h)]。

$$\pm q_1 = \pm q_1'/4.65$$ (3.62)

$$\pm q_2 = \pm q_2'/4.65$$ (3.63)

式中 q_1'——100 Pa 作用压力差下单位缝长空气渗透量值,m³/(m·h);

      q_1——10 Pa 作用压力差下单位缝长空气渗透量值,m³/(m·h);

      q_2'——100 Pa 作用压力差下单位面积空气渗透量值,m³/(m·h);

      q_2——10 Pa 作用压力差下单位面积空气渗透量值,m³/(m·h)。

将三樘试件的 $\pm q_1$ 值或 $\pm q_2$ 值分别平均后,对照表 3.46 确定按照缝长和按面积各自所属等级。最后取两者中的不利级别为该组试件所属等级。正、负压测值应分别定级。

表 3.46   建筑门窗气密性能分级

分 级	1	2	3	4	5	6	7	8
单位缝长分级指标值 q_1[m³/(m·h)]	$4.0 \geq q_1$ >3.5	$3.5 \geq q_1$ >3.0	$3.0 \geq q_1$ >2.5	$2.5 \geq q_1$ >2.0	$2.0 \geq q_1$ >1.5	$1.5 \geq q_1$ >1.0	$1.0 \geq q_1$ >0.5	$q_1 \leq 0.5$
单位面积分级指标值 q_2[m³/(m·h)]	$12.0 \geq q_2$ >10.5	$10.5 \geq q_2$ >9.0	$9.0 \geq q_2$ >7.5	$7.5 \geq q_2$ >6.0	$6.0 \geq q_2$ >4.5	$4.5 \geq q_2$ >3.0	$3.0 \geq q_2$ >1.5	$q_2 \leq 1.5$

3.3 门窗节能材料

建筑外窗的气密性、保温性能、中空玻璃露点、玻璃遮阳系数和可见光透射比应符合设计要求。

3.3.1 建筑外窗气密性

试验方法参见本书 3.2.8 节。

3.3.2 建筑门窗保温性能

建筑外窗是指与室外空气接触的窗户,包括外窗、天窗、阳台门连窗上部镶嵌玻璃的透明部分,建筑外窗的保温性能以传热系数 K 值表征。

1)外窗保温性能级别

外窗的保温性能按其传热系数大小分为 10 级,分级方法和具体指标如表 3.47 所示。

表 3.47 外窗保温性能分级

分　级	1	2	3	4	5
分级指标值 $[W/(m^2 \cdot K)]$	$K \geqslant 5.5$	$5.5 > K \geqslant 5.0$	$5.0 > K \geqslant 4.5$	$4.5 > K \geqslant 4.0$	$4.0 > K \geqslant 3.5$
分　级	6	7	8	9	10
分级指标值 $[W/(m^2 \cdot K)]$	$3.5 > K \geqslant 3.0$	$3.0 > K \geqslant 2.5$	$2.5 > K \geqslant 2.0$	$2.0 > K \geqslant 1.5$	$K < 1.5$

2)外窗保温性能检测原理

外窗保温性能检测的原理和方法是基于稳定传热原理的标定热箱法,与砌体传热性能的检测中标定热箱法的原理和方法相同。检测窗户保温性能试件一侧为热箱,模拟采暖建筑冬季室内气候条件,另一侧为冷箱,模拟冬季室外气候条件。在对试件缝隙进行密封处理、试件两侧各自保持稳定的空气温度、气流速度和热辐射条件下,测量热箱中电暖气的发热量,减去通过热箱外壁和试件框的热损失,再除以试件面积与两侧空气温差的乘积,即可计算出试件的传热系数 K 值。检测原理示意图与图 3.5 所示相同。通过热箱外壁和试件框的热损失在同一试验室和相同的检测条件下可视为常数,其值经过专门的标定试验确定。

3)检测装置

外窗保温性能检测装置主要由热箱、冷箱、试件框和环境空间 4 个部分组成,如图 3.9 所示。检测仪器主要由温度传感器、功率表、风速仪、数据记录仪等组成。

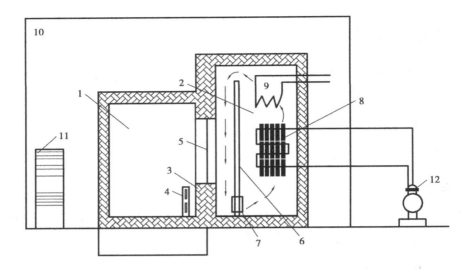

图3.9　外窗保温性能检测装置示意图

1—热箱;2—冷箱;3—试件框;4—电暖气;5—试件;6—隔风板;7—风机;
8—增发器;9—加热器;10—环境空间;11—空调器;12—冷冻机

（1）热箱

热箱开口尺寸不宜小于 2 100 mm×2 400 mm(宽×高),进深不宜小于 2 000 mm,外壁构造应是热均匀体,其热阻值不得小于 3.5 $m^2 \cdot K/W$,内表面总的半球发射率 ε 应大于 0.85。热箱采用交流稳压电源供电暖气加热,窗台板至少应高于电暖气顶部。

（2）冷箱

冷箱开口尺寸应与试件框外边缘尺寸相同,进深以能容纳制冷、加热及气流设备为宜,外壁应采用不透气的保温材料,其热阻值不得小于 3.5 $m^2 \cdot K/W$,内表面应采用不吸水、耐腐蚀的材料。冷箱通过安装在冷箱内的蒸发器或引入冷空气进行降温,利用隔风板和风机进行强制对流,形成沿试件表面自上而下的均匀气流。隔风板与试件框冷侧表面距离应能调节。隔风板宜采用热阻不小于 1.0 $m^2 \cdot K/W$ 的板材,隔风板面向试件的表面,其总的半球发射率值应大于 0.85。隔风板的宽度与冷箱净宽度相同。蒸发器下部设置排水孔或盛水盘。

（3）试件框

试件框外缘尺寸应不小于热箱开口处的内缘尺寸,试件框应采用不透气、构造均匀的保温材料,热阻值不得小于 7.0 $m^2 \cdot K/W$,其密度应为 20 kg/m^3 左右。安装试件的洞口尺寸不应小于 1 500 mm×1 500 mm。洞口下部应留有不小于 600 mm 高的窗台。窗台及洞口周边应采用不吸水、导热系数小于 0.25 $W/(m \cdot K)$ 的材料。

（4）环境空间

检测装置应放在装有空调器的试验室内,保证热箱外壁内、外表面面积加权平均温差小于 1.0 K,试验室空气温度波动不应大于 0.5 K。试验室围护结构应有良好的保温性能和热稳定性,应避免太阳光通过窗户进入室内,试验室内表面应进行绝热处理。热箱外壁与周边壁面之间至少应留有 500 mm 的空间。

（5）测试和记录的物理量

外窗保温性能的检测过程中，需要直接测量和记录的参数有冷箱风速、温度和功率，其中冷箱风速用来控制设备运行的状态，不参与结果计算，参与计算结果的参数只有温度和功率。

测量温度的温度传感器采用铜-康铜热电偶，必须使用同批生产、有绝缘包皮、丝径为 0.2 ～ 0.4 mm 的铜丝和康铜丝制作，测量不确定度应小于 0.25 K。

热箱的加热功率用功率表计量，功率表的准确度等级不得低于 0.5 级，且应能够根据被测值的大小转换量程，使仪表示值处于满量程的 70% 以上。

冷箱风速可用热球风速仪测量，其测点位置与冷箱空气温度测点位置相同。不必每次试验都测定冷箱风速，当风机型号、安装位置、数量及隔风板位置发生变化时，应重新进行测量。

4）试件安装

（1）试件安装

被检试件为一件，试件的尺寸及构造应符合产品设计和组装要求，试件在检测时的状态应该与在建筑上使用的正常状态相同，不得附加任何多余配件或特殊组装工艺。

试件安装时单层窗及双层窗外窗的外表面应位于距试件框冷侧表面 50 mm 处，双层窗内窗的内表面距试件框热侧表面不应小于 50 mm，两玻璃间距应与标定一致。试件与洞口周边之间的缝隙宜用聚苯乙烯泡沫塑料条填塞并密封，试件开启缝应采用塑料胶带双面密封。

（2）温度传感器布置

将待测试件安装好后，在测温点粘贴铜-康铜热电偶，其测温点分为空气测温点和表面测温点。

在热箱空间内设置两层热电偶作为空气温度测点，每层均匀布 4 点。冷箱空气温度测点在试件安装洞口对应的面积上均匀布 9 点。测量热、冷箱空气温度的热电偶可分别并联，测量空气温度的热电偶感应头均应进行热辐射屏蔽。

热箱两表面、试件表面和试件框两侧面要布置表面温度测点。热箱每个外壁的内、外表面分别对应布 6 个温度测点，试件框热侧表面温度测点不宜少于 20 个，试件框冷侧表面温度测点不宜少于 14 个。热箱外壁及试件框每个表面温度测点的热电偶可分别并联。测量表面温度的热电偶感应头应连同至少长 100 mm 的铜-康铜引线一起紧贴在被测表面上。在试件热侧表面可适当布置一些热电偶。

测量空气温度和表面温度的热电偶如果并联，各热电偶的引线电阻必须相等，各点所代表的被测面积应相同。

5）检测

（1）检测条件设定

热箱空气温度设定范围为 18 ～ 20 ℃，误差为 ±0.1 ℃，热箱空气为自然对流，其相对湿度宜控制在 30% 左右；冷箱空气温度设定范围为 － 21 ～ － 19 ℃，误差为 ±0.3 ℃（严寒和寒冷地区），或 － 11 ～ － 9 ℃，误差为 ±0.2 ℃（夏热冬冷地区、夏热冬暖地区及温和地区）。

试件冷侧平均风速设定为 3 m/s。

（2）记录数据

a. 热箱空气温度 t_h，℃。

b. 冷箱空气温度 t_c，℃。

c. 热箱外壁内、外表面温度，进而得到面积加权平均温差 $\Delta\theta_1$，℃。

d. 试件框热、冷两侧表面温度，进而得到面积加权平均温差 $\Delta\theta_2$，℃。

e. 填充板两侧表面温度，进而得到平均温差 $\Delta\theta_3$，℃。

f. 电暖气加热功率 Q，W。

（3）检测程序

检查热电偶、试件已安装完好后，启动检测装置。当冷热箱和环境空气温度达到设定值并维持稳定时，如果逐时测量得到热箱的空气平均温度 t_h 和冷箱的空气平均温度 t_c 每小时变化的绝对值分别不大于 0.1 ℃ 和 0.3 ℃，温差 $\Delta\theta_1$ 和 $\Delta\theta_2$ 每小时变化的绝对值分别不大于 0.1 ℃ 和 0.3 ℃，且上述温度和温差的变化不是单向变化，则表示传热过程已经稳定。

传热过程稳定之后每隔 30 min 测量记录一次参数 t_h，t_c，$\Delta\theta_1$，$\Delta\theta_2$，$\Delta\theta_3$，Q，共测 6 次。

6）结果计算

试件的传热系数 K 按式（3.64）计算：

$$K = \frac{Q - M_1 \cdot \Delta\theta_1 - M_2 \cdot \Delta\theta_2 - S \cdot \lambda \cdot \Delta\theta_3}{A \cdot \Delta t} \tag{3.64}$$

式中　Q——电暖气加热功率，W；

　　　M_1——由标定试验确定的热箱外壁热流系数，W/K；

　　　M_2——由标定试验确定的试件框热流系数，W/K；

　　　$\Delta\theta_1$——热箱外壁内、外表面面积加权平均温度之差，K；

　　　$\Delta\theta_2$——试件框热侧、冷侧表面面积加权平均温度之差，K；

　　　S——填充板的面积，m^2；

　　　λ——填充板的导热系数，W/（$m^2 \cdot K$）；

　　　$\Delta\theta_3$——填充板两表面的平均温差，K；

　　　A——试件面积，m^2。试件面积按试件外缘尺寸计算，如试件为采光罩，其面积按采光罩水平投影面积计算；

　　　Δt——热箱空气平均温度 t_h 与冷箱空气平均温度 t_c 之差，K。

K 值计算结果保留两位有效数字。

7）检测报告

检测报告反映检测的全部信息，应包括以下内容：

①机构信息：委托和生产单位名称，检测单位名称、住址。

②试件信息：试件名称、编号、规格、玻璃品种、玻璃及双玻空气层厚度、窗框面积与窗面积之比。

③检测条件：热箱空气温度和空气相对湿度、冷箱空气温度和气流速度。

④检测信息:检测依据、检测设备、检测项目、检测类别和检测时间。

⑤检测结果:试件传热系数 K 值和保温性能等级,试件热侧表面温度、结露和结霜情况。

⑥报告责任人:测试人、审核人及签发人等。

3.3.3　中空玻璃露点

中空玻璃露点检测方法参见本书3.2.7节。

3.3.4　玻璃可见光透射比和遮阳系数

玻璃可见光透射比和遮阳系数检测方法参见本书3.2.6节。

3.4　屋面保温隔热材料

屋面节能工程的保温隔热材料,其导热系数、密度、抗压强度或压缩强度、燃烧性能必须符合设计要求和强制性标准的规定。

3.4.1　导热系数

试验方法参见本书2.4节。

3.4.2　密度

试验方法参见本书3.2.2节。

3.4.3　压缩强度

1)设备

(1)压缩试验机

压缩试验机的力和位移的范围应能满足检测精度的要求,且须备有两块表面抛光且不会变形的方形或圆形的平行板,板的边长或直径至少为10 cm。

(2)测定力和位移的装置

①测定力的装置:在压缩试验机的其中一块平板上应安装一个力传感器,该传感器应可连续地测定试验时试样对平板的反作用力 F(在测试时所产生的自身形变可忽略不计),且精度为 ±1%。

②测定位移的装置:压缩试验机上应装有一个能连续地测定活动板位移的装置,精度为 ±5%。

③校准:应预先校准压缩试验机测定装置的读数,所有的标准质量块应与所施力的灵敏度相符。

2)试样

(1)试样尺寸

在使用中不保留模塑表皮的制品,应除去表皮,试样厚度应为(50 ±1)mm。使用时需带有模塑表皮的制品,其试样应取整个制品的原厚,但至少为 10 mm,最厚不得超过试样的宽度或直径。试样的基面为正方形或圆形,面积应为 25.0 ~ 230.0 cm²。试样两平行面的平行度公差不应超过 1%。推荐使用基面边长为(100.0 ± 1.0)mm 的正四棱柱试样。

不同厚度的试样测得的结果无可比性。

(2)试样的制备

①制取试样应不改变泡沫材料的原始结构。

②制取试样应使其基准面与制品使用时要承受压力的方向垂直。如需要了解各向异性材料的特性,或不知道非均质材料的主要方面时,应制备两组试样。各向异性体的特性用一个平面及它的正交面来表示。

③试样不允许由几片薄片叠成。

(3)试样数量

应从硬质泡沫塑料制品的块状材料或厚板中制取试样。取样方法和数量可参照有关泡沫塑料制品标准中的规定,但至少要取 5 个试样。

(4)试样的状态调节和试验的标准环境

试验的标准环境应满足:温度(23 ± 2)℃,相对湿度 45% ~ 55%。

3)试验步骤

测量试样的尺寸,然后将试样置于压缩试验机两平板的中央,活动板以恒定的速率压缩试样,直到试样厚度变为初始厚度的 85%。

4)结果的表示

(1)压缩强度及其相对形变

①压缩强度。按式(3.65)计算压缩强度 σ_m:

$$\sigma_m = \frac{F_m}{A_0} \times 10^3 \tag{3.65}$$

式中 σ_m——压缩强度,kPa;

      F_m——最大压缩力,N;

      A_0——试样横截面初始面积,mm²。

②相对形变。用直尺将力-形变曲线上斜率最大的直线部分延伸至力零位线,其交点为"形变零点",量取从"形变零点"至试样受到最大压力时的整个位移 x_m。位移零点 F_m 为最大压缩力,F_{10} 为相对形变 10% 时的压缩力,x_m 为最大压缩力时的位移;x_{10} 为相对形变 10% 时的位移,可按式(3.66)计算相对形变 ε_m:

$$\varepsilon_m = \frac{x_m}{h_0} \times 100 \tag{3.66}$$

式中 ε_m——试样受最大压缩力时的相对形变,%;

      x_m——达到最大压缩力时的位移,mm;

      h_0——试样的初始厚度,mm。

如果力-形变曲线上没有明显的直线部分,或用这种方法求得的"形变零点"为负值,则

"形变零点"应取压缩应力为(100±10)kPa时所相应的形变。

（2）相对形变为10％时的压缩应力

按式(3.67)计算相对形变为10％时的压缩应力：

$$\sigma_{10} = \frac{F_{10}}{A_0} \times 10^3$$

（3.67）

式中　σ_{10}——相对形变为10％时的压缩应力,kPa;

F_{10}——使试样产生10％相对形变时的力,N;

A_0——试样横截面初始面积,mm^2。

5）试验报告

试验报告应包括下列内容：

①泡沫塑料制品的类别和品种。

②若试样未采用推荐尺寸,应注明试样尺寸。

③所施压力的方向与各向异性体或制品几何体之间的关系。

④试验结果的平均值,表示为：压缩强度(σ_m)及其相对形变(ε_m),或者相对形变为10％时的压缩应力(σ_{10})。

⑤如各个试验值之间的偏差大于10％,给出各个试验结果。

⑥注明不同于本标准的操作步骤。

3.4.4　燃烧性能

试验方法参见本书3.7节。

3.5　地面保温材料

用于地面节能工程的保温材料,其导热系数、密度、抗压强度(或压缩强度)、燃烧性能必须符合设计要求和强制性标准的规定。其导热系数检测方法参见本书2.4节;密度检测方法参见本书3.2.2节;压缩强度检测方法参见本书3.4.3节;燃烧性能检测方法参见本书3.7节。

3.6　通风与空调节能材料

风机盘管机组性能检测方法参见本书第6章;绝热材料导热系数检测方法参见本书2.4节;绝热材料密度检测方法参见本书3.2.2节。

下面对其绝热材料的吸水率检测进行介绍。

1）试验仪器

①天平：挂网笼,准确至0.1 g。

②网笼：由不锈钢材料制成,大小能容纳试样,底部附有能抵消试样浮力的重块,顶部有能挂到天平上的挂架,如图3.10所示。

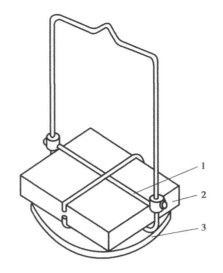

图 3.10　装有试样的网笼
1—网笼;2—试样;3—重块

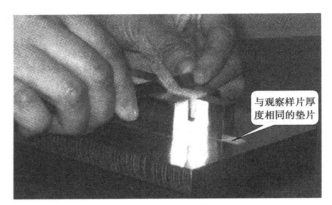

图 3.11　切片器

③筒容器:直径至少为 250 mm,高为 250 mm。

④低渗透塑料薄膜,如聚乙烯薄膜。

⑤切片器:应有切割样品薄片厚度为 0.1~0.4 mm 的能力,见图 3.11。

⑥载片:将两片幻灯玻璃片用胶布粘接成活叶状,之间放一张印有标准刻度(长度 30 mm)的计算坐标的透明塑料薄片,见图 3.12。

⑦投影仪:适用于 50 mm×50 mm 标准幻灯片的通用型 35 mm 幻灯片投影仪,或者带有标准刻度的投影显微镜。

2)试样

①试样数量:不得少于 3 块。

②尺寸:长度 150 mm,宽度 150 mm,体积不小于 500 cm^3。对带有自然或复合表皮的产品,试样厚度是产品厚度;对于厚度大于 75 mm 且不带表皮的产品,试样应加工成 75 mm 的厚度,两平面之间的平行度公差不大于 1%。

③试样制备和调节。

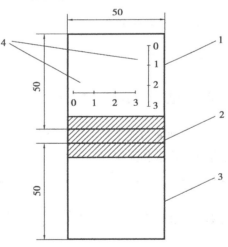

图 3.12　载片装置(单位:mm)
1—标准玻璃载片;2—软胶布粘结;
3—空白盖片;4—标准刻度尺

3)试验方法

①按 GB/T 2918 的规定,调节试验环境为(23±2)℃和(50±5)%相对湿度。

②称量干燥后试样质量(m_1),准确至 0.1 g。

③按 GB/T 6342 的规定,测量试样线性尺寸用于计算 V_0,准确至 0.1 cm^3。

④在试验环境下将蒸馏水注入圆筒容器内。

⑤将网笼浸入水中,除去网笼表面气泡,挂在天平上,称其表观质量(m_2),准确至0.1 g。

⑥将试样装入网笼,重新浸入水中,并使试样顶面距水面约50 mm,用软毛刷或搅动除去网笼和样品表面气泡。

⑦用低渗透塑料薄膜覆盖在圆筒容器上。

⑧待(96 ± 1)h或其他约定浸泡时间后,移去塑料薄膜,称量浸在水中装有试样的网笼的表观质量(m_3),准确至0.1 g。

⑨目测试样溶胀情况,确定溶胀和切割表面体积的校正。均匀溶胀用方法 A,不均匀溶胀用方法 B。

4)溶胀和切割表面体积的校正

(1)方法 A(均匀溶胀)

①适用性:当试样没有明显的非均匀溶胀时用方法 A。

②从水中取出试样,立即重新测量其尺寸,为测量方便可在测量前用滤纸吸去表面水分。试样均匀溶胀体积校正系数 S_0 按式(3.68)~式(3.70)计算:

$$S_0 = \frac{V_1 - V_0}{V_0} \tag{3.68}$$

$$V_0 = \frac{d \times l \times b}{1\,000} \tag{3.69}$$

$$V_1 = \frac{d_1 \times l_1 \times b_1}{1\,000} \tag{3.70}$$

式中　V_1——试样浸泡后体积,cm³;

　　　V_0——试样初始体积,cm³;

　　　d——试样的初始厚度,mm;

　　　l——试样的初始长度,mm;

　　　b——试样的初始宽度,mm;

　　　d_1——试样浸泡后厚度,mm;

　　　l_1——试样浸泡后长度,mm;

　　　b_1——试样浸泡后宽度,mm。

③切割表面泡孔的体积校正:

a. 遵照 GB/T 8810—2005 附录 A 规定的方法,从进行吸水试验的相同样品上切片,测量其平均泡孔直径 D,按式(3.71)和式(3.72)计算切割表面泡孔体积 V_e。

对于有自然表皮或复合表皮的试样:

$$V_e = \frac{0.54D(l \times d + b \times d)}{500} \tag{3.71}$$

对于各表面均为切割面的试样:

$$V_e = \frac{0.54D(l \times d + l \times b + b \times d)}{500} \tag{3.72}$$

式中　V_e——试样切割表面泡孔体积,cm³;

D——平均泡孔直径,mm。

b. 若平均泡孔直径小于 0.50 mm,且试样体积不小于 500 cm³,切割面泡孔的体积校正较小(小于 3.0%),可以被忽略。

(2)方法 B(非均匀溶胀)

①适用性。当试样有明显的非均匀溶胀时用方法 B。

②合并校正溶胀和切割面泡孔的体积。用一个带溢流管的圆筒容器,注满蒸馏水直至水从溢流管流出。当水平面稳定后,在溢流管下放一容积不小于 600 cm³ 带刻度的容器,用于测量溢出水体积,准确至 0.5 cm³(也可用称量法)。从原始容器中取出试样和网笼,淌干表面水分(约 2 min),小心地将装有试样的网笼浸入盛满水的容器,水平面稳定后测量排出水的体积(V_2),准确至 0.5 cm³。用网笼重复上述过程,并测量其体积(V_3),准确至 0.5 cm³。溶胀和切割表面体积合并校正系数 S_1 由式(3.73)得出:

$$S_1 = \frac{V_2 - V_3 - V_0}{V_0} \qquad (3.73)$$

式中　V_2——装有试样的网笼浸在水中排出水的体积,cm³;

　　　V_3——网笼浸在水中排出水的体积,cm³;

　　　V_0——试样初始体积,cm³。

5)结果表示

(1)吸水率(WAv)的计算

①方法 A:

$$WAv = \frac{m_3 + V_1 \times \rho - (m_1 + m_2 + V_e \times \rho)}{V_0 \rho} \times 100 \qquad (3.74)$$

式中　WAv——吸水率,%;

　　　m_1——试样质量,g;

　　　m_2——网笼浸在水中的表观质量,g;

　　　m_3——装有试样的网笼浸在水中的表观质量,g;

　　　V_1——试样浸渍后体积,cm³;

　　　V_e——试样切割表面泡孔体积,cm³;

　　　V_0——试样初始体积,cm³;

　　　ρ——水的密度,g/cm³。

②方法 B:

$$WAv = \frac{m_3 + (V_2 - V_3)\rho - (m_1 + m_2)}{V_0 \rho} \times 100 \qquad (3.75)$$

式中　WAv——吸水率,%;

　　　m_1——试样质量,g;

　　　m_2——网笼浸在水中的表观质量,g;

　　　m_3——装有试样的网笼浸在水中的表观质量,g;

　　　V_2——装有试样的网笼浸在水中排出水的体积,cm³;

V_3——网笼浸在水中排出水的体积,cm^3;

V_0——试样初始体积,cm^3;

ρ——水的密度,g/cm^3。

（2）平均值

取全部被测试试样吸水率的算术平均值。

3.7 节能材料燃烧性能

3.7.1 建筑材料可燃性检测

1）试验装置

（1）试验室

试验室应选择环境温度为$(23\pm5)℃$,相对湿度为$(50\pm20)\%$的房间。

注:光线较暗的房间有助于识别表面上的小火焰。

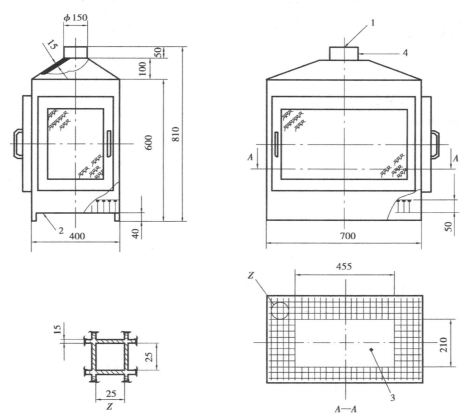

图 3.13　燃烧箱

1—空气流速测量点;2—金属丝网格;3—水平钢板;4—烟道

（2）燃烧箱

燃烧箱（图3.13）由不锈钢钢板制作，并安装有耐热玻璃门，以便至少从箱体的正面和一个侧面进行试验操作和观察。燃烧箱通过箱体底部的方形盒体进行自然通风，方形盒体由厚度为 1.5 mm 的不锈钢制作，盒体高度为 50 mm，开敞面积为 25 mm×25 mm（图3.13）。为达到自然通风目的，箱体应放置在高 40 mm 的支座上，使箱体底部存在一个通风空气隙。箱体正面两支座之间的空气隙应予以封闭。在只点燃燃烧器和打开抽风罩的条件下，测量的箱体烟道内的空气流速应为（0.7±0.1）m/s。

燃烧箱应放置在合适的抽风罩下方。

（3）燃烧器

燃烧器结构如图3.14 所示，燃烧器的设计应使其能在垂直方向使用或与垂直轴线成 45°角。燃烧器应安装在水平钢板上，并可沿燃烧箱中心线方向前后平稳移动。

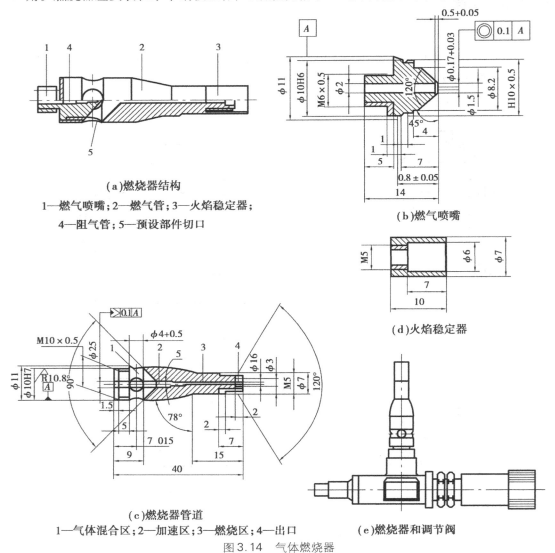

（a）燃烧器结构

1—燃气喷嘴；2—燃气管；3—火焰稳定器；

4—阻气管；5—预设部件切口

（b）燃气喷嘴

（d）火焰稳定器

（c）燃烧器管道

1—气体混合区；2—加速区；3—燃烧区；4—出口

（e）燃烧器和调节阀

图 3.14　气体燃烧器

燃烧器应安装有一个微调阀,用于调节火焰高度。

(4)燃气

使用纯度≥95%的商用丙烷作燃气。为使燃烧器在45°角方向上保持火焰稳定,燃气压力应在10~50 kPa范围内。

(5)试样夹

试样夹由两个U形不锈钢框架构成,宽15 mm,厚(5±1)mm,其他尺寸等见图3.15。框架垂直悬挂在挂杆(图3.16)上,以使试样的底面中心线和底面边缘可以直接受火(图3.17~图3.19)。

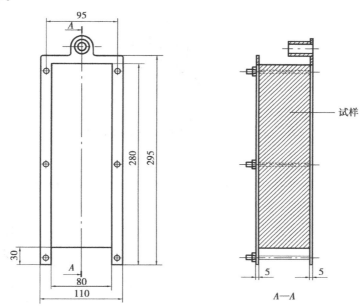

图3.15　典型试样夹

为避免试样歪斜,应用螺钉或夹具将两个试样框架卡紧。采用的固定方式应能保证试样在整个试验过程中不会移位。

注:在与试样贴紧的框架内表面上可嵌入一些长度约1 mm的小销钉。

(6)挂杆

挂杆固定在垂直立柱(支座)上,以使试样夹能垂直悬挂,燃烧器火焰能作用于试样(图3.16)。

对于边缘点火方式和表面点火方式,试样底面与金属网上方水平钢板的上表面之间的距离应分别为(125±10)mm和(85±10)mm。

(7)计时器

计时器应能持续记录时间,并显示到秒,精度≤1 s/h。

(8)试样模板

两块金属板,其中一块长250^{0}_{-1} mm,宽90^{0}_{-1};另一块长250^{0}_{-1} mm,宽180^{0}_{-1} mm。若采用3.7.2规定的程序,则选用较大尺寸的模板。

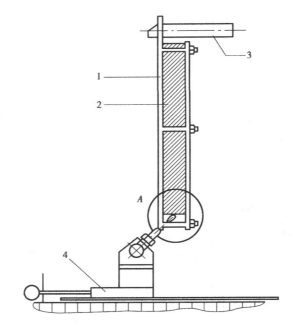

图 3.16　典型的挂杆和燃烧器定位(侧视图)

1—试样夹;2—试样;3—挂杆;4—燃烧器底座;*A*—见图 3.14

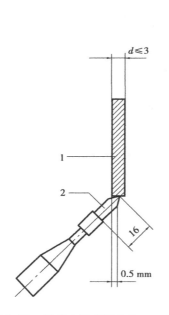

图 3.17　厚度小于或等于 3 mm 的
制品的火焰冲击点

1—试样;2—燃烧器定位器;*d*—厚度

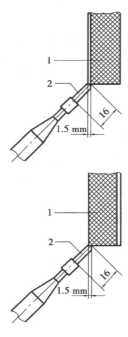

图 3.18　厚度大于 3 mm 制品的
典型火焰冲击点

1—试样;2—燃烧器定位器

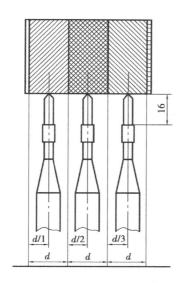

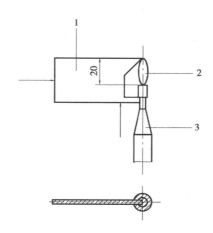

图 3.19　厚度 >10 mm 的多层试样在附加
　　　　试验中的火焰冲击点

图 3.20　典型的火焰高度测量器具
　　　　1—金属片;2—火焰;3—燃烧器

（9）火焰检查装置

①火焰高度测量工具:以燃烧器上某一固定点为测量起点,能显示火焰高度为 20 mm 的合适工具(图 3.20)。火焰高度测量工具的偏差应为 ±0.1 mm。

②用于边缘点火的点火定位器:能插入燃烧器喷嘴的长 16 mm 的抽取式定位器,用以确定同预先设定火焰在试样上的接触点的距离(图 3.21)。

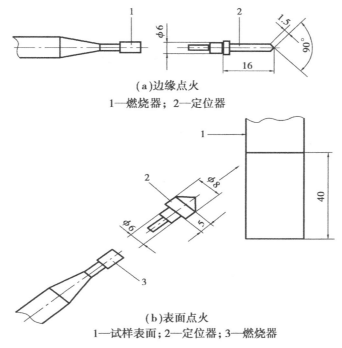

图 3.21　燃烧器定位器

③用于表面点火的点火定位器:能插入燃烧器喷嘴的抽取式锥形定位器,用以确定燃烧器前端边缘与试样表面的距离为 5 mm(图 3.21)。

(10)风速仪

风速仪的精度为 ±0.1 m/s,用以测量燃烧箱顶部出口的空气流速(图 3.13)。

(11)滤纸和收集盘

采用未经染色的崭新滤纸,面密度为 60 kg/m²,含灰量小于 0.1%。采用铝箔制作的收集盘,100 mm×50 mm,深 10 mm。收集盘放在试样正下方,每次试验后应更换收集盘。

2)试样

(1)试样尺寸

试样尺寸为长 250_{-1}^{0} mm,宽 90_{-1}^{0} mm。

名义厚度不超过 60 mm 的试样应按其实际厚度进行试验。名义厚度大于 60 mm 的试样,应从其背火面将厚度削减至 60 mm,按 60 mm 厚度进行试验。若需要采用这种方式削减试样尺寸,该切削面不应作为受火面。对于通常生产尺寸小于试样尺寸的制品,应制作适当尺寸的样品专门用于试验。

(2)非平整制品

对于非平整制品,试样可按其最终应用条件进行试验(如隔热导管)。应提供完整制品或长 250 mm 的试样。

(3)试样数量

①对于每种点火方式,至少应测试 6 块具有代表性的制品试样,并应分别在样品的纵向和横向上切制 3 块试样。

②若试验用的制品厚度不对称,在实际应用中两个表面均可能受火,则应对试样的两个表面分别进行试验。

③若制品的几个表面区域明显不同,则应再附加一组试验来评估该制品。

④如果制品在安装过程中四周封边,但仍可以在未加边缘保护的情况下使用,应对封边的试样和未封边的试样分别试验。

(4)基材

若制品在最终应用条件下是安装在基材上,则试样应能代表最终应用状况,且应根据"EN13238"选取基材。

注:对于应用在基材上且采用底部边缘点火方式的材料,在试样制备过程中应注意:由于在实际应用中基材可能伸出材料底部,基材边缘本身不受火,因此试样的制作应能反映实际应用状况,如基材类型、基材的固定件等。

3)状态调节

试样和滤纸应根据"EN13238"进行状态调节。

4)试验程序

(1)概述

有两种点火时间供委托方选择,15 s 或 30 s。试验开始时间就是点火的开始时间。

（2）试验准备

应先确认燃烧箱烟道内的空气流速是否符合要求：

①将6个试样从状态调节室中取出，并在30 min内完成试验。若有必要，也可将试样从状态调节室取出，放置于密闭箱体中的试验装置内。

②将试样置于试样夹中，这样试样的两个边缘和上端边缘被试样夹封闭，受火端距离试样夹底端30 mm（图3.15）。

注：操作员可在试样框架上做标记以确保试样底部边缘处于正确位置。

③将燃烧器角度调整至45°角，确认燃烧器与试样的距离（图3.16～图3.19）。

④在试样下方的铝箔收集盘内放两张滤纸，这一操作应在试验前的3 min内完成。

（3）试验步骤

①点燃位于垂直方向的燃烧器，待火焰稳定，调节燃烧器微调阀，测量火焰高度，火焰高度应为（20±1）mm。应在远离燃烧器的预设位置上进行该操作，以避免试样意外着火。在每次对试样点火前应测量火焰高度。

注：光线较暗的环境有助于测量火焰高度。

②沿燃烧器的垂直轴线将燃烧器倾斜45°，水平向前推进，直至火焰抵达预设的试样接触点。

当火焰接触到试样时开始计时。按照委托方要求，点火时间为15 s或30 s，然后平稳地撤回燃烧器。

（4）点火方式

试样可能需要采用表面点火方式或边缘点火方式，或这两种点火方式都要采用。建议的点火方式可在相关的产品标准中给出。

①表面点火。对所有的基本平整制品，火焰应施加在试样的中心线位置，底部边缘上方40 mm处（图3.18）。应分别对实际应用中可能受火的每种不同表面进行试验。

②边缘点火。

a. 对于总厚度不超过3 mm的单层或多层的基本平整制品，火焰应施加在试样底面中心位置处（图3.17）。

b. 对于总厚度大于3 mm的单层或多层的基本平整制品，火焰应施加在试样底边中心且距受火表面1.5 mm的底面位置处（图3.18）。

c. 对于所有厚度大于10 mm的多层制品，应增加试验，将试样沿其垂直轴线旋转90°，火焰施加在每层材料底部中线所在的边缘处（图3.19）。

③对于非基本平整制品和按实际应用条件进行测试的制品，应按规定进行点火，并在试验报告中详尽阐述使用的点火方式。

注：试验装置和/或试验程序可能需要修改，但对于多数非平面制品，通常只需要改变试样框架。然而在某些情况下，燃烧器的安装方式可能不适用，这时需要手动操作燃烧器。

在最终应用条件下，制品可能采用自支撑或框架固定，这种固定框架可能和试验室用的夹持框架一样，也可能需要更结实的特制框架等。

④如果在对第一块试样施加火焰期间，试样并未着火就熔化或收缩，则按照3.7.2的规定进行试验。

（5）试验时间

①如果点火时间为 15 s,总试验时间是 20 s,则从开始点火计算。

②如果点火时间为 30 s,总试验时间是 60 s,则从开始点火计算。

5）试验结果表述

①记录点火位置。

②记录结果

对于每块试样,记录以下现象:

a.试样是否被引燃。

b.火焰尖端是否到达距点火点 150 mm 处,并记录该现象发生时间。

c.是否发生滤纸被引燃。

d.观察试样的物理行为。

3.7.2　熔化收缩制品试验程序

1）试验装置

未着火就熔化收缩的制品应采用特殊试样夹(图 3.22)进行试验。试样夹应能夹紧试样,试样尺寸为宽 250 mm,高 180 mm。试样框架为两个宽(20 ± 1)mm,厚(5 ± 1)mm 的不锈钢 U 形框架,且垂直悬挂在挂杆上。

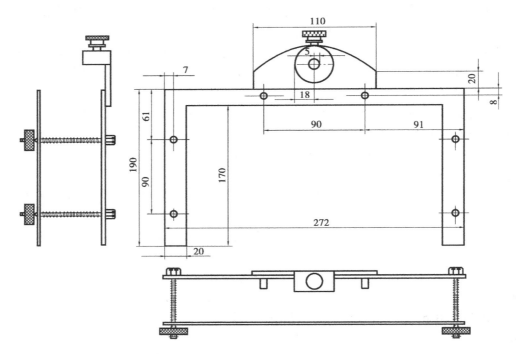

图 3.22　熔化滴落制品的试样夹结构

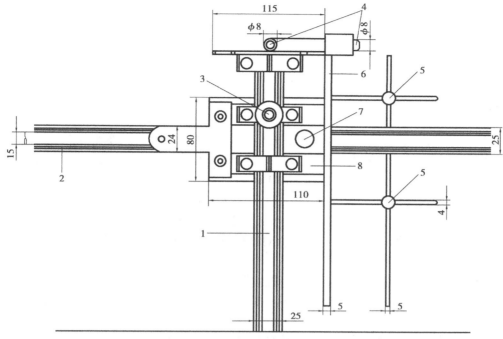

图 3.23 熔化收缩制品的典型试样夹支撑机构

1—垂直滑道;2—水平滑道;3—高度控制旋钮;4—试样夹;5—夹紧螺钉;

6—90°安装的试样夹;7—用于水平固定的夹紧螺钉;8—滑块

试样夹应能相对燃烧器方向水平移动。图 3.23 和图 3.24 所示的是一种移动试样的方法,试样夹安装在滑道系统上,从而可通过手动或自动方式相对燃烧器方向移动。

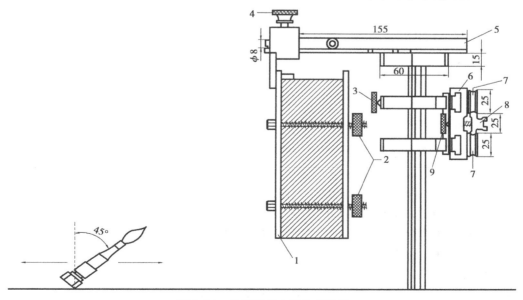

图 3.24 典型试样夹组件侧视图

1—试样夹;2—紧螺钉;3—高度调节螺钉;4—定位螺钉;

5—试样夹安装挂片;6—滑块;7—轴衬;8—水平滑道

2)试样

当观察到制品未着火就因受热出现熔化收缩现象时,试验应改用尺寸为长 250^{0}_{-1} mm,宽 180^{0}_{-1} mm 的试样,并在距试样底部边线 150 mm 的试样受火面上画一条水平线。

3)试验程序

①用试样夹将试样夹紧,受火的试样底边与试样夹底边处于同一水平线上。

②将燃烧器沿其垂直轴线倾斜45°,并水平推进燃烧器,直至火焰接触试样底部边缘的预先设置点位置,且距试样框架的内边缘 10 mm。

在火焰接触试样的同一时刻启动计时装置。对试样点火 5 s,然后平稳地移开燃烧器。

重新调整该试样位置,使新的火焰接触点位于上次点火形成的任意试样燃烧孔洞的边缘。在上次试样火焰熄灭后的 3~4 s 重新对试样点火,或在上次试样未着火后的 3~4 s 重新对试样点火。

重复该操作,直至火焰接触点抵达试样的顶部边缘。

注:在该程序中,由于试样向燃烧器火焰作相对移动,所以试样的熔化滴落物会聚积在滤纸上的同一位置点。

③若制品为未着火就熔化收缩的层状材料,则所有层状材料都需进行试验。

④继续试验,直至火焰接触点抵达试样的顶部边缘结束试验,或从点火开始计时的 20 s 内火焰传播至 150 mm 刻度线时结束试验。

4)试验结果表述

对每个试样,记录以下信息:

①滤纸是否着火;

②火焰尖端是否到达距最初点火点 150 mm 处,并记录该现象发生时间。

3.7.3 难燃性能检测

1)试验装置

本方法的试验装置主要包括燃烧竖炉及控制仪表两部分。

(1)燃烧竖炉

燃烧竖炉主要由燃烧室、燃烧器、试件支架、空气稳流器及烟道等部分组成,其外形尺寸为 1 020 mm×1 020 mm×3 930 mm(图 3.25 和图 3.26)。

①燃烧室。燃烧室由炉壁和炉门构成,其内空尺寸为 800 mm×800 mm×2 000 mm。炉壁为保温夹层结构,其结构形式如图 3.26 所示。

炉门分为上、下两门,分别用铰链与炉体连接,其结构与炉壁相似。两炉门借助手轮和固定螺杆与炉体闭合,在上炉门和燃烧室后壁设有观察窗。

②燃烧器。燃烧器(图 3.27)水平置于燃烧室中心,距炉底 1 000 mm 处。

③试件支架。试件支架为高 1 000 mm 的长方体框架,框架 4 个侧面设有调节试件安装

距离的螺杆,框架由角钢制成(图3.28)。

④空气稳流器:空气稳流器为一角钢制成的方框,设置于燃烧器下方。方框底部铺设铁丝网,其上铺设玻璃纤维毡。

⑤烟道:燃烧竖炉的烟道为方形的通道,其截面积为500 mm×500 mm,位于炉子顶部,下部与燃烧室相通,上部与外部烟囱相接。

(2)控制仪表

燃烧竖炉的控制仪表包括流量计、热电偶、温度记录仪及温度显示仪表等。

①流量计。甲烷气和压缩空气所用流量计,其量程范围和精度应满足相关要求。

②热电偶。烟道气温度和炉壁温度的测定均采用精度为Ⅱ级,外径≤3 mm 的热电偶。其安装部位如图3.26所示。

③温度记录仪及显示仪表。温度记录仪采用精度为0.5级的可连续记录的电子电位差计;温度数字显示仪的精度为±0.5%。两种仪表与热电偶配套并用。

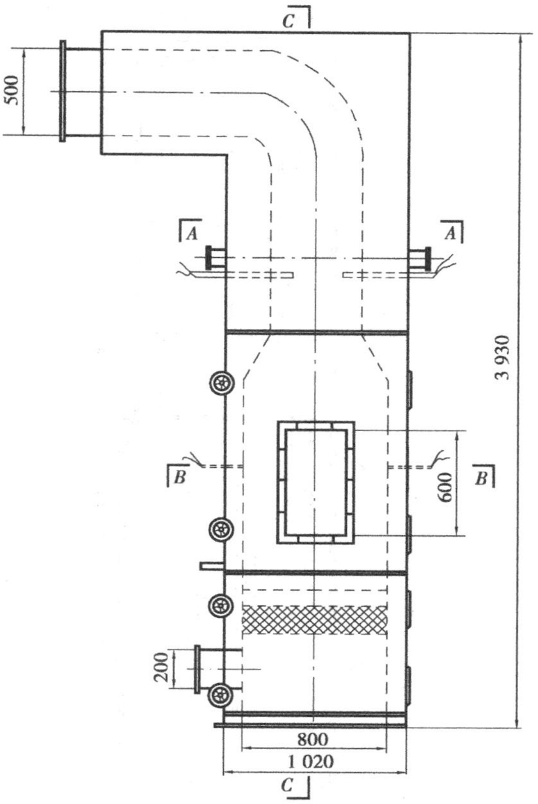

图3.25 燃烧竖炉

2)试件制备

(1)试件数目、规格及要求

每次试验需用 4 个试件,每个试件均以材料的实际使用厚度制作。其表面规格为1 000 mm×190 mm,材料实际使用厚度超过 80 mm 时,试件制作厚度应取 80 mm,其表面和内层材料应具有代表性。

对于竖炉试验,一般需要 3 组试件,在试验薄膜、织物及非均向材料时,应制 4 组试件,其中每两组试件应分别从材料的纵向和横向取样制作。

(2)状态调节

在试验进行之前,试件必须在温度(23±2)℃,相对湿度(50±6)%的条件下调节至质量恒定。其判定条件为间隔48 h,前后两次称量的质量变化率不大于0.1%。

3)试验操作

试验在如图 3.28 所示的燃烧竖炉内进行。

①将 4 个经状态调节已达质量恒定的试件垂直固定在试件支架上,组成垂直方形烟道,试件相对距离为(250±2)mm。

②试件放入燃烧室之前,应将竖炉内壁温度预热至(45±5)℃。

③将试件放入燃烧室内规定位置,关闭炉门。

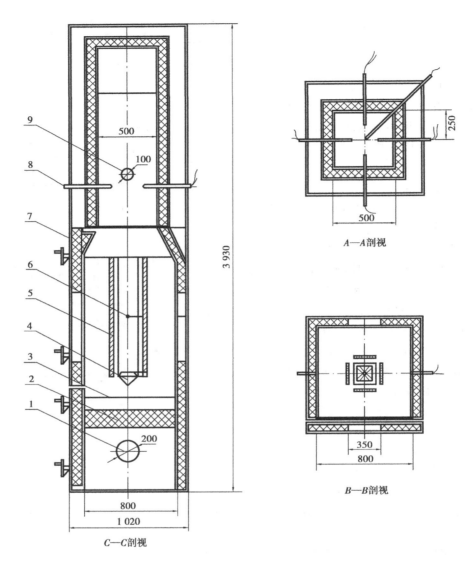

图 3.26　燃烧竖炉剖视图

1—空气进口管;2—空气稳流器;3—铁丝网;4—燃烧器;5—试件;6—壁温热电偶;

7—炉壁结构(由内向外)2 mm 钢板、6 mm 石棉板、岩棉纤维板、10 mm 石棉水泥板;

8—烟道热电偶;9—测烟管口

④在点燃燃烧器的同时,揿动计时器按钮。试验过程中竖炉内应维持流量为(10 ± 1) m^3/min,温度为(23 ± 2)℃的空气流。燃烧器所用的燃气为甲烷和空气的混合气:甲烷流量为(35 ± 0.5) L/min,其纯度 >99.5%;空气流量为(17.5 ± 0.2) L/min(两种气体流量均按标准状态计算)。观察试验现象并记录,燃烧试验时间为 10 min。当试件上的可见燃烧确已结束或烟气平均温度超过 200 ℃时,试验用火焰可提前中断。

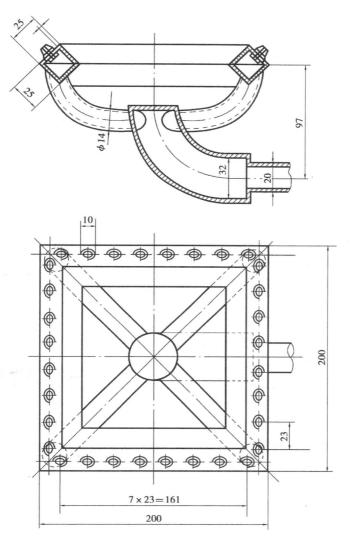

图 3.27　燃烧器

4)试件燃烧后剩余长度的判断

①试件燃烧后剩余长度为试件既不在表面燃烧,也不在内部燃烧形成炭化部分的长度(明显变黑色即为炭化)。

②试件在试验中产生变色,被烟熏黑及外观结构发生弯曲、起皱、鼓泡、熔化、烧结等变化均不作为燃烧判断依据。

③采用防火涂层保护的试件,如木材及木制品,其表面涂层的炭化可不作考虑。在确定被保护建材的燃烧后剩余长度时,应除去其保护层。

5）判定条件

①凡是经过燃烧竖炉试验合格，并能通过建筑材料可燃性试验（GB 8626）的材料均可定为难燃性建筑材料。

②符合下列条件可认定为燃烧竖炉试验合格：

a. 试件燃烧的剩余长度平均值应大于150 mm，且没有一个试件的燃烧剩余长度为零；

b. 没有一组试验的平均烟气温度超过200 ℃。

6）试验报告

试验报告应包括下列内容：

①试验依据的标准。

②建筑材料种类、名称、组分、外观及制作规格和单位面积质量。

③对使用的防火剂，应说明其种类、组分以及涂刷后的试件外观，对用于木材及木制品的防火剂，应注明干、湿涂刷量（g/m²），对用于织物的防火剂，应给出该种织物所用防火剂的干量（g/kg）。

④试件制作及安装方式，试验操作及试验次数。

⑤每单个试件燃烧后的剩余长度及每组试件燃烧后的平均剩余长度。

⑥每组试件平均烟气温度的最大值。

⑦每组试件试验中的最大火焰高度（从 10 cm 开始计算），出现最大火焰高度的时间，以及试验火焰停止后试件阴燃的现象。

⑧特别观察项目，如试件着火时间、火焰传播类型，燃烧试验之后试件的外观、试件背火面是否变色，以及滴落物在筛网上的持续燃烧情况，试件燃烧发烟情况等。

⑨试验日期及试验人员。

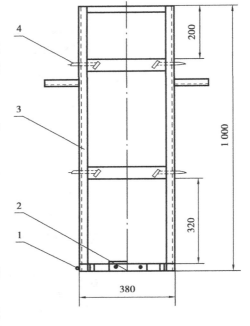

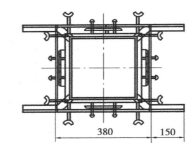

图 3.28　试件支架
1—固定螺杆；2—底座；
3—角钢框架；4—调节螺杆

3.7.4　烟密度检测

1）试验装置

（1）烟箱

①烟箱由防锈蚀的合金板制成。烟箱主体内尺寸为长 300 mm、宽 300 mm、高 790 mm，如图 3.29 所示。

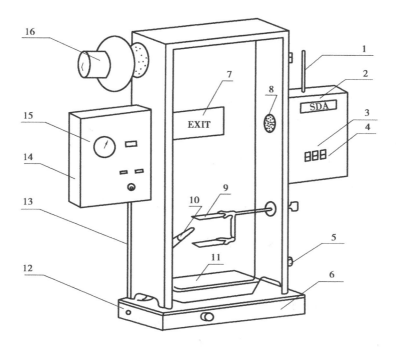

图 3.29 烟箱示意图

1—温度计;2—数显窗;3—打印键;4—操作键;5—烟箱门轴;6—底座板面;
7—安全标志;8—光束入射口;9—试件支架;10—本生灯;11—接物盘;
12—空气导入口;13—丙烷气管;14—光源箱;15—压力表;16—风机

a. 烟箱正面装镶有耐热玻璃的观察门。

b. 烟箱固定在外形尺寸为 350 mm×400 mm×57 mm 的底座上,底座正面设有试验用燃气压力调节器。

c. 烟箱内、外表面涂有防腐蚀的黑漆。

d. 在烟箱内部左、右两侧距底座 480 mm 高的居中位置处,各有一开口直径为 70 mm 的不漏烟的玻璃圆窗,作为测量光线的发射及接收入口。

e. 烟箱内部的背面设有一块"安全标志"板,位于距底座 480 mm 烟箱背面板的居中处,高 90 mm、宽 150 mm。其背面装有功率为 15 W 的安全标志灯,当打开安全标志灯时,可以看见在白底面上的红色安全标志"EXIT"字样。

助烟箱底部四边留有高 25 mm、宽 230 mm 的开口,烟箱其余部分均应密封。

②烟箱左外侧顶部安装一个排风机,其排风量约为 1 700 L/min。排风机的进风口通过风门开关与烟箱内部联通,排风口与通风橱相通。

③烟箱左外侧居中处装有"光源箱",其外表面装有燃气压力表、电源开关、电源指示灯、风机开关、光源调节器。

④烟箱右外侧居中处装有"光度计箱",其外表面装有"LED 显示窗"和 6 个"功能操作键"。显示窗显示了工作状态和测量的时间值、烟密度值。

⑤试样支架固定在一根钢杆手柄的顶端,钢杆手柄位于烟箱右侧面距底座 220 mm 居中处。支架由上、下两个尺寸相同的正方形框槽组成。上框槽内有一块置放试样的钢丝格网,

该格网由内尺寸 5 mm × 5 mm 的正方形网格构成,下框槽由 1 mm 厚的金属板围成。

（2）燃烧系统

①试验用燃气采用纯度不小于 85% 的丙烷气。燃气的工作压力由压力调节器调节,由压力表显示。在非仲裁试验时,试验用燃气可采用液化石油气。

②试验时,采用本生灯火焰。本生灯的结构如图 3.30 所示,其长度为 260 mm,喷喉直径为 13 mm。试验时,本生灯与烟箱成 45°空间角。

③本生灯工作时所需的空气从燃烧器底座空间导入。

（3）光电系统

①光电系统如图 3.31 所示,光源安装在主体烟箱左侧的"光源箱内"。光源灯泡为灯丝密集型仪表灯,功率为 15 W,工作电压为 6 V。灯泡发射的测量光束经滤光处理后成为视见函数光束(400 ~ 700 nm),由一个焦距为 60 ~ 65 mm 的透镜漫聚焦在"光度计箱"内的光电池上。

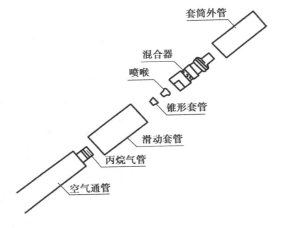

图 3.30　燃烧器结构示意图

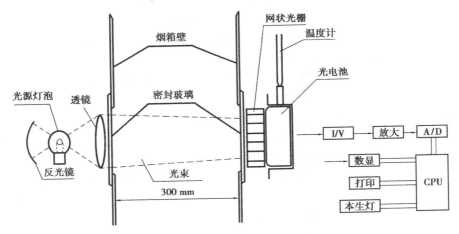

图 3.31　烟箱光路示意图

②光电池应在 15 ~ 50 ℃工作,其线性度和温度效应可由一个补偿电路来完成。

③计时系统计时采用单板机的晶体振荡来完成,由"LED 显示窗"显示试验的时间值。当本生灯转动到工作位置时,计时自动开始,并且每隔 15 s 由蜂鸣器鸣一次。

2）试样制备

①试样的外形尺寸见表 3.48。

表3.48 试样外形尺寸

建材密度（kg/m³）	长（mm）	宽（mm）	厚度（mm）
	基本尺寸	基本尺寸	基本尺寸
>1 000			6.0±0.1
100~1 000	25.4±0.1	25.4±0.1	10.0±0.1
<100			25.0±0.1

②小于规定厚度的建材，其试样厚度也可取该建材在使用时的实际厚度，但在试验报告中必须说明，而且试验结果只能在同等条件下进行比较。

③试样的加工

试样数量为9个，把它们随机编成3组。试样的加工可采用机械切磨，要求取样部位应具有该样品的代表性，其表面平整、厚度均匀、无飞边和毛刺等缺陷。

④试样的状态调节

在试验前，需将试样置于（23±2）℃和相对湿度为（50±5）%的环境中40 h以上。

3）试验步骤

①试验前，必须校正试验装置的。

②试验应在通风橱中进行，首先打开排风机和安全标志灯。

③关闭排风机。打开丙烷气阀并立即点燃本生灯，把丙烷气的工作压力调至210 kPa。

④按下"电源开关"和"复位"键，燃烧预热3 min。

⑤按下"校正"键。调节光源调节器，使数显"光通量"稳定在100±1的显示值上；然后用一块不透光的板挡住测量光束，其数显"光通量"为0。

⑥将试样平放在试样支架的钢丝格网上，其位置应处于本生灯转入测试状态时、燃烧火焰能对准试样下表面的中心位置处。试样表面应向下放置。为了防止试样在试验过程中移位，可用金属丝卡住试样。

⑦按下"测试"键、关闭烟箱门。此时本生灯自动转入工作位置，测试开始，显示窗立即显示测试的时间值和此时刻对应的烟密度值。

⑧每次试验进行4 min。每次试验结束后，本生灯自动复位。同一种试样共作3次平行试验。

⑨每次试验结束后，应立即打开烟箱门，启动排风机排除烟箱内的残烟，同时用镜头纸清洁箱内的两个玻璃圆窗。3次测试全部结束后，应清洁烟箱。

⑩每次试验必须记录试验时的状况，如燃烧、发泡、熔融、滴落、分层等现象。

4）试验结果的计算

①根据3次平行试验每隔15 s所测得的烟密度值求得平均值，再将这些平均值在线性坐标纸上作出烟密度与试验时间关系的积分曲线图。曲线的最高点所对应的烟密度值为最大烟密度值（MSD）；曲线下所围成的面积表示了总的产烟量；纵、横坐标坐标端点代表的长

度值相乘的积再除曲线下所围成的面积后,乘以100,定义为试样的烟密度等级(SDR)。

烟密度等级(SDR)可用以下公式计算:

$$SDR = \frac{1}{16}\left(a_1 + a_2 + a_3 + \cdots + a_{15} + \frac{1}{2}a_{16}\right) \times 100 \tag{3.76}$$

式中的 $a_1, a_2, a_3, \cdots, a_{16}$ 为3次平行试验每隔15 s的平均烟密度值。

②试验结果的自动计算。当3次平行试验结束后,按下"打印1"键,即可将16个试验值的清单和MSD值、SDR值打印出来。

③按下"打印2"键,即可打印试验的积分曲线和MSD值、SDR值。

④对试验结果值有争议或仲裁试验时,可按下"打印3"键,即可打印出240个试验值的清单和MSD值、SDR值。

⑤一组试样的平均烟密度等级值与3次试验中任意一次试验的烟密度等级值之差应小于5(绝对值),否则应重复另一组试验,其试验报告应为这两组试验的平均值。

5)试验装置的校正

①当"光通量"调节为100时,分别用3块标准滤光片放在测量光的发射口处进行挡光束试验,其"光通量"数显值分别与标准滤光片的标定透光率值之差3次平均值的绝对值应小于3%。

②装置的校正应在每天正式试验之前进行或每进行30组试验后校正一次;当仪器进行电路或光学测量系统维修后,也应进行装置的校正。

6)试验报告

试验报告应包括下列内容:

a.试验依据的标准。

b.试样的名称、密度、规格、种类、生产日期、生产厂家。

c.试验用燃气和燃气的工作压力。

d.最大烟密度(MSD)值和烟密度等级(SDR)值,EXIT辨认程度(清晰、模糊、不可辨认)。

e.试验现象的记录:燃烧、发泡、熔融、滴落、分层等现象。

f.试验日期和试验人员。

3.8　其他节能材料

常见其他节能材料,如绝热用挤塑聚苯乙烯泡沫塑料、硬质聚氨酯泡沫塑料、绝热用玻璃棉及其制品、膨胀珍珠岩、膨胀珍珠岩绝热制品、泡沫玻璃绝热制品、硅酸盐复合绝热涂料、柔性泡沫橡塑绝热制品、蒸压加气混凝土砌块等,应参照表3.49按照相关技术规范进行检测。

表 3.49 其他建筑节能检测项目一览表

产品类别	主要检测项目/参数		检测依据的标准(方法)名称及编号
	序 号	名 称	
绝热用模塑聚苯乙烯泡沫塑料	1	表观密度	《绝热用模塑聚苯乙烯泡沫塑料》GB/T 10801.1—1
	2	导热系数	
	3	压缩强度	
	4	尺寸稳定性	
	5	吸水率	
绝热用挤塑聚苯乙烯泡沫塑料	1	绝热性能	《绝热用挤塑聚苯乙烯泡沫塑料》GB/T 10801.2—2
	2	压缩强度	
	3	尺寸稳定性	
	4	吸水率	
硬质聚氨酯泡沫塑料	1	密度	《建筑物隔热用硬质聚氨酯泡沫塑料》QB/T 3806
	2	压缩性能	
	3	导热系数	
	4	尺寸稳定性	
	5	吸水率	
绝热用玻璃棉及其制品	1	密度	《绝热用玻璃棉及其制品》GB/T 13350
	2	导热系数	
膨胀珍珠岩	1	堆积密度	《膨胀珍珠岩》JC 209
	2	质量含水率	
	3	粒度	
	4	导热系数	
膨胀珍珠岩绝热制品	1	导热系数	《膨胀珍珠岩绝热制品》GB/T 10303
	2	抗压强度	
	3	抗折强度	
	4	密度	
	5	质量含水率	
泡沫玻璃绝热制品	1	体积密度	《泡沫玻璃绝热制品》JC/T 647
	2	抗压强度	
	3	抗折强度	
	4	体积吸水率	
	5	导热系数	

续表

产品类别	主要检测项目/参数		检测依据的标准（方法）名称及编号
	序　号	名　称	
硅酸盐复合绝热涂料	1	外观质量	《硅酸盐复合绝热涂料》 GB/T 17371
	2	浆体密度	
	3	干密度	
	4	导热系数	
柔性泡沫橡塑绝热制品	1	表观密度	《柔性泡沫橡塑绝热制品》 GB/T 17794
	2	导热系数	
	3	尺寸稳定性	
蒸压加气混凝土砌块	1	导热系数	《蒸压加气混凝土砌块》 GB/T 11968
	2	密度	
	3	抗压强度	

第4章 外墙外保温系统检测

外墙外保温系统是指设置在外墙外侧,由界面层、胶粉聚苯颗粒保温层、抗裂防护层和饰面层构成,起保温隔热、防护和装饰作用的构造系统。本章着重介绍了我国目前常采用的几种外墙保温系统:胶粉聚苯颗粒外墙外保温系统、膨胀聚苯板薄抹灰外墙外保温系统、无机保温砂浆外墙外保温系统、酚醛保温板外墙外保温系统、岩(矿)棉板外墙外保温系统。

4.1 胶粉聚苯颗粒外墙外保温系统

4.1.1 概念及分类

胶粉聚苯颗粒外墙外保温系统是指以胶粉聚苯颗粒保温浆料为保温层、抗裂砂浆复合耐碱玻璃纤维网格布或热镀锌电焊网为防护层、涂料或面砖为饰面层的建筑外墙外保温系统。

胶粉聚苯颗粒外保温系统分为涂料饰面(缩写为C)和面砖饰面(缩写为T)两种类型:

(1)C 型

C 型胶粉聚苯颗粒外保温系统是用于饰面为涂料的外保温系统,宜采用的基本构造见表4.1。

表4.1 涂料饰面胶粉聚苯颗粒外保温系统基本构造

基层墙体	涂料饰面胶粉聚苯颗粒外保温系统基本构造				构造示意图
	界面层①	保温层②	抗裂防护层③	饰面层④	
混凝土墙及各种砌体墙	界面砂浆	胶粉聚苯颗粒保温浆料	抗裂砂浆+耐碱涂塑玻纤网格布(加强型增设一道加强网格布)+高分子乳液弹性底层涂料	柔性耐水腻子+涂料	1 2 3 4

(2)T 型

T 型胶粉聚苯颗粒外保温系统是用于饰面为面砖的外保温系统,宜采用的基本构造见表4.2。

表4.2　面砖饰面胶粉聚苯颗粒外保温系统基本构造

基层墙体	面砖饰面胶粉聚苯颗粒外保温系统基本构造				构造示意图
	界面层①	保温层②	抗裂防护层③	饰面层④	
混凝土墙及各种砌体墙	界面砂浆	胶粉聚苯颗粒保温浆料	第一遍抗裂砂浆＋热镀锌电焊网（用塑料锚栓与基层锚固）＋第二遍抗裂砂浆	粘结砂浆＋面砖＋勾缝料	

4.1.2　性能要求

外保温系统应经大型耐候性试验验证。对于面砖饰面外保温系统,还应经抗震试验验证并确保其在设防裂度等级地震下面砖饰面及外保温系统无脱落。

胶粉聚苯颗粒外保温系统的性能应符合表4.3的要求。

表4.3　胶粉聚苯颗粒外保温系统的性能指标

试验项目		性能指标	
耐候性		经80次高温(70 ℃)-淋水(15 ℃)循环和20次加热(50 ℃)-冷冻(-20 ℃)循环后不得出现开裂、空鼓或脱落。抗裂防护层与保温层的拉伸粘结强度不应小于0.1 MPa,破坏界面应位于保温层	
吸水量(浸水1 h)(g/m²)		≤1 000	
抗冲击强度	C型	普通型(单网)	3.0J冲击合格
		加强型(双网)	10.0J冲击合格
	T型	3.0J冲击合格	
抗风压值		不小于工程项目的风荷载设计值	
耐冻融		严寒及寒冷地区30次循环、夏热冬冷地区10次循环表面无裂纹、空鼓、起泡、剥离现象	
水蒸气湿流密度[g/(m²·h)]		≥0.85	
不透水性		试样防护层内侧无水渗透	
耐磨损,500 L砂		无开裂、龟裂或表面保护层剥落、损伤	
系统抗拉强度(C型)(MPa)		≥0.1并且破坏部位不得位于各层界面	
饰面砖粘结强度(T型)(MPa)(现场抽测)		≥0.4	
抗震性能(T型)		设防烈度等级下面砖饰面及外保温系统无脱落	
火反应性		不应被点燃,试验结束后试件厚度变化不超过10%	

4.1.3 试验方法

1)耐候性

（1）试样

试样由混凝土墙和被测外保温系统构成，混凝土墙用作外保温系统的基层墙体。

尺寸：试样宽度应不小于 2.5 m，高度应不小于 2.0 m，面积应不小于 5 m²。混凝土墙左上角处应预留一个宽 0.4 m、高 0.6 m 的洞口，洞口距离边缘 0.4 m（图 4.1）。

试样制备：外保温系统应包住混凝土墙的侧边。侧边保温层最大厚度为 20 mm。预留洞口处应安装窗框。如有必要，可对洞口四角做特殊加强处理。

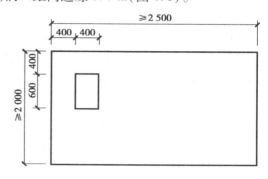

图 4.1　试样

C 型单网普通试样：混凝土墙 + 界面砂浆（24 h）+50 mm 胶粉聚苯颗粒保温层（5 d）+4 mm 抗裂砂浆（压入一层普通型耐碱玻纤网布）（5 d）+ 弹性底涂（24 h）+ 柔性耐水腻子（24 h）+ 涂料饰面，在试验室环境下养护 56 d。

C 型双网加强试样：混凝土墙 + 界面砂浆（24 h）+50 mm 胶粉聚苯颗粒保温层（5 d）+4 mm 抗裂砂浆（先压入一层加强型耐碱网布，再压入一层普通型耐碱网布）（5 d）+ 弹性底涂（24 h）+1 mm 柔性耐水腻子（24 h）+ 涂料饰面，在试验室环境下养护 56 d。

T 型试样：混凝土墙 + 界面砂浆（24 h）+50 mm 胶粉聚苯颗粒保温层（5 d）+4 mm 抗裂砂浆（24 h）+ 锚固热镀锌电焊网 +4 mm 抗裂砂浆（5 d）+（5 ~ 8）mm 面砖粘结砂浆粘贴面砖（2 d）+ 面砖勾缝料勾缝，在试验室环境下养护 56 d。

（2）试验步骤

①高温-淋水循环 80 次，每次 6 h。

a.升温 3 h，使试样表面升温至 70 ℃并恒温在（70 ±5）℃，恒温时间应不小于 1 h。

b.再淋水 1 h，向试样表面淋水，水温为（15 ±5）℃，水量为 1.0 ~ 1.5 L/（m² · min）。

c.最后静置 2 h。

②状态调节至少 48 h。

③加热-冷冻循环 20 次，每次 24 h，先升温 8 h，使试样表面升温至 50 ℃并恒温在（50 ±5）℃，恒温时间应不小于 5 h。后降温 16 h，使试样表面降温至 - 20 ℃并恒温在（- 20 ±5）℃，恒温时间应不小于 12 h。

④每 4 次高温-降雨循环和每次加热-冷冻循环后，观察试样是否出现裂缝、空鼓、脱落等情况并做记录。

⑤试验结束后，状态调节 7 d，检验拉伸粘结强度和抗冲击强度。

（3）试验结果

经 80 次高温-淋水循环和 20 次加热-冷冻循环后，系统未出现开裂、空鼓或脱落，抗裂防护层与保温层的拉伸粘结强度不小于 0.1 MPa 且破坏界面位于保温层,则系统耐候性合格。

2)吸水量

(1)试样

试样由保温层和抗裂防护层构成,尺寸为 200 mm×200 mm,保温层厚度 50 mm。

制备:50 mm 胶粉聚苯颗粒保温层(7 d)+4 mm 抗裂砂浆(复合耐碱网布)(5 d)+弹性底涂,养护 56 d。试样周边涂密封材料密封。试样数量为 3 件。

(2)试验步骤

①测量试样面积 A。

②称量试样初始质量 m_0。

③使试样抹面层朝下,将抹面层浸入水中并使表面完全湿润。分别浸泡 1 h 后取出,在 1 min 内擦去表面水分,称量吸水后的质量 m。

(3)试验结果

系统吸水量按式(4.1)进行计算。

$$M = \frac{(m - m_0)}{A} \qquad (4.1)$$

式中　M——系统吸水量,kg/m²;

　　　m——试样吸水后的质量,kg;

　　　m_0——试样初始重量,kg;

　　　A——试样面积,m²。

试验结果以 3 个试验数据的算术平均值表示。

3)抗冲击强度

(1)试样

①C 型单网普通试样。

● 数量:2 件,用于 3J 级冲击试验。

● 尺寸:1 200 mm×600 mm,保温层厚度 50 mm。

● 制作:50 mm 胶粉聚苯颗粒保温层(7 d)+4 mm 抗裂砂浆(压入耐碱网布,网布不得有搭接缝)(5 d)+弹性底涂(24 h)+柔性耐水腻子,在试验室环境下养护 56 d 后,涂刷饰面涂料,涂料实干后,待用。

②C 型双网加强试样。

● 数量:2 件,分别用于 3J 级和 10J 级冲击试验。

● 尺寸:1 200 mm×600 mm,保温层厚度 50 mm。

● 制作:50 mm 胶粉聚苯颗粒保温层(5 d)+4 mm 抗裂砂浆(先压入一层加强型耐碱网布,再压入一层普通型耐碱网布,网布不得有搭接缝)(5 d)+弹性底涂(24 h)+柔性耐水腻子,在试验室环境下养护 56 d 后,涂刷饰面涂料,涂料实干后,待用。

③T 型试样。

● 数量:2 件,用于 3J 级冲击试验。

- 尺寸:1 200 mm ×600 mm,保温层厚度 50 mm。
- 制作:50 mm 胶粉聚苯颗粒保温层(5 d)+4 mm 抗裂砂浆(压入热镀锌电焊网)(24 h)+4 mm 抗裂砂浆(5 d)+粘贴面砖(2 d)+勾缝,在试验室环境下养护 56 d。

(2)试验过程

将试样抗裂防护层向上平放于光滑的刚性底板上。试验分为 3J 和 10J 两级,每级试验冲击 10 个点。3J 级冲击试验使用质量为 500 g 的钢球,在距离试样上表面 0.61 m 高度自由降落冲击试样。10J 级冲击试验使用质量为 1 000 g 的钢球,在距离试样上表面 1.02 m 高度自由降落冲击试样。冲击点应离开试样边缘至少 100 mm,冲击点间距不得小于 100 mm。以冲击点及其周围开裂作为破坏的判定标准。

(3)试验结果

10J 级试验 10 个冲击点中破坏点不超过 4 个时,判定为 10J 冲击合格。10J 级试验 10 个冲击点中破坏点超过 4 个、3J 级试验 10 个冲击点中破坏点不超过 4 个时,判定为 3J 级冲击合格。

4)抗风压

(1)试样

试样由基层墙体和被测外保温系统组成。基层墙体可为混凝土墙或砖墙。为了模拟空气渗漏,在基层墙体上每 m² 预留一个直径 15 mm 的洞。墙体尺寸至少为 2.0 m ×2.5 m。

(2)试验设备

试验设备是一个负压箱。负压箱应有足够的深度,以保证在外保温系统可能的变形范围内能使施加在系统上的压力保持恒定。试样安装在负压箱开口中并沿基层墙体周边进行固定和密封。

(3)试验步骤

加压程序及压力脉冲图形见图4.2。

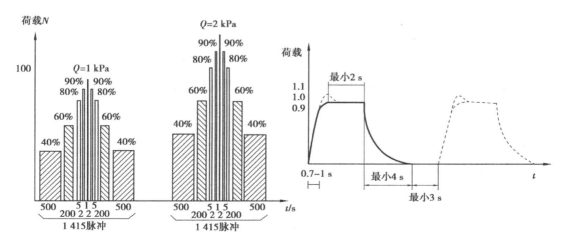

图4.2 加压步骤及压力脉冲图形

每级试验包含1 415个负风压脉冲,加压图形以试验风荷载Q的百分数表示,Q取1 kPa的整数倍。试验应从设计要求的风荷载值W_d降低两级开始,并以1 kPa的级差由低向高逐级进行,直至试样破坏。

有下列现象之一时,即表示试样破坏:

a. 保温层脱落。

b. 保温层与其保护层之间出现分层。

c. 保护层本身脱开。

d. 当采用面砖饰面时,塑料锚栓被拉出。

(4)试验结果

系统抗风压值R_d按式(4.2)进行计算。

$$R_d = \frac{Q_1 C_s C_a}{K} \tag{4.2}$$

式中　R_d——系统抗风压值,kPa;

　　　Q_1——试样破坏前一级的试验风荷载值,kPa;

　　　K——安全系数,取1.5;

　　　C_a——几何因数,对于外保温系统$C_a = 1$;

　　　C_s——统计修正因数,对于胶粉聚苯颗粒外保温系统$C_s = 1$。

5)耐冻融

(1)试验仪器

①低温冷冻箱:最低温度(-30 ± 3)℃。

②密封材料:松香、石蜡。

(2)试样

①C型试样:

● 数量:3个。

● 尺寸:500 mm × 500 mm。

● 制作:50 mm 胶粉聚苯颗粒保温层(5 d)+4 mm 抗裂砂浆(压入标准耐碱网布)(5 d)+弹性底涂,在试验室环境下养护56 d。除试件涂料面外将其他5面用融化的松香、石蜡(1∶1)密封。

②T型试样:

● 数量:3个。

● 尺寸:500 mm × 500 mm。

● 制作:将面砖除一面外的其他5面用融化的松香、石蜡(1∶1)密封。

(3)试验过程

冻融循环次数应符合表4.3的规定,每次24 h。

在(20 ± 2)℃自来水中浸泡8 h。试样浸入水中时,应使抗裂防护层朝下,使抗裂防护层浸入水中,并排除试样表面气泡。在(-20 ± 2)℃冰箱中冷冻16 h。

试验期间如需中断试验,试样应置于冰箱中在(−20±2)℃下存放。

(4)试验结果

每3次循环后观察试样是否出现裂纹、空鼓、起泡、剥离等情况并做记录。经10次、20次、30次冻融循环试验后观察,试样无裂纹、空鼓、起泡、剥离者为10次、20次、30次冻融循环合格。

6)水蒸气湿流密度

按GB/T 17146—1997的规定进行水蒸气湿流密度测定。

7)不透水性

(1)试样

● 数量:2个。

● 尺寸:65 mm×200 mm×200 mm。

● 制备:60 mm厚胶粉聚苯颗粒保温层(7 d)+4 mm抗裂砂浆(复合耐碱网布)(5 d)+弹性底涂,养护56 d后,周边涂密封材料密封。去除试样中心部位(去除部分的尺寸为100 mm×100 mm)的胶粉聚苯颗粒保温浆料,并在试样侧面标记出距抹面胶浆表面50 mm的位置。

(2)试验过程

将试样防护面朝下放入水槽中,使试样防护面位于水面下50 mm处(相当于压力500 Pa),为保证试样在水面以下,可在试样上放置重物,如图4.3所示。试样在水中放置2 h后,观察试样内表面。

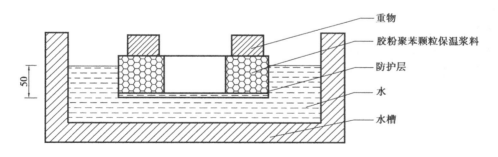

图4.3 系统不透水性试验示意图

(3)试验结果

试样背面去除胶粉聚苯颗粒保温浆料的部分无水渗透为合格。

8)耐磨损

(1)试样

● 数量:3个。

● 尺寸:100 mm×200 mm。

（2）试验仪器

①耐磨损试验器：如图 4.4 所示，耐磨损试验器由金属漏斗和支架组成，漏斗垂直固定在支架上，漏斗下部装有笔直、内部平滑的导管，内径为(19±0.1)mm。导管正下方有可调整试件位置的试架，倾斜角45°导管下口距离试件表面最近点25 mm，锥形体下部 100 mm 处装有可控制标准砂流量的控制板，流速控制在使(2 000±10)mL 标准砂全部流出时间为 21~23.5 s。

②研磨剂：标准砂。

（3）试验过程

试验室温度(23±5)℃，相对湿度(65±20)%。

①将试件按试验要求正确安装在试架上。

②将(2 000±10)mL 标准砂装入漏斗中，拉开控制板使砂子落下冲击试件表面，冲击完毕后观察试件表面的磨损情况，收集在试验器底部的砂子以重复使用。

③若试件表面没有损坏，重复步骤②，直至标准砂总量达500 L，试验结束。

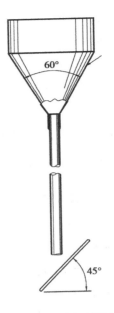

图 4.4 耐磨损试验器

（4）试验结果

观察并记录试验结束时试件表面是否出现开裂、龟裂或防护层剥落、损伤的状态。无上述现象出现为合格。

9）系统抗拉强度

（1）试样

• 数量：5 个。

• 尺寸：100 mm×100 mm。

• 制备：10 mm 水泥砂浆底板＋界面砂浆(24 h)＋50 mm 胶粉聚苯颗粒保温层(5 d)＋4 mm 抗裂砂浆(压入耐碱网布)(5 d)＋弹性底涂(24 h)＋柔性耐水腻子，在试验室环境下养护 56 d 后，涂刷饰面涂料，涂料实干后，待用。

（2）试验过程

①用适当的胶粘剂将试样上下表面分别与尺寸为 100 mm×100 mm 的金属试验板粘结。

②通过万向接头将试样安装于拉力试验机上，拉伸速度为 5 mm/min，拉伸至破坏并记录破坏时的拉力及破坏部位。破坏部位在试验板粘结界面时试验数据无效。

③试验应在以下两种试样状态下进行：

• 干燥状态。

• 水中浸泡 48 h，取出后在(50±5)℃条件下干燥 7 d。

（3）试验结果

以抗拉强度不小于 0.1 MPa、并且破坏部位不位于各层界面为合格。

10）饰面砖粘结强度

系统成型 56 d 后，按 JGJ 110 的规定进行饰面砖粘结强度拉拔试验。断缝应从饰面砖表面切割至抗裂防护层表面（不应露出热镀锌电焊网），深度应一致。

11）抗震性能

（1）试样

试样由基层墙体和 T 型外保温系统组成，尺寸至少为 1.0 m×1.0 m，数量不少于 3 个。基层墙体可为混凝土墙或砖墙，应保证基层墙体在试验过程中不破坏。

（2）试验设备

试验设备有振动台、计算机和分析仪等。

（3）试验过程

按照《建筑抗震试验方法规程》（JGJ 101）规定的方法进行多遇地震、设防烈度地震及罕遇地震阶段的抗震试验，输入波形可采用正弦拍波，也可采用特定的天然地震波。

当采用正弦拍波激振时，激振频率宜按每分钟一个倍频程分级，每次振动时间大于 20 s 且不少于 5 个拍波，台面加速度峰值可取《建筑抗震设计规范》（GB 50011）规定值的 1.4 倍。当采用天然地震波激振时，每次振动时间为结构基本周期的 5~10 倍且不少于 20 s，台面加速度峰值可取《建筑抗震设计规范》（GB 50011）规定值的 2.0 倍。

当试件有严重损坏脱落时立即终止试验。

（4）试验结果

设防烈度地震试验完毕后，试件上被测外保温系统无脱落时即为抗震性能合格。

12）火反应性

见附录 I 火反应性试验方法。

4.2　膨胀聚苯板薄抹灰外墙外保温系统

4.2.1　基本构造与分类

1）基本构造

膨胀聚苯板薄抹灰外墙外保温系统是指置于建筑物外墙外侧的保温及饰面系统，是由膨胀聚苯板、胶粘剂和必要时使用的锚栓、抹面胶浆和耐碱网布及涂料等组成的系统产品。薄抹灰增强防护层的厚度宜控制在：普通型 3~5 mm，加强型 5~7 mm。该系统与基层墙体的固定方式采用粘结，也可辅有锚栓，其基本构造见表 4.4 及表 4.5。

表4.4　无锚栓薄抹灰外保温系统基本构造

基层墙体①	系统的基本构造				构造示意图
	粘结层②	保温层③	薄抹灰增强防护层④	饰面层⑤	
混凝土墙及各种砌体墙	胶粘剂	膨胀聚苯板	抹面胶浆复合耐碱玻纤网布	涂料	⑤④③②①

表4.5　辅有锚栓的薄抹灰外保温系统基本构造

基层墙体①	系统的基本构造					构造示意图
	粘结层②	保温层③	连接件④	薄抹灰增强防护层⑤	饰面层⑥	
混凝土墙及各种砌体墙	胶粘剂	膨胀聚苯板	锚栓	抹面胶浆复合耐碱玻纤网布	涂料	⑥⑤④③②①

2)分类

薄抹灰外保温系统按抗冲击能力分为普通型(缩写为P)和加强型(缩写为Q)两种类型:P型薄抹灰外保温系统用于一般建筑物2 m以上墙面;Q型薄抹灰外保温系统主要用于建筑首层或2 m以下墙面,以及对抗冲击有特殊要求的部位。

4.2.2　性能要求

薄抹灰外保温系统的性能指标应符合表4.6的要求。

4.2.3　试验方法

1)吸水量

(1)仪器设备

● 天平:称量范围2 000 g,精度2 g。

表4.6 薄抹灰外保温系统的性能指标

试验项目		性能指标
吸水量(浸水24 h)(g/m²)		≤500
抗冲击强度(J)	普通型(P型)	≥3.0
	加强型(Q型)	≥10.0
抗风压值(kPa)		抗风压值不小于工程项目的风荷载设计值
耐冻融		表面无裂纹、空鼓、起泡、剥离现象
水蒸气湿流密度[g/(m²·h)]		≥0.85
不透水性		试样防护层内侧无水渗透
耐候性		表面无裂纹、粉化、剥落现象

(2)试样

● 数量:3个。

● 尺寸:200 mm×200 mm。

● 制作:在50 mm厚的密度18 kg/m³膨胀聚苯板上按产品说明刮抹抹面胶浆,压入耐碱玻纤网布,再用抹面胶浆刮平,抹面层总厚度为5 mm。在试验环境下养护28 d,按试验要求的尺寸进行切割。每个试样除抹面胶浆的一面外,其他五面用防水材料密封。

(3)试验过程

用天平称量制备好的试样质量 m_0,然后将试样抹面胶浆的一面向下平稳地放入常温水中,浸水深度等于抹面层的厚度,浸入水中时表面应完全润湿。浸泡24 h后,取出用湿毛巾迅速擦去试样表面的水分,称其吸水24 h后的质量 m_h。

(4)试验结果

吸水量应按式(4.3)计算,以3个试验结果的算术平均值表示,精确至1 g/m²。

$$M = \frac{(m_h - m_0)}{A} \tag{4.3}$$

式中　M——吸水量,g/m²;

　　　m_h——浸水后试样质量,g;

　　　m_0——浸水前试样质量,g;

　　　A——试样抹面胶浆的面积,m²。

2)抗冲击强度

(1)试验仪器

● 钢板尺:测量范围0～1.02 m,分度值10 mm。

● 钢球:质量分别为0.5 kg和1.0 kg。

(2)试样

● 数量:2个。

● 尺寸:600 mm × 1 200 mm。

● 制作:在 50 mm 厚的密度 18 kg/m³ 膨胀聚苯板上按产品说明刮抹抹面胶浆,压入耐碱网布,再用抹面胶浆刮平,抹面层总厚度为 5 mm。在试验环境下养护 28 d,按试验要求的尺寸进行切割。

(3)试验过程

①将试样抹面层向上,平放在水平的地面上,试样紧贴地面。

②分别用质量为 0.5 kg(1.0 kg)的钢球,在 0.61 m(1.02 m)的高度上松开,自由落体冲击试样表面。每级冲击 10 个点,点间距或与边缘距离至少 100 mm。

(4)试验结果

以抹面胶浆表面断裂作为破坏的评定,当 10 次中小于 4 次破坏时,该试样抗冲击强度符合 P(Q)型的要求;当 10 次中有 4 次或 4 次以上破坏时,则为不符合该型的要求。

3)抗风压

(1)试验仪器

负压箱应有足够的深度,确保在外保温系统可能变形范围内能使施加在系统上的压力保持恒定。负压箱安装在围绕被测系统的框架上。

(2)试样

● 数量:2 个。

● 尺寸:不小于 2.0 m × 2.5 m。

制作:在混凝土基层墙体上涂抹胶粘剂,粘贴膨胀聚苯板,然后按产品说明刮抹抹面胶浆,压入耐碱网布,再用抹面胶浆刮平,抹面层总厚度为 5 mm。在试验环境下养护 28 d。保温板厚度应符合工程设计要求。

(3)试验过程

①按工程项目设计的最大负风荷载设计值 W 降低 2 kPa,开始循环加压,每增加 1 kPa 做一个循环,直至破坏。

②加压过程和压力脉冲见图 4.5。

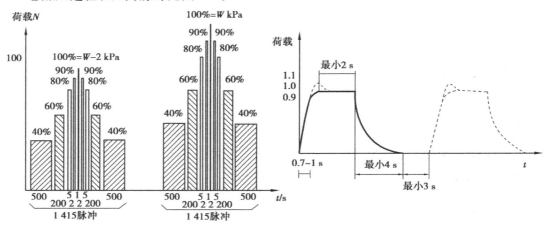

图 4.5 加压过程和压力脉冲示意图

③有下列现象之一时,即表示试样破坏:

a. 保温板断裂。

b. 保温板中或保温板与其防护层之间出现分层。

c. 防护层本身脱开。

d. 保温板被从锚栓上拉出。

e. 锚栓从基层拔出。

f. 保温板从基层脱离。

(4)试验结果

试验结果 Q 是试样破坏的前一个循环的风荷载,Q 值应按式(4.4)进行修正,并得出要求的风荷载设计值:

$$W_d = Q \cdot C_a \cdot C_s \tag{4.4}$$

式中　W_d——抗风压值,kPa;

Q——风荷载试验值,kPa;

C_a——几何系数,薄抹灰外保温系统 $C_a = 1.0$;

C_s——统计修正系数,按表4.7选取。

表4.7　薄抹灰外保温系统 C_s 值

粘结面积 B(%)	统计修正参数 C_s
50≤B≤100	1.0
10<B<50	0.9
B≤10	0.8

4)耐冻融

(1)试验仪器

• 冷冻箱:最低温度 −30 ℃,控制精度 ±3 ℃。

• 干燥箱:控制精度 ±3 ℃。

(2)试样

• 数量:3 个。

• 尺寸:150 mm×150 mm。

• 制作:a. 在 50 mm 厚的密度 18 kg/m³ 膨胀聚苯板上按产品说明刮抹抹面胶浆,压入耐碱玻纤网布,再用抹面胶浆刮平,抹面层总厚度为 5 mm。在试验环境下养护 28 d,按试验要求的尺寸进行切割。b. 每个试样除抹面胶浆的一面外,其他五面用防水材料密封。c. 在薄抹灰增强防护层表面涂刷涂料。

(3)试验过程

将试样放在(50±3)℃的干燥箱中 16 h,然后浸入(20±3)℃的水中 8 h,将试样抹面胶浆面向下,水面应至少高出试样表面 20 mm;再置于(−20±3)℃冷冻 24 h 为一个循环,每一个循环观察一次,试样经 10 个循环,试验结束。

（4）试验结果

试验结束后,观察表面有无空鼓、起泡、剥离现象,并用 5 倍放大镜观察表面有无裂纹。

5）水蒸气湿流密度

按 GB/T 17146—1997 中水法的规定进行测定,并应符合以下规定:

- 试验温度:(23 ± 2)℃。
- 试件数量:3 个。
- 尺寸:200 mm × 200 mm。
- 制作:在 50 mm 厚的密度 18 kg/m³ 膨胀聚苯板上按产品说明刮抹抹面胶浆,压入耐碱网布,再用抹面胶浆刮平,抹面层总厚度为 5 mm。在试验环境下养护 28 d,按试验要求的尺寸进行切割。每个试样除抹面胶浆的一面外,其他五面用防水材料密封。在薄抹灰增强防护层表面涂刷涂料。干固后除去膨胀聚苯板,试样厚度(4.0 ± 1.0)mm,试样涂料表面朝向湿度小的一侧。

6）不透水性

（1）试样

- 数量:2 个。
- 尺寸:65 mm × 200 mm × 200 mm。
- 制作:在 60 mm 厚、密度为 18 kg/m³ 的膨胀聚苯板上按产品说明刮抹抹面胶浆,压入耐碱网布,再用抹面胶浆刮平,抹面层总厚度为 5 mm。在试验环境下养护 28 d,按试验要求的尺寸进行切割。将试样中心部位的膨胀聚苯板去掉,去掉部分的尺寸为 100 mm × 100 mm,并在试样侧面标记出距抹面胶浆表面 50 mm 的位置。

（2）试验过程

将试样抹面胶浆面朝下放入恒温水浴中,调整试样置于水面下 50 mm 的位置（相当于压力 500 Pa）,为保证试样在水面以下,可在试样上放置重物,如图 4.6 所示。试样在水中放置 2 h 后,观察试样内表面。

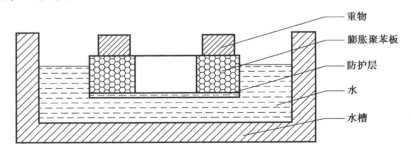

图 4.6 不透水性试验示意图

（3）试验结果

如试样背面去掉膨胀聚苯板的部分无水渗透为合格。

7）耐候性

（1）试验仪器

①气候调节箱：温度控制范围（-25~75）℃,带有自动喷淋设备。

②一对安装在轨道上的带支架的混凝土墙体。

（2）试验模型的制备

①一组试验的试验模型数量为 2 个。

②按制造商的要求在混凝土墙上制作外保温系统模型。每个试验模型上涂上一层抹面胶浆以及制造商提供的最多四种饰面涂料（每种饰面涂料沿试验模型的垂直方向均匀分布）。

③在试验模型的侧面粘结厚度为 20 mm 的保温板的保温系统。

④试验模型的尺寸如图 4.7 所示,应满足：

a. 面积不小于 6.00 m²。

b. 宽度不小于 2.50 m。

c. 高度不小于 2.00 m。

⑤在试验模型的角上,距离边缘 0.40 m 处开一个 0.40 m × 0.60 m 的洞口,在此洞口上安装窗。

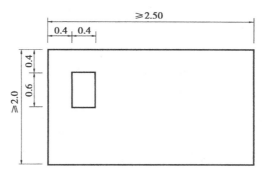

图 4.7　试验模型尺寸（单位：m）

⑥应同时制作若干试样（试样大小和数量：见相关的试验方法）,并将试样并排列在试验模型的开口处。以在经过热/雨周期和热/冷周期试验后重新检验下列特性：

a. 抹面胶浆和保温材料之间的拉伸粘结强度。

b. 抹面胶浆的开裂应变。

⑦试验模型应至少有 28 d 的硬化时间。硬化过程中,周围环境温度应保持为 10 ~ 25 ℃。相对湿度不应小于 50%。为了保证达到以上条件,应定时作记录。对抹面胶浆为水泥基材料的系统,为了避免系统过快干燥,可通过每周一次用水喷洒 5 min,使薄抹灰增强防护层保持湿润。应在模型安装后第 3 天开始上述操作。硬化过程中,应记录下系统所有的

变形情况,如起泡、裂缝。

　　注:①试验模型的安装细节(材料的用量,板与板之间的接缝位置,锚栓……)均需由试验人员检查和记录。

　　②保温材料必须已经有足够的存放养护期。

　　③可对试验模型的窗角开口处做特殊的加固处理。

　　(3)试验过程

将两个试验模型正对着装配在气候调节箱的两侧,在试验模型表面测量以下试验周期中各温度。

①热/雨周期。试验模型需依次重复以下步骤80次:

a.将试验模型表面加热至70 ℃(温度上升时间为1 h),保持温度(70±5)℃,相对湿度10% ~ 15%,2 h(共3 h)。

b.喷水1 h,水温(15±5)℃,水量1.0 ~ 1.5 L/m² · min。

c.停顿2 h(干燥)。

②热/冷周期。同一试验模型在温度为10 ~ 25 ℃,相对湿度不小于50%的条件下放置至少48 h后,再根据以下步骤执行5个热/冷周期:

a.在温度为(50±5)℃(温度上升时间为1 h),相对湿度不大于10%的条件下放置7 h(共8 h)。

b.在温度为(-20±5)℃(降温时间为2 h)的条件下放置14 h(共16 h)。必要时,在湿热试验结束后,可在试验模型上远离裂缝的部位取样做水的渗透量试验。

对经过热/雨周期和热/冷周期试验后的试样检验:抹面胶浆和保温材料之间的拉伸粘结强度;抹面胶浆的开裂应变。

　　(4)试验结果

在每4个热/雨周期后以及每个热/冷周期后均应观察整个系统和抹面胶浆的特性或性能变化(起泡,剥落,表面细裂缝,各层材料间丧失粘结力,开裂,等等)并作如下记录:

a.检查系统的表面是否出现裂缝。若出现裂缝,应测量裂缝尺寸和位置并作记录。

b.检查表面是否起泡或脱皮,并记录下它的位置和大小。

c.检查窗和型材是否有损坏以及系统表面是否有与其相连的裂缝,并记录位置和大小。

4.3　无机保温砂浆保温系统

4.3.1　基本构造与分类

无机保温砂浆保温系统是指由无机保温砂浆、胶粘剂和必要时使用的锚栓、抹面胶浆和耐碱网布及涂料等组成的系统产品。

　　(1)外墙外保温系统基本构造

①涂料饰面无机保温砂浆外墙外保温系统基本构造见表4.8。

表4.8 涂料饰面无机保温砂浆外墙外保温系统基本构造

基本构造	①基层	混凝土墙及各种砌体墙（含抹灰找平层）	构造示意图
	②界面层	界面砂浆	
	③保温层	无机保温砂浆	
	④抗裂防护层	抗裂砂浆＋耐碱玻璃纤维网布	
	⑤饰面层	柔性耐水腻子＋涂料	

②面砖饰面无机保温砂浆外墙外保温系统基本构造见表4.9。

表4.9 面砖饰面无机保温砂浆外墙外保温系统基本构造

基本构造	①基层	混凝土墙及各种砌体墙（含抹灰找平层）	构造示意图
	②界面层	界面砂浆	
	③保温层	无机保温砂浆	
	④抗裂防护层	第一遍抗裂砂浆＋热镀锌电焊网（用塑料锚栓与基层锚固）＋第二遍抗裂砂浆	
	⑤饰面层	面砖粘结砂浆＋饰面砖＋勾缝料	

（2）外墙内外组合保温系统基本构造

①涂料饰面无机保温砂浆外墙内外组合保温系统基本构造见表4.10。

表4.10 涂料饰面无机保温砂浆外墙内外组合保温系统基本构造

基本构造	①饰面层	柔性腻子＋涂料	构造示意图
	②抗裂防护层	抗裂砂浆＋耐碱玻璃纤维网布	
	③保温层	无机保温砂浆	
	④界面层	界面砂浆	
	⑤基层	混凝土墙及各种砌体墙（含抹灰找平层）	
	⑥界面层	界面砂浆	
	⑦保温层	无机保温砂浆	
	⑧抗裂防护层	抗裂砂浆＋耐碱玻璃纤维网布	
	⑨饰面层	柔性耐水腻子＋涂料	

127

②面砖饰面无机保温砂浆外墙内外组合保温系统基本构造见表4.11。

表4.11　面砖饰面无机保温砂浆外墙内外组合保温系统基本构造

基本构造	①饰面层	柔性腻子 + 涂料	构造示意图
	②抗裂防护层	抗裂砂浆 + 耐碱网格布	
	③保温层	无机保温砂浆	
	④界面层	界面砂浆	
	⑤基层	混凝土墙及各种砌体墙（含抹灰找平层）	
	⑥界面层	界面砂浆	
	⑦保温层	无机保温砂浆	
	⑧抗裂防护层	第一遍抗裂砂浆 + 热镀锌电焊网（用塑料锚栓与基层锚固）+ 第二遍抗裂砂浆	
	⑨饰面层	面砖粘结砂浆 + 饰面砖 + 勾缝料	

（3）无机保温砂浆建筑外墙内保温系统基本构造

涂料饰面无机保温砂浆外墙内保温系统基本构造见表4.12。

表4.12　涂料饰面无机保温砂浆外墙内保温系统基本构造

基本构造	①基层	混凝土墙及各种砌体墙（含抹灰找平层）	构造示意图
	②界面层	界面砂浆	
	③保温层	无机保温砂浆	
	④抗裂防护层	抗裂砂浆 + 耐碱玻璃纤维网布	
	⑤饰面层	柔性腻子 + 涂料	

（4）无机保温砂浆建筑分户墙保温系统基本构造

涂料饰面无机保温砂浆分户墙保温系统基本构造见表4.13。

（5）无机保温砂浆建筑地面保温系统基本构造

无机保温砂浆建筑地面保温系统基本构造见表4.14,无机保温砂浆建筑地面保温系统基本构造见表4.15。

（6）墙体基层找平抹灰砂浆强度要求

墙体基层找平抹灰砂浆的抗拉粘结强度不应小于0.2 MPa。

（7）无机保温砂浆保温层设计要求

无机保温砂浆保温层设计应符合下列规定:

①保温层单侧设计厚度不宜超过30 mm,当单侧设计厚度大于30 mm时,宜采用外墙内、外组合保温系统或采取加强措施;单侧设计厚度超过40 mm时,应在保温层中部增设一

层热镀锌电焊网进行加强,并用塑料锚栓将其固定在基层墙体上。

表4.13 涂料饰面无机保温砂浆分户墙保温系统基本构造

基本构造	①饰面层	柔性腻子 + 涂料	构造示意图
	②抗裂防护层	抗裂砂浆 + 耐碱玻璃纤维网布	
	③保温层	无机保温砂浆	
	④界面层	界面砂浆	
	⑤基层	混凝土墙及各种砌体墙(含抹灰找平层)	
	⑥界面层	界面砂浆	
	⑦保温层	无机保温砂浆	
	⑧抗裂防护层	抗裂砂浆 + 耐碱玻璃纤维网布	
	⑨饰面层	柔性耐水腻子 + 涂料	

表4.14 无机保温砂浆地面保温系统基本构造

基本构造	①饰面层	地砖或地板等	构造示意图
	②抹面保护层	砂浆或细石混凝土层	
	③保温层	无机保温砂浆	
	④防水防潮层	防水涂料或防水卷材	
	⑤界面层	界面砂浆	
	⑥基层	现浇混凝土	

②当保温层设计厚度小于 15 mm 时,应按 15 mm 施工。

③外墙外保温系统应设置分格缝。

(8)抗裂防护层技术要求

①无机保温砂浆外墙外保温系统采用涂料饰面层时,抗裂防护层用耐碱玻璃纤维网布做增强层,抗裂防护层厚度为 3~5 mm;当采用面砖做饰面层时,应采用热镀锌电焊网做增强层,抗裂防护层厚度为 8~10 mm。

②抗裂防护层中的耐碱玻璃纤维网布铺设应符合下列规定:

a. 在建筑物首层、门窗洞口、装饰缝、阳角等部位,应增加一层耐碱玻璃纤维网布作加强层。

b. 耐碱玻璃纤维网布的搭接长度不应小于 100 mm。

表 4.15　无机保温砂浆楼面保温系统基本构造

基本构造		
①饰面层	地砖或地板等	构造示意图
②抹面保护层	砂浆或细石混凝土层	
③保温层	无机保温砂浆	
④界面层	界面砂浆	
⑤基层	现浇混凝土板	

c. 阳角的耐碱玻璃纤维网布延伸宽度不应小于 200 mm。

d. 门窗洞口周边的耐碱玻璃纤维网布应翻出墙面 100 mm,并应在四角沿 45°方向加铺一层 400 mm×300 mm 的耐碱玻璃纤维网布。

③面砖饰面时,抗裂防护层中的热镀锌电焊网应采用塑料锚栓固定在基层墙体上,锚固数量不少于 6 个/m^2。

④楼地面保温系统的抹面保护层应考虑设置分格缝以防止开裂。

(9)其他要求

保温系统的墙面采用涂料饰面时,饰面厚度不宜大于 3 mm,外墙饰面涂料宜选用浅色。

4.3.2　系统及系统组成材料

①无机保温砂浆外墙外保温系统、无机保温砂浆外墙内外组合保温系统中的外保温构造部分的性能应符合表 4.16 的规定。

表 4.16　外墙外保温系统、外墙内外组合保温系统中的外保温构造部分的性能指标

项　目		性能指标
耐候性		经 80 次高温(70 ℃)-淋水(15 ℃)循环和 20 次加热(50 ℃)-冷冻(−20 ℃)循环后不得出现开裂、空鼓或脱落。抗裂防护层与保温层的拉伸粘结强度不应小于 0.1 MPa,破坏界面应位于保温层
吸水量(g/m^2)		≤800(浸水 1 h)
抗冲击强度	C 型	普通型(单网),3J 冲击合格
		加强型(双网),10J 冲击合格
	T 型	3J 冲击合格

续表

项　目	性能指标
抗风压值	不小于工程项目的风荷载设计值
耐冻融	寒冷地区 30 次循环,夏热冬冷地区 10 次循环后表面无裂纹、空鼓、起泡、剥离现象
水蒸气湿流密度[g/(m² · h)]	≥0.85
不透水性	试样防护层内侧无水渗透
系统抗拉强度(MPa)	≥0.10,并且破坏部位不得位于各层界面
饰面砖粘结强度(T 型)(MPa)	≥0.4
抗震性能(T 型)	设防烈度等级下饰面砖及保温系统无脱落
火反应性	不应被点燃,试验结束后试件厚度变化不超过 10%

注:C 型为涂料饰面,T 型为面砖饰面。

②无机保温砂浆建筑外墙内保温系统、外墙内外组合保温系统中的内保温构造部分、分户墙保温系统的性能应符合表 4.17 的规定。

表 4.17　外墙内保温系统、外墙内外组合保温系统中的
内保温构造部分、分户墙保温系统的性能指标

项　目		性能指标
抗冲击强度	C 型	普通型(单网),3J 冲击合格
		加强型(双网),10J 冲击合格
	T 型	3J 冲击合格
系统抗拉强度(MPa)		≥0.10,且破坏位置不得位于各层界面
水蒸气湿流密度[g/(m² · h)]		≥0.85
火反应性		不应被点燃,试验结束后试件厚度变化不超过 10%

注:C 型为涂料饰面,T 型为面砖饰面。

③无机保温砂浆建筑地面保温系统应选用 C 型或 D 型的无机保温砂浆,保温层最薄处的厚度不应低于设计要求,其性能应符合表 4.18 的规定。

表 4.18　无机保温砂浆楼地面保温系统的性能指标

项　目	性能指标
抗压强度(MPa)	≥1.2
抗裂性能	应符合 GB 50209 的规定
火反应性	不应被点燃,试验结束后试件厚度变化不超过 10%

注:抗压强度指无机保温砂浆的抗压强度,试验方法应符合《建筑砂浆基本性能试验方法标准》JGJ/T
　　70—2009 的规定。

④无机保温砂浆保温系统组成材料的性能要求如表4.19～表4.30所示。

表4.19　界面砂浆的性能指标

项　目		指　标
压剪粘结强度（MPa）	原强度	≥0.7
	耐水	≥0.5
	耐冻融	≥0.5

表4.20　无机保温砂浆干粉料的性能指标

项　目	指　标			
	A 型	B 型	C 型	D 型
堆积密度（kg/m³）	≤280	≤340	≤430	≤520
石棉含量	应不含石棉纤维			
外观质量	外观应为均匀,干燥无结块的颗粒状混合物			
分层度	加水后拌和物的分层度不大于20 mm			

表4.21　无机保温砂浆硬化后的性能指标

项　目	指　标			
	A 型	B 型	C 型	D 型
干表观密度（kg/m³）	≤330	≤400	≤500	≤600
导热系数[W/(m·K)]	≤0.070	≤0.085	≤0.10	≤0.12
抗压强度(28 d)(kPa)	≥0.5	≥0.8	≥1.2	≥2.5
压剪粘结强度(28 d)(kPa)	≥80	≥100	≥150	≥200
线性收缩率(%)	≤0.25			
软化系数(28 d)	≥0.6			
燃烧性能级别	A 级			
放射性	I_r	≤1.0		
	I_{Ra}	≤1.0		
抗冻性(15 次冻融循环)	质量损失≤5%,强度损失≤0%			

注:无机保温砂浆用于内保温、分户墙保温和地面保温时软化系数和抗冻性能指标不作要求。

表4.22 膨胀玻化微珠性能指标

项 目	性能指标	
	Ⅰ类	Ⅱ类
粒径(mm)	0.5~1.5	
堆积密度(kg/m³)	100~120	>120
筒压强度(kPa)	≥150	≥200
导热系数(平均温度25 ℃)[W/(m·K)]	≤0.048	≤0.070
体积吸水率(%)	≤45	
体积漂浮率(%)	≥80	
表面玻化闭孔率(%)	≥80	

注:超出粒径范围部分的质量不得超过10%。

表4.23 抗裂砂浆的性能指标

项 目		指 标
拉伸粘结强度(MPa)	常温养护28 d	≥0.7
	浸水(常温养护28 d + 浸水7 d)	≥0.5
	可操作时间1.5 h内	≥0.7
压折比		≤3.0

表4.24 耐碱玻璃纤维网布的性能指标

项 目		指 标
外观		符合JC/T 841的规定
长度、宽度(m)		50~100,0.9~1.2
网孔尺寸(mm)	普通型	4×4
	加强型	6×6
单位面积质量(g/m²)	普通型	≥160
	加强型	≥500
断裂强力(经、纬向)(N/50 mm)	普通型	≥1 250
	加强型	≥3 000
耐碱断裂强力保留率(经、纬向)(%)		≥90
断裂伸长率(经、纬向)(%)		≤5
涂塑量(g/m²)	普通型	≥20
	加强型	
氧化锆、氧化钛含量(%)		符合JC/T 841的规定

表 4.25　弹性底涂的性能指标

项　目		指　标
容器中状态		搅拌后无结块,呈均匀状态
施工性		刷涂无障碍
干燥时间(h)	表干时间	≤4
	实干时间	≤8
断裂伸长率(%)		≥100
表面憎水率(%)		≥98

表 4.26　柔性耐水腻子的性能指标

项　目		指　标
容器中状态		均匀、无结块
施工性		刮涂无障碍
干燥时间(表干)(h)		≤5
打磨性		手工可打磨
低温稳定性		-5 ℃冷冻 4 h 无变化,刮涂无障碍
耐水性(96 h)		无异常
耐碱性(48 h)		无异常
柔韧性		直径 50 mm,无裂纹
粘结强度(MPa)	标准状态	≥0.60
	冻融循环 5 次	≥0.40

表 4.27　饰面涂料的抗裂、耐酸性能指标

项　目	指　标	
抗裂性	平涂用涂料	断裂伸长率≥150%
	连续性复层建筑涂料	主涂层的断裂伸长率≥100%
	浮雕类非连续性复层建筑涂料	主涂层初期干燥抗裂性满足要求
耐酸性	温度 23 ℃ ±2 ℃,浓度 2% 的 H_2SO_3 溶液,浸泡 48 h	无异常

表4.28 面砖粘结砂浆的性能指标

项 目		指 标
拉伸粘结强度(MPa)		≥0.60
压折比		≤3.0
线性收缩率(%)		≤0.3
压剪粘结强度(MPa)	原强度	≥0.6
	7 d 耐水	≥0.5
	7 d 耐温	≥0.5
	冻融循环 30 次	≥0.5

注:水泥应采用强度等级42.5的普通硅酸盐水泥,并应符合 GB 175 的规定;砂应筛除大于2.5 mm 颗粒,
含泥量小于3%。

表4.29 面砖勾缝料的性能指标

项 目		指 标
外观		均匀一致
颜色		与标准样一致
凝结时间(h)		大于 2 h,小于 24 h
压折比		≤3.0
透水性(24 h)(mL)		≤3.0
拉伸粘结强度(MPa)	常温常态 14 d	≥0.6
	耐水(常温常态 14 d,浸水 48 h,放置 24 h)	≥0.5

表4.30 热镀锌电焊网的性能指标

项 目	指 标
工艺	热镀锌电焊网
丝径(mm)	≥0.90 ± 0.04
网孔大小(mm)	12.7 × 12.7
焊点抗拉力(N)	≥40
镀锌层质量(g/m²)	≥122

4.3.3 试验方法

1)保温系统检验方法

①型式检验指本规程规定的保温系统及其组成材料全部性能项目检验,型式检验报告2

年内有效。

②墙体外保温系统、内保温系统及其组成材料检验参照《胶粉聚苯颗粒外墙外保温系统》JG 158 规定进行,其中无机保温砂浆硬化后性能指标按《建筑保温砂浆》GB/T 20473 规定进行,膨胀玻化微珠的性能检验按照《膨胀玻化微珠》JC/T 1042 的规定进行。

③墙体内保温系统节能工程现场检测按规定进行。

④保温层厚度、抗裂防护层厚度检测按照《建筑节能工程施工质量验收规范》GB 50411 规定进行。

⑤保温系统抗拉强度检测按照《胶粉聚苯颗粒外墙外保温系统》JG 158 中粘结剂现场拉伸粘结强度试验方法规定进行。

⑥保温系统冲击性检验按照《胶粉聚苯颗粒外墙外保温系统》JG 158 的规定进行。

⑦保温系统塑料锚栓单颗锚栓抗拉承载力标准值按《胶粉聚苯颗粒外墙外保温系统》JG 158 规定进行。

⑧饰面砖粘结强度检测按照《建筑工程饰面砖粘结强度检验标准》JGJ 110 的规定进行。

2)墙体内保温系统节能工程现场检验方法

(1)检测条件

检测的内保温工程施工完,养护龄期 28 d 以上。

(2)抗冲击性试验

选择一符合要求的内保温系统墙体,按《建筑隔墙用轻质条板》JG/T 169 规定进行抗冲击性试验。

(3)系统抗拉强度试验

①选择一符合要求的内保温系统墙体,在试件上均匀布置 5 个测试点,点之间间距不小于 500 mm,用切割机切割 100 mm × 100 mm 方块,深度至基层墙体表面。

②拉伸试验方法按《建筑工程饰面砖粘结强度检验标准》JGJ 110 规定进行。

③检验结果取 5 个值的算术平均值。

4.4 酚醛保温板外墙外保温系统

4.4.1 基本构造

酚醛保温板外墙保温系统是由保温层(酚醛板或复合酚醛板)、抹面层、固定材料(胶粘剂、锚固件等)和饰面层构成,并固定在外墙外表面的非承重保温构造。

以涂料为饰面的酚醛板外墙外保温工程是采用酚醛板作为保温层,并用粘锚的方式固定在基层墙体上,其构造做法见图4.8。

以块材幕墙为饰面的复合酚醛保温板外墙外保温系统由基层墙体、找平层、粘结层、复合酚醛保温板、抗裂砂浆层(内嵌耐碱玻纤网格布增强)和龙骨、挂件、块材幕墙饰面层等构成,其构造做法见图4.9。

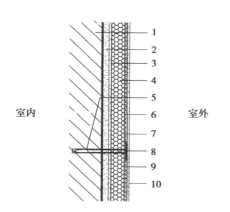

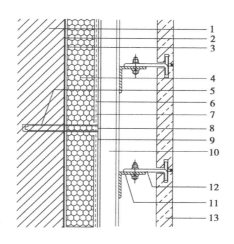

图4.8 以涂料为饰面的外墙外保温构造示意图
1—基层墙体;2—水泥砂浆找平层;3—专用界面粘结剂;4—酚醛板;5—锚栓(打孔、上套管、稍露);6—底层抗裂砂浆;7—网格布(满铺);8—锚栓(钉圆盘);9—面层抗裂砂浆;10—涂料饰面

图4.9 以块材幕墙饰面的外墙外保温构造示意图
1—基层墙体;2—找平层;3—界面粘结层;4—酚醛板;5—锚栓(打孔、上套管、稍露);6—底层抗裂砂浆;7—网格布;8—锚栓(钉圆盘);9—面层抗裂砂浆;10—竖向龙骨;11—横向龙骨;12—挂件;13—块材幕墙饰面

4.4.2 性能要求与试验方法

(1)酚醛板外墙保温系统性能指标

酚醛板外墙保温系统性能指标应符合表4.31的要求。试验方法参照JGJ 144。

表4.31 酚醛板外墙外保温系统性能指标

项 目		性能要求	试验方法
耐候性	耐候性试验后外观	不得出现饰面层起泡或剥落、保护层空鼓或脱落等破坏,不得产生渗水裂缝。	JGJ 144 附录A
	抹面层与保温层拉伸粘结强度	≥0.1 MPa,破坏部位应位于保温层	
抗风荷载性能		系统抗风压值 R_d 不小于风荷载设计值,系统安全系数 K 应不小于1.5	JGJ 144 附录A
抗冲击强度		建筑物首层墙面以及门窗口等易受碰撞部位:10J 级	JGJ 144 附录A
		建筑物二层以上墙面等不易受碰撞部位:3J 级	
吸水量		水中浸泡1 h,只带有抹面层和带有全部保护层的系统的吸水量均不得大于或等于1.0 kg/m^2	JGJ 144 附录A

续表

项 目	性能要求	试验方法
耐冻融性能	30 次冻融循环后,保护层无空鼓、脱落,无渗水裂缝,保护层与保温层的拉伸粘结强度不小于 0.1 MPa,破坏部位应位于保温层	JGJ 144 附录 A
热阻	符合设计要求	JGJ 144 附录 A
抹面层不透水性	2 h 不透水	JGJ 144 附录 A
保护层水蒸气渗透阻	符合设计要求	JGJ 144 附录 A
系统燃烧性能	A 级	GB 8624

注:水中浸泡 24 h,只带有抹面层和带有全部保护层的系统的吸水量均不得大于或等于 0.5 kg/m² 时,不检验耐冻融性能。

(2)材料性能要求及试验方法

表 4.32　复合酚醛保温板性能指标

项 目	指 标	试验方法
规格(mm)	900 × 600	—
表观密度(kg/m³)	≥60	GB/T 6343
导热系数(泡沫,平均温度 25 ℃)[W/(m·K)]	0.03	GB/T 10294
压缩强度(MPa)	≥0.3	GB/T 8813
垂直于板面方向的抗拉强度(MPa)	≥0.1	JG 149
尺寸稳定性(泡沫,70 ℃ ±2 ℃,48 h)(%)	≤1.5	GB/T 8811
吸水率(泡沫,浸水 96 h)(%)	≤7.5	GB/T 8810
透湿系数[ng/(Pa·m·s)]	2~8	GB/T 17146
燃烧性能	B₁ 级	GB 8624
烟密度(SDR)(%)	≤5	GB/T 8627

注:表观密度指酚醛保温板。

表4.33 粘结剂性能指标

实验项目		单 位	性能要求	实验方法
拉伸粘结强度 （与水泥砂浆）	标准状态	MPa	≥0.70	参照JGJ 144中第 A.8节实验方法
	浸水48 h		≥0.5	
	浸水7 d			
拉伸粘结强度 （与酚醛保温板）	标准状态	MPa	≥0.15	
	浸水48 h		≥0.12 破坏界面均在 复合酚醛板上	
	浸水7 d			
可操作时间		h	1.5～4.0	JGJ 144
粘结剂与基层墙体拉伸粘结强度		MPa	≥0.30	JGJ 144 中第 A.8 节

表4.34 抗裂砂浆性能指标

项 目		性能要求	试验方法
可用时间	可操作时间（h）	≥1.5	JG 158
	在可操作时间内拉伸粘结强度（MPa）	≥0.7	
拉伸粘结强度（常温 28 d）（MPa）		≥0.7	
浸水拉伸粘结强度（常温 28 d,浸水 7 d）（MPa）		≥0.5	
压折比		≤3.0	

表4.35 耐碱玻纤网格布性能指标

实验项目	单 位	性能要求		实验方法
		普通型	加强型	
网孔尺寸 （网孔中心距）	mm	(4～5) 4×4	(6～8) (6～8)×(6～8)	—
单位面积质量	g/m²	≥160	≥290	GB/T 9914.3
耐碱拉伸断裂强力 （经纬向）	N/50 mm	≥750	≥1 500	GB/T 7689.5
耐碱拉伸断裂强力 保留率(经纬向)	%	≥50	≥50	GB/T 20102
断裂伸长率	%	≤5	≤5	GB/T 7689.5
涂塑量	g/m²	≥20	≥20	GB/T 9914
玻璃成分	%	$ZrO_2(14.5 \pm 0.8)\%$ $TiO_2(6.0 \pm 0.5)\%$		JC 935

表 4.36　锚栓性能指标

项　目	单　位	性能要求	实验方法
塑料圆盘直径	mm	≥50	游标卡尺测量
塑料套管外径	mm	8~10	
有效锚固深度	mm	≥25	JG 149
单个锚栓抗拉承载力标准值	kN	≥0.60	
单个锚栓对系统传热系数增加值	W/(m² · K)	≤0.004	

4.5　岩(矿)棉板外墙外保温系统

岩(矿)棉板外墙外保温系统是指由岩(矿)棉板、胶粘剂和必要时使用的锚栓、抹面胶浆和耐碱网格布及涂料等组成的外墙外保温系统。

4.5.1　基本规定

①岩棉板外墙外保温系统应满足下列规定:

a.系统各种组成材料必须由系统供应商整套提供。

b.系统应能适应基层的正常变形而不产生裂缝、空鼓或脱落。

c.系统应能长期承受自重、风荷载和室外气候的长期反复作用而不产生有害的变形和破坏。

d.系统在抗震设防烈度范围内不应从基层上脱落。

e.系统应具有防雨水渗透性能,雨水不得透过保护层,亦不得渗透至任何可能造成破坏的部位。

f.系统各组成部分应具有物理-化学稳定性。所有组成材料应彼此相容并应具有防腐性。

②岩棉板外墙外保温工程不得采用饰面砖做饰面层。

③岩棉板外墙外保温墙体的热工性能应符合重庆市现行建筑节能设计标准的规定,其防潮设计应符合国家现行标准《民用建筑热工设计规范》GB 50176 的规定。

④在正确使用和正常维护的条件下,岩棉板外墙外保温系统的使用年限不应小于25 年。

4.5.2　性能要求及试验方法

①岩(矿)棉板外墙外保温系统的技术性能应符合表 4.37 的要求。试验方法参照JGJ 144。

表4.37　岩(矿)棉板外墙外保温系统的性能指标

项　目		单　位	性能指标	试验方法
耐候性	耐候性试验后外观	—	不得出现饰面层起泡或剥落、保护层空鼓或脱落等破坏,不得产生渗水裂缝	JGJ 144 附录 A.2
	抹面层与保温层拉伸粘结强度　平行纤维岩棉板	kPa	应不小于其标称水平且≥7.5,破坏面在保温层内	JGJ 144 附录 A.2
	抹面层与保温层拉伸粘结强度　垂直纤维岩棉板		≥100,破坏面在保温层内	
	吸水量(短期)	g/m²	≤1 000	JGJ 144 附录 A.6
抗冲击性	普通型(P型)(建筑物二层以上墙面等不易受碰撞部位)	J	3	JGJ 144 附录 A.5
	加强型(Q型)(建筑物首层墙面等易受碰撞部位)	J	10	JGJ 144 附录 A.5
	非透明幕墙	J	3	
水蒸气透过湿流密度		g/(m²·h)	≥1.67	JGJ 144 附录 A.11
耐冻融性能	冻融后外观	—	30 次冻融循环后保护层无空鼓、脱落,无渗水裂缝	JGJ 144 附录 A.4
	抹面层与保温层拉伸粘结强度　平行纤维岩棉板	kPa	应不小于其标称水平且≥7.5,破坏面在保温层内	JGJ 144 附录 A.4
	抹面层与保温层拉伸粘结强度　垂直纤维岩棉板		≥100,破坏面在保温层内	
	不透水性	—	2 h 不透水(试样抹面层内侧无水渗透)	JGJ 144 附录 A.10
	抗风压值	kPa	不小于工程项目的风荷载设计值,抗风压安全系数 K 应不小于1.5	JGJ 144 附录 A.3

注:①普通型(P型):内铺130级和160级耐碱玻璃纤维网格布,加强型(Q型)160级双层玻纤网格布。
　　②非透明幕墙型:内铺单层130级玻纤网格布。

②材料性能要求及试验方法见表4.38～表4.44。

表4.38 平行纤维岩棉板和垂直纤维岩棉板的性能指标

项目		单位	性能指标			试验方法
			平行纤维岩棉板	垂直纤维岩棉板	幕墙用岩棉板	
密度		kg/m³	≥140	≥100	≥100	GB/T 5480
厚度		mm	≥40	≥30	≥30	GB/T 5480
导热系数（平均温度25℃）		W/(m²·K)	≤0.040	≤0.048	≤0.040	GB/T 10294
垂直于板面方向的抗拉强度		kPa	≥10	≥100	≥7.5	JG 149 附录D
尺寸稳定性（长/宽/厚）		%	≤1.0			GB/T 8811
质量吸湿率		%	≤1.0			GB/T 5480
憎水率		%	≥98			GB/T 10299
酸度系数		—		≥1.8	≥1.6	GB/T 5480
压缩强度（≥50 mm）		kPa	≥40	≥80	≥40	GB/T 13480
吸水量（部分浸泡）	24 h	kg/m²	≤0.5			GB/T 5480
	28 d		≤1.5			
燃烧性能		—	A级			GB 8624—1997

表4.39 岩棉板尺寸允许偏差

项目		单位	允许偏差	试验方法
厚度	水平纤维岩棉板	mm	±3	GB/T 5480
	垂直纤维岩棉板	mm	±2	
长度		mm	+10, -3	
宽度	水平纤维岩棉板	mm	+5, -3	
	垂直纤维岩棉板	mm	±3	
直角偏离度		mm/m	≤5	
平整度偏差		mm	≤6	

表4.40 胶粘剂主要性能要求

项　目		单位	性能指标	试验方法
拉伸粘结强度（与水泥砂浆）	标准状态	MPa	≥0.7	JGJ 144 附录 A.8
	浸水48 h,干燥7 d后		≥0.5	
拉伸粘结强度（与平行纤维岩棉板）	标准状态	kPa	应不小于其标称水平且≥7.5,破坏面在岩棉内	JGJ 144 附录 A.8
	浸水48 h,干燥7 d后			
	冻融后			
拉伸粘结强度（与垂直纤维岩棉板）	标准状态	kPa	≥100,破坏面在岩棉内	JGJ 144 附录 A.8
	浸水48 h,干燥7 d后		≥100,破坏面在岩棉内	
	冻融后		≥100,破坏面在岩棉内	
可操作时间		h	1.5～4.0	JG 149

表4.41 抹面胶浆性能指标

项　目		单位	性能指标	试验方法
拉伸粘结强度（与水泥砂浆）	标准状态	MPa	≥0.6	JGJ 144 附录 A.8
	浸水48 h,干燥7 d后		≥0.4	
拉伸粘结强度（与岩棉板）	标准状态	kPa	应不小于其标称水平且≥7.5,破坏面在岩棉内	JGJ 144 附录 A.8
	浸水48 h,干燥7 d后			
	冻融后			
拉伸粘结强度（与垂直纤维岩棉板）	标准状态	kPa	≥100,破坏在岩棉内	JGJ 144 附录 A.8
	浸水48 h,干燥7 d后		≥100,破坏在岩棉内	
	冻融后		≥100,破坏在岩棉内	
抗压强度/抗折强度		—	≤3	JG 149

表4.42 耐碱玻纤网主要性能要求

检验项目	单位	指标			试验方法
		幕墙型	普通型（P型）	增强型（Q型）	
单位面积质量	g/m²	≥130	≥160	≥240	GB/T 9914.3
耐碱断裂强力(经向、纬向)	N/50 mm	≥750	≥1 000	≥1 250	GB/T 7689.5
耐碱断裂强力保留率(经向、纬向)	%	≥50	≥50	≥50	GB/T 20102
断裂应变(经向、纬向)	%	≤5.0	≤5.0	≤5.0	JG 158
涂塑量	g/m²	≥20	≥20	≥20	JG 158
氧化锆含量	%	14.5±0.8	14.5±0.8	14.5±0.8	JG 158
氧化钛含量	%	6.0±0.5	6.0±0.5	6.0±0.5	JG 158

表4.43　界面剂的主要性能指标

项　目		单位	技术指标	试验方法
粘结强度	与水泥砂浆试块　标准状态	MPa	≥0.70	JC/T 907
	与水泥砂浆试块　浸水后		≥0.50	
	与岩棉试块　标准状态		岩棉板破坏时喷砂界面完好	
	与岩棉试块　浸水后			
	与抹面浆料试块　标准状态		≥0.10	
	与抹面浆料试块　浸水后			

表4.44　锚固件的性能指标

项　目	性能指标			试验方法
	不同基材			
单个锚固件抗拉承载力标准值(kN)	普通混凝土(C25)	加气混凝土	其他砌体材料	JG149
	≥0.60	≥0.30	≥0.40	
锚固件圆盘强度标准值(kN)	≥0.50			

第5章 建筑节能工程现场检测

对于已经建好的实体建筑物而言,建筑节能包含两个大内容:建筑物自身的节能和建筑供热、供冷系统节能。因此,建筑节能工程现场检测主要分为围护结构实体检测和系统节能性能检测两部分。

5.1 围护结构现场实体检测

围护结构指的是建筑物及房间各面的围挡物(如墙体、屋顶、门窗、楼板和地面等),按是否同室外空气直接接触以及在建筑物中的位置,又可分为外围护结构和内围护结构。本节着重介绍外墙节能构造和外窗气密性检测以及现场拉拔试验。

5.1.1 外墙节能构造检测

1)仪器设备

①钻芯机:采用适应于玻纤网及钢丝网保温层的钻取的、内径70 mm的金刚石或人造金刚石薄壁钻头的钻芯机。

②钢直尺:分度值为1 mm。

2)试样制备

(1)取样部位

取样部位应选取节能构造有代表性的外墙上相对隐蔽的部位,并宜兼顾不同朝向和楼层;取样部位必须确保钻芯操作安全,且应方便操作。

(2)取样数量

外墙取样数量为一个单位工程每种节能保温做法至少取3个芯样。取样部位宜均匀分布,不宜在同一个房间外墙上取2个或以上芯样。

3)检测程序

(1)芯样钻取

①使用钻芯机从保温层一侧钻取直径70 mm的芯样,钻取深度为钻透保温层到达结构层或基层表面,必要时也可钻透墙体。

②当外墙的表层坚硬不易钻透时,也可局部剔除坚硬的面层后钻取芯样,但钻取芯样后应恢复原有外墙的表面装饰层。

③钻取芯样时应尽量避免冷却水流入墙体内及污染墙面。

④从钻头中取出芯样时应谨慎操作,以保持芯样完整,当芯样严重破损难以判断节能构造或保温层厚度时,应重新取样检验。

⑤对每个芯样进行标示,并记录取样部位。

(2)芯样检查

①保温材料种类检查:对照设计图纸观察、判断保温材料种类是否符合设计要求,难以观察及判断准确的也可用其他有效方法判断。

②测量保温层厚度:用钢直尺在垂直于芯样表面(外墙面)的方向上量取保温层厚度,精确到1 mm。

③保温层构造做法检查:观察或剖开检查保温层构造做法是否符合设计和施工方案要求。

(3)芯样拍照

芯样检查完后,在芯样的侧面附上标尺,对着侧面拍照,在照片上注明每个芯样的取样部位。

(4)取样部位的修补

可采用聚苯板或其他保温材料制成的圆柱形塞填充并用建筑密封胶密封。修补后宜在取样部位挂贴注有"外墙节能构造检验点"的标志牌。

(5)原始记录内容

原始记录至少应包括以下内容:工程名称、检测项目、主要仪器设备、检测日期、检测人员、取样部位、芯样外观、保温材料种类、保温层厚度、外墙节能构造等。

4)检测结果

①每组芯样的厚度应以该组芯样实测厚度的平均值表示,精确至1 mm。

②当实测厚度的平均值达到设计厚度的95%及以上且最小值不低于设计厚度的90%时,应判定保温层厚度符合设计要求;否则,应判定保温层厚度不符合设计要求。

③当检验结果不符合设计要求时,应委托具备检测资质的见证检测机构增加一倍数量再次取样检验。仍不符合设计要求时,应判定围护结构节能构造不符合设计要求。此时应根据检验结果,委托原设计单位或其他有资质的单位重新验算房屋的热工性能,提出技术处理方案。

5)检测报告内容

检测报告应包含以下内容:

①工程名称、委托单位、施工单位等工程信息。

②检测项目。

③检测依据的标准。

④检测日期。

⑤抽样方法、抽样数量与抽样部位。

⑥芯样状态的描述。

⑦实测保温层厚度,设计要求厚度,设计和施工方案要求的构造做法。

⑧给出是否符合设计要求的检验结论。

⑨芯样照片。

⑩监理(建设)单位取样见证人的见证意见。

⑪检测发现的其他情况和相关信息。

⑫检测人员、校核人员、批准人员签字。

⑬检测机构盖章。

5.1.2 外窗气密性检测

1)仪器设备

①门窗现场气密性能检测设备。

②卷尺。

③气压表。

④温湿度计。

2)检测程序

(1)试件及检测要求

①外窗及连接部位安装完毕达到正常使用状态。

②每个单位工程的外窗至少抽查3樘。当一个单位工程外窗有2种以上品种、类型和开启方式时,每种品种、类型和开启方式的外窗应抽查不少于3处。

③气密检测时的环境条件记录应包括外窗室内外的大气压及温度。当温度、风速、降雨等环境条件影响检测结果时,应排除干扰因素后继续检测,并在报告中注明。

④检测过程中应采取必要的安全措施。

(2)检测过程

①气密性能检测前,应测量外窗面积;弧形窗、折线窗应按展开面积计算。从室内侧用厚度不小于0.2 mm的透明塑料膜覆盖整个窗范围并沿窗边框处密封,要求能覆盖整个窗口,接着用密封胶带将窗口密封,确认密封良好。密封膜不应重复使用。在室内侧的窗洞口上安装密封板,确认密封良好。

②气密性能检测压差检测顺序见图5.1,并按以下步骤进行:

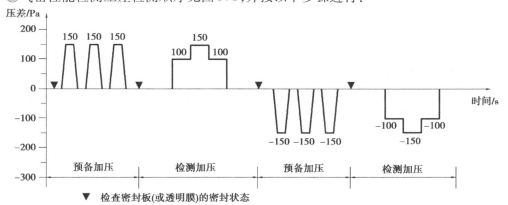

图5.1 气密检测压差顺序图

a. 预备加压:正负压检测前,分别施加 3 个压差脉冲,压差绝对值为 150 Pa,加压速度约为 50 Pa/s。压差稳定作用时间不少于 3 s,泄压时间不少于 1 s,检查密封板及透明膜的密封状态。

b. 附加渗透量的测定:按照图 5.1 逐级加压,每级压力作用时间约为 10 s,先逐级正压,后逐级负压。记录各级测量值。附加空气渗透量是指除通过试件本身的空气渗透量以外通过设备和密封板,以及各部分之间连接缝等部位的空气渗透量。

c. 总空气渗透量测量:打开密封板检查门,去除试件上所加密封措施薄膜后关闭检查门并密封后进行检测。检测程序同步骤 b。

3)检测结果计算与表示

(1)检测结果计算

①分别计算出升压和降压过程中在 100 Pa 压差下的两个附加渗透量测定值的平均值 $\overline{q_{\mathrm{f}}}$ 和总渗透量测定值的平均值 $\overline{q_{\mathrm{z}}}$,则窗试件本身 100 Pa 压力差下的空气渗透量 q_{t} 即可按式 (5.1) 计算:

$$q_{\mathrm{t}} = \overline{q_{\mathrm{z}}} - \overline{q_{\mathrm{f}}} \tag{5.1}$$

②利用式 (5.2) 将 q_{t} 换算成标准状态下的渗透量 $q'(\mathrm{m^3/h})$ 值。

$$q' = \frac{293}{101.3} \times \frac{q_{\mathrm{t}} \cdot P}{T} \tag{5.2}$$

式中　q'——标准状态下通过试件空气渗透量值,$\mathrm{m^3/h}$;

　　　P——试验室气压值,kPa;

　　　T——试验室空气温度值,K;

　　　q_{t}——试件渗透量测定值,$\mathrm{m^3/h}$。

③将 q' 值除以试件开启缝长度 l,即可得出在 100 Pa 下,单位开启缝长空气渗透量 q_1' 值,即式 (5.3):

$$q_1' = \frac{q'}{l} \tag{5.3}$$

或将 q' 值除以试件面积 A,得到在 100 Pa 下,单位面积的空气渗透量 q_2' 值,即式 (5.4):

$$q_2' = \frac{q'}{A} \tag{5.4}$$

正压、负压分别按式 (5.1)~式 (5.4) 进行计算。

(2)分级指标值的确定

①为了保证分级指标值的准确度,采用由 100 Pa 检测压力差下的测定值 $\pm q_1'$ 值或 $\pm q_2'$ 值,按式 (5.5) 或式 (5.6) 换算为 10 Pa 检测压力差下的相应值 $\pm q_1$ 值或 $\pm q_2$ 值。

$$\pm q_1 = \frac{\pm q_1'}{4.65} \tag{5.5}$$

$$\pm q_2 = \frac{\pm q_2'}{4.65} \tag{5.6}$$

式中　q_1'——100 Pa 作用压力差下单位缝长空气渗透量值,$\mathrm{m^3/(m \cdot h)}$;

q_1——10 Pa 作用压力差下单位缝长空气渗透量值,$m^3/(m \cdot h)$;

q_2'——100 Pa 作用压力差下单位面积空气渗透量值,$m^3/(m^2 \cdot h)$;

q_2——10 Pa 作用压力差下单位面积空气渗透量值,$m^3/(m^2 \cdot h)$。

②将 3 樘试件的 $\pm q_1$ 值或 $\pm q_2$ 值分别平均后对照表 3.46 确定按照缝长和按面积各自所属等级。最后取两者中的不利级别为该组试件所属等级。正、负压侧值分别定级。

③当外窗气密性现场实体检验出现不符合设计要求和标准规定的情况时,应扩大一倍数量抽样,对不符合要求的项目或参数再次检验。仍然不符合要求时应给出"不符合设计要求"的结论。

4)检测报告内容

检测报告应至少包括以下内容:

①委托和生产单位,检测机构的名称。

②试件的品种、系列、型号、规格、位置(横向和纵向)、连接件连接形式、主要尺寸及图纸(包括试件立面和剖面、型材和镶嵌条截面、排水孔位置及大小,安装连接)。工程名称、工程地点、工程概况、工程设计要求,既有建筑门窗的已用年限。

③玻璃品种、厚度及镶嵌方法。

④注明有无密封条。如有密封条则应注明密封条的材质。

⑤注明有无采用密封胶类材料填缝。如采用则应注明密封材料的材质。

⑥五金配件的配置。

⑦气密性能单位面积的计算结果,正负压所属级别及综合后所属级别。未定级时,说明是否符合工程设计要求。

⑧对检测结果有影响的温度、大气压、有无降雨、风力等级等试验环境信息以及对各因素的处理。

⑨检测依据、检测设备、检测项目、检测类别和检测时间,以及报告日期。

⑩检测人员、审核人员及批准人员的签名。

5.1.3 现场拉拔试验

保温板与基层及各构造层之间的粘结或连接必须牢固。粘结强度和连接方式应符合设计要求和相关标准的规定。保温板材与基层的粘结强度应做现场拉拔试验,试验结果应符合要求。当墙体节能工程采用预埋或后置锚固件时,其数量、位置、锚固深度和拉拔力应符合设计要求。后置锚固件应进行现场拉拔试验,试验结果应符合要求。

1)保温板材与基层的粘结强度检测

(1)仪器设备

①粘结强度检测仪:应符合现行行业标准《数显式粘结强度检测仪》JG 3056 的规定,且应具有有效期内的计量检定证书。

②钢直尺:分度值为 1 mm。

③辅助工具及材料:手持切割锯,粘结剂(应与保温板材相容,其粘结强度应大于保温板

材与基层的粘结强度),胶带等。

(2)试样制备

①试样切割:首先在保温板材粘结部位的表面标出 100 mm × 100 mm 的尺寸线,然后用切割锯切割至基层表面。

②粘贴标准块:试样表面应干净、干燥。粘结剂应按使用说明书规定的配比使用,应随用随配、搅拌均匀。将标准块粘贴在试样表面,并及时用胶带固定,粘结剂不应粘连周围保温板材。

(3)检测程序

①仪器安装:

a. 在标准块上安装带有万向接头的拉力杆。

b. 安装专用穿心式千斤顶,使拉力杆通过穿心式千斤顶中心,并与标准块垂直。

c. 调整千斤顶活塞,使之具有足够的行程,并将数字显示器读数调零,然后拧紧拉力杆螺母。

②检测步骤:

a. 顺时针匀速摇转手柄,直至试样破坏,记录数字显示器峰值数值及破坏部位。

b. 检测后将千斤顶降压复位,取下拉力杆,并将标准块表面粘结剂清理干净。

③原始记录:

原始记录至少应包括以下内容:工程名称、检测项目、主要仪器设备、检测日期、检测人员、检测部位、破坏荷载、破坏部位、有效粘结面积。

(4)检测结果计算与表示

①单个试样的粘结强度应按式(5.7)计算:

$$\sigma_i = \frac{F_i}{A_i} \times 10^3 \tag{5.7}$$

式中 σ_i——第 i 个试样的粘结强度,MPa,精确至 0.01 MPa;

F_i——第 i 个试样的粘结力,kN,精确至 0.001 kN;

A_i——第 i 个试样的有效粘结面积,mm^2,精确到 1 mm^2。

②每组试样的粘结强度应以 5 个测试值的平均值表示,精确至 0.01 MPa。

(5)检测结果评价

当设计给出粘结强度时,每组试样的粘结强度应不小于设计值;当设计无要求时,可参照《外墙外保温工程技术规程》JGJ 144 的规定,其粘结强度应不小于 0.1 MPa。

(6)检测报告内容

检测报告应包含以下内容:

①工程名称、委托单位、施工单位等工程信息。

②检测项目。

③检测依据的标准。

④检测日期。

⑤主要检测设备。

⑥检测数量。

⑦检测部位及检测结果。

⑧检测人员、校核人员、批准人员签字。

⑨检测机构盖章。

2) 锚固件锚固力检测

（1）仪器设备

①拉拔仪：应符合现行行业标准《数显式粘结强度检测仪》JG 3056—1999 的规定，且应具有有效期内的计量检定证书。

②拉拔仪组装。拉拔仪可根据不同后置锚固件类型自行组装，但应符合下列要求：

a. 设备的加荷能力应比检测荷载值至少大 20%，且能连续、平稳地加荷。

b. 设备的测力系统，其整机误差不得超过全量程的 ±2%，且应具有峰值贮存功能。

c. 设备的液压加荷系统在短时（≤5 min）保持荷载期间，其降荷值不得大于 5%。

d. 设备的连接杆应能保持力线与后置锚固件的中心线对中。

e. 设备的支撑点与后置锚固件的净间距不应小于 1.5 h（h 为有效埋深），且不应小于 60 mm。

（2）检测程序

①检测准备：

a. 在后置锚固件上安装带有万向接头的拉力杆。

b. 安装专用穿心式千斤顶，使拉力杆通过穿心式千斤顶中心，并与后置锚固件中心线对中。

c. 调整千斤顶活塞，使之具有足够的行程，并将数字显示器读数调零，然后拧紧拉力杆螺母。

②检测步骤：

a. 顺时针匀速摇转手柄，直至设定的检测荷载，并在该荷载下保持 2 min，记录数字显示器峰值数值。

b. 检测后将千斤顶降压复位，取下拉力杆。

③原始记录：

原始记录至少应包括以下内容：工程名称、检测项目、主要仪器设备、检测日期、检测人员、检测部位、检测荷载。

（3）检测结果评价

①当后置锚固件在持荷期间无滑移或其他损坏迹象出现、且读数显示器的荷载示值在 2 min 内下降幅度不超过 5% 的检测荷载时，应评价其锚固抗拔承载力合格。

②当所检后置锚固件的锚固抗拔承载力达不到设计值时，应扩大一倍数量抽样，重新检测。

（4）检测报告中应包含的内容

检测报告应包含以下内容：

①委托单位、工程名称、施工单位等工程信息。

②检测项目。

③检测依据的标准。

④检测日期。

⑤主要检测设备。

⑥检测数量。

⑦检测部位及检测结果。

⑧检测人员、校核人员、批准人员签字。

⑨检测机构盖章。

5.2 采暖、通风与空调、配电与照明系统节能性能检测

采暖、通风与空调、配电与照明工程安装完成后,应进行系统节能性能的检测,且应由建设单位委托具有相应检测资质的检测机构检测并出具报告。受季节影响未进行的节能性能检测项目,应在保修期内补做。采暖、通风与空调、配电与照明系统节能性能检测的主要项目及要求见表5.1,其检测方法应按国家现行有关标准规定执行。

表5.1 系统节能性能检测主要项目及要求

序 号	检测项目	抽样数量	允许偏差或规定值
1	室内温度	居住建筑每户抽测卧室或起居室1间,其他建筑按房间总数抽测10%	冬季不得低于设计计算温度2 ℃,且不应高于1 ℃;夏季不得高于设计计算温度2 ℃,且不应低于1 ℃
2	供热系统室外管网的水力平衡度	每个热源与换热站均不少于1个独立的供热系统	0.9~1.2
3	供热系统的补水率	每个热源与换热站均不少于1个独立的供热系统	≤0.5%
4	室外管网的热输送效率	每个热源与换热站均不少于1个独立的供热系统	≥0.92
5	各风口的风量	按风管系统数量抽查10%且不得少于1个系统	≤15%
6	通风与空调系统的总风量	按风管系统数量抽查10%,且不得少于1个系统	≤10%
7	空调机组的水流量	按系统数量抽查10%,且不得少于1个系统	≤20%
8	空调系统冷热水、冷却水总流量	全数	≤10%
9	平均照度与照明功率密度	按同一功能区不少于2处	照度不小于设计值90%,功率密度不大于设计或规范要求值

5.2.1 室内温度检测

（1）仪器设备

温度检测仪器应满足以下规定：

①应具有连续测量记录功能。

②分辨率不应低于 0.1 ℃。

③准确度不应低于 0.5 级。

④应具有有效的计量检定证书。

（2）检测条件

①现场检测应避免在夏季高温等极端天气条件下进行。

②测试期间，采暖空调系统应正常运行，且外窗处于关闭状态。

（3）检测程序

①测点应符合以下规定：

a. 3 层及以下的建筑应逐层选取空调区域布置温度测点。

b. 3 层以上的建筑应在首层、中间层和顶层分别选取空调区域布置温度测点。

②测点应设于室内活动区域，且距楼面 700 ~ 1 800 mm 范围内有代表性的位置，温度传感器不应受到太阳辐射或室内热源的直接影响。温度测点位置及数量还应符合以下规定：

a. 室内面积不足 16 m²，设测点 1 个。

b. 室内面积 16 m² 及以上不足 30 m²，设测点 2 个。

c. 室内面积 30 m² 及以上不足 60 m²，设测点 3 个。

d. 室内面积 60 m² 及以上不足 100 m²，设测点 5 个。

e. 室内面积 100 m² 及以上，每增加 20 ~ 50 m² 酌情增加 1 ~ 2 个测点。

③室内平均温度应进行连续检测，检测时间不少于 24 h，数据记录时间间隔最长不得超过 30 min。

（4）检测结果计算及表示

室内平均温度应按式(5.8)和式(5.9)计算：

$$t_{rm} = \frac{\sum\limits_{i=1}^{n} t_{rm,i}}{n} \tag{5.8}$$

$$t_{rm,i} = \frac{\sum\limits_{j=1}^{p} t_{i,j}}{p} \tag{5.9}$$

式中　t_{rm}——检测持续时间内受检房间的室内平均温度，℃；

$t_{rm,i}$——检测持续时间内受检房间第 i 个室内逐时温度，℃；

n——检测持续时间内受检房间的室内逐时温度的个数；

$t_{i,j}$——检测持续时间内受检房间第 j 个测点的第 i 个温度逐时值，℃；

p——检测持续时间内受检房间布置的温度测点的点数。

（5）检测结果评价

①建筑物夏季平均室温合格指标：建筑物夏季平均室温应在设计范围内，且所有受检房

间逐时平均温度的最低值不得低于 26 ℃。

②建筑物冬季平均室温合格指标:建筑物冬季平均室温应在设计范围内,且所有受检房间逐时平均温度的最低值不应低于 16 ℃(已实行按热量计费、室内散热设施装有恒温阀且住户出于经济的考虑,自觉调低室内温度者除外),同时检测持续时间内房间平均室温不得高于 20 ℃。

(6)检测报告内容

检测报告应包含以下内容:

①工程名称、委托单位、施工单位等工程信息。

②检测标准依据。

③检测日期。

④所用设备的型号、系列号等。

⑤建筑物外部空气温度。

5.2.2 风管系统各风口的风量检测

(1)仪器设备

检测设备采用电子风量罩,其应该在标定后使用。设备宜具有自动采集和存储数据功能,并可以和计算机接口。其外观及主要技术参数见表5.2。

表5.2 建筑工程用电子风量罩的主要技术参数

序 号	主要项目	参 数
1	量程	$85 \sim 3\,400$ m³/h
2	精准度	送风 ±3% 读数,排风 ±4% 读数
3	分辨率	0.01 m³/h

(2)检测程序

①风系统平衡度的检测应在正常运行后进行,且所有末端应处于全开状态。

②风系统检测期间,受检风系统的总风量应维持恒定且为设计值的 100% ~ 110%。

③系统支路风量测试应从系统的最不利环路开始,检测各支路的比值。

(3)检测结果计算及表示

风系统平衡度应按式(5.10)计算:

$$FHB_j = \frac{G_{wm,j}}{G_{wd,j}} \tag{5.10}$$

式中 FHB_j——第 j 个支路处的风系统平衡度;

　　$G_{wm,j}$——第 j 个支路处的实际风量,m³/h;

　　$G_{wd,j}$——第 j 个支路处的额定风量,m³/h,各型号盘管的额定风量见表5.3所示;

　　j——支路处编号。

(4)检测结果评价

风口风量的实际测试值与额定风量的偏差不大于15%的为合格。

表5.3 各型号盘管的额定风量

规　　格	额定风量(m³/h)
FP—34	340
FP—51	510
FP—68	680
FP—85	850
FP—102	1 020
FP—136	1 360
FP—170	1 700
FP—204	2 040
FP—238	2 380

（5）检测报告内容

检测报告至少应包括以下内容：

①工程名称及工程概况。

②委托单位。

③检测单位及人员名单。

④所用超声波流量计的型号、系列号等。

⑤检测日期及时间。

⑥室外温度。

⑦检测区域位置。

⑧检测参数。

⑨检测结果。

⑩检测机构。

⑪结论及建议。

⑫如需补充检测、调查,则需提供进一步检测的方案。

5.2.3 通风与空调系统的总风量检测

（1）仪器设备

①风量、风压测量仪表:毕托管和微压计,当动压小于10 Pa时,风量测量推荐用风速计。

②温度测量仪表:玻璃水银温度计、电阻温度计或热电偶温度计。

③大气压力测量仪表:大气压力计。

（2）检测程序

①系统和机组正常运行,并调整到检测状态。

②通风机出口的测定截面积位置应靠近风机,风机风压为风机进出口处的全压差,风机的风量为吸入端风量和压出端风量的平均值,且风机前后的风量之差不应大于5%。

③测定截面应选在气流比较均匀稳定的地方。一般都选在局部阻力之后大于或等于4

倍管径(或矩形风管大边尺寸)和局部阻力之前大于或等于1.5倍管径(或矩形风管大边尺寸)的直管段上,当条件受到限制时,距离可适当缩短,且应适当增加测点数量。测定截面内测点的位置和数目,主要根据风管形状而定,对于矩形风管,应将截面划分为若干个相等的小截面,并使各小截面尽可能接近于正方形,测点位于小截面的中心处,小截面的面积不得大于0.05 m²。在圆形风管内测量平均速度时,应根据管径的大小,将截面分成若干个面积相等的同心圆环,每个圆环上测量4个点,且这4个点必须位于互相垂直的两个直径上。

风量测定方法应符合:测量断面应选择在机组出口或入口直管段上,距上游局部阻力管件2倍以上管径的位置,其中机组风压的测量断面必须选择在靠近机组的出口或入口处。

④断面测点布置:矩形断面测点数的确定及布置方法见表5.4和图5.2,圆形断面测点数的确定及布置方法见表5.5和图5.3。

表5.4　矩形断面测点位置

纵线数	每条线上点数	测点距离 X/A 或 X/H
5	1	0.074
	2	0.288
	3	0.500
	4	0.712
	5	0.926
6	1	0.061
	2	0.235
	3	0.437
	4	0.563
	5	0.765
	6	0.939
7	1	0.053
	2	0.203
	3	0.366
	4	0.500
	5	0.634
	6	0.797
	7	0.947

注:①当矩形长短边比<1.5时,至少布置25个点,见图5.2。对于长边>2 m时,至少应布置30个点(6条纵线,每条线上5个点)。
②对于长短边比≥1.5时,至少应布置30个点(6条纵线,每条线上5个点)。
③对于长短边比≤1.2时,可按等截面划分小截面,每个小截面边长200~250 mm。

表5.5　圆形截面测点布置

风管直径 圆环个数	≤200	200~400	400~700	≥700
	3	4	5	5~6
测点编号	测点到管壁的距离(r的倍数)			
1	0.1	0.1	0.05	0.05
2	0.3	0.2	0.20	0.15
3	0.6	0.4	0.30	0.25
4	1.4	0.7	0.50	0.35
5	1.7	1.3	0.70	0.50
6	1.9	1.6	1.30	0.70
7	—	1.8	1.50	1.30
8	—	1.9	1.70	1.50
9	—	—	1.80	1.65
10	—	—	1.95	1.75
11	—	—	—	1.85
12	—	—	—	1.95

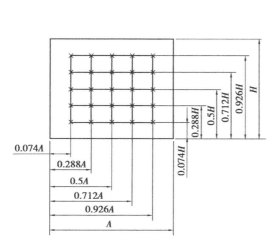

图5.2　矩形风管25个点的布置

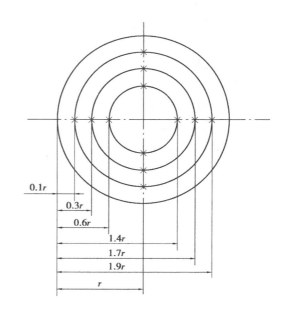

图5.3　圆形风管3个圆环时的测点布置

(3)检测结果计算及表示

①平均动压。一般情况下,可取各测点的算术平均值作为平均动压。当各测点数据变化较大时,应按式(5.11)计算动压的平均值。

$$P_v = \left(\frac{\sqrt{P_{v1}} + \sqrt{P_{v2}} + \cdots + \sqrt{P_{vn}}}{n} \right)^2 \qquad (5.11)$$

式中　P_v——平均动压,Pa;

　　　　$P_{v1}, \cdots, P_{vn}$——各测点的动压,Pa。

②断面平均风速。断面风速按下式(5.12)计算:

$$V = \sqrt{\frac{2P_v}{\rho}} \qquad (5.12)$$

式中　V——断面平均风速,m/s;

　　　　ρ——空气密度,kg/m³,按式(5.13)计算;

$$\rho = 0.349B/(273.15 + t) \qquad (5.13)$$

式中　B——大气压力,Pa;

　　　　t——空气温度,℃。

③机组或系统实测风量。机组或系统实测风量按式(5.14)计算:

$$L = 3\,600VF \qquad (5.14)$$

式中　F——断面面积,m²;

　　　　L——机组或系统风量,m³/h。

(4)检测结果评价

系统总风量的实际测试值与设计值的偏差不大于10%为合格。

(5)检测报告内容

检测报告至少应包括以下内容:

①工程名称及工程概况。

②委托单位。

③检测单位及人员名单。

④所用设备的型号、系列号等。

⑤检测日期及时间。

⑥风口风速,风压,流量。

⑦室内温度。

⑧大气压力。

⑨检测区域位置。

⑩检测参数。

⑪检测结果。

⑫检测机构。

⑬结论及建议。

⑭如需补充检测、调查,则需提供进一步检测的方案。

5.2.4　空调机组的水流量检测

(1)仪器设备

检测设备采用超声波流量计,应在标定后使用。设备应能显示瞬时流量或累计流量,或能自动存储、打印数据,或可以和计算机接口。其外观和主要技术参数见表5.6。

表5.6 建筑工程用超声波流量计的主要技术参数

序 号	主要项目	参 数
1	量程	0 ~ 30 m/s
2	精准度	± 0.5% F.S
3	分辨率	0.01 m/s

(2)检测程序

①流量计安装位置如图5.4所示。

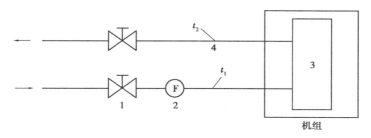

图5.4 流量计安装示意图

1—流量调节阀;2—流量计;3—蒸发器;4—温度计

②冷水机组运行正常,系统负荷不宜小于设计负荷60%,且运行机组负荷不小于80%,处于稳定状态。

③冷冻水出水温度应在6~9 ℃。

④水冷冷水机组和直燃机冷水机组的冷却水进口温度应在29~32 ℃;风冷冷水机组要求室外干球温度在32~35 ℃。

⑤检测管段需要有前10D后5D的长直管段,并且不应有阀门。

⑥测量的流体需充满管道,且没有气泡和杂质。

⑦测量管道的内径。

⑧在水平管道的水平方向的45°范围内安装,在垂直管道上,检测器安装到管道的四周。

⑨根据被试机组水量选择合适的水路,进行水管路连接,注意将不用一侧管路上的阀门关闭。

⑩打开水泵,察看是否漏水。检查完毕后,对测试管路进行保温,保温厚度应不小于30 mm。

(3)检测结果计算及表示

根据测量的流速、管道的管径大小,按式(5.15)确定机组的水流量。

$$Q = AV \tag{5.15}$$

式中 Q——空调机组水流量,m^3/s;

A——测量管段横截面积,m^2;

V——管道内流速流速,m/s。

（4）检测结果评价

空调机组水流量的实际测试值与设计值的偏差不大于20%的为合格。

（5）检测报告内容

检测报告至少应包括以下内容：

①工程名称及工程概况。

②委托单位。

③检测单位及人员名单。

④所用超声波流量计的型号、系列号等。

⑤检测日期及时间。

⑥出水温度，流量。

⑦管径大小。

⑧室内温度。

⑨大气压力。

⑩检测区域位置。

⑪检测参数。

⑫检测结果。

⑬检测机构。

⑭结论及建议。

⑮如需补充检测、调查，则需提供进一步检测的方案。

5.2.5 空调系统冷热水、冷却水总流量检测

（1）仪器设备

检测设备采用超声波流量计，应在标定后使用。设备应能显示瞬时流量或累计流量，或能自动存储、打印数据，或可以和计算机接口。其外观和主要技术参数见表5.7。

表5.7　建筑工程用超声波流量计的主要技术参数

序　　号	主要项目	参　　数
1	量程	0～30 m/s
2	精准度	±0.5%F.S
3	分辨率	0.01 m/s

（2）检测程序

①流量检测流程如图5.5所示。

②冷水机组运行正常，系统负荷不宜小于设计负荷60%，且运行机组负荷不小于80%，处于稳定状态。

③冷冻水出水温度应在6～9 ℃。

④水冷冷水机组和直燃机冷水机组的冷却水进口温度应在29～32 ℃；风冷冷水机组要求室外干球温度在32～35 ℃。

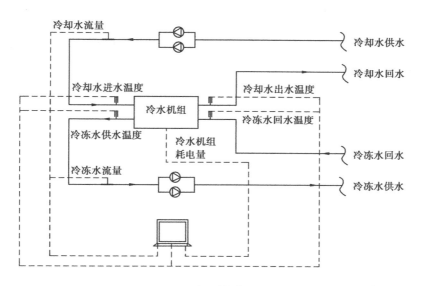

图 5.5 流量检测流程图

⑤排除机组系统内不凝性气体并确认没有制冷剂的泄露。

⑥系统内应有足够的按使用说明书的要求符合有关标准规定的润滑油量以使制冷剂压缩机内保持正常运转。

⑦机组试验系统应设置必要的温度计套管和压力表引出接头等。

⑧试验用的测试设备和仪表不应妨碍机组的正常运转和操作。

⑨机组蒸发器冷凝器和油冷却器等的水侧应清洗干净。

⑩机组使用的水质应符合 GB 50050 的规定。风冷式和蒸发冷却式机组的环境应充分宽敞。

⑪检测管段需要有前 10D 后 5D 的长直管段。

⑫检测管段应为 30D 范围内没有泵和阀门的直管段。

⑬测量的流体需充满管道,且没有气泡和杂质。

⑭必须有一个安全的空间在管道的一侧,并且知道管道的内径。

⑮在水平管道的水平方向的 45°范围内安装,在垂直管道上,检测器安装到管道的四周;设备只需进行水路的连接,根据被试机组水量选择合适的水路,进行水管路连接,注意将不用的一侧水管路上的阀门关闭。

⑯连接完毕后,打开测试水泵,察看是否漏水。检查完毕后,对测试管路进行保温,保温厚度应不小于 30 mm,且注意连接法兰的保温。

（3）检测结果计算及表示

根据测量的流速及管道的管径大小,按式(5.16)确定系统的冷热水以及冷水流量。

$$Q = AV \tag{5.16}$$

式中 Q——空调机组水流量,m^3/s;

A——测量管段横截面积,m^2;

V——管道内流速流速,m/s。

冷却水流量的检测参照冷热水流量的检测以及计算方法。

（4）检测结果评价

空调系统冷热水、冷却水总流量的实际测试值与设计值的偏差不大于10%的为合格。

（5）检测报告内容

检测报告至少应包括以下内容：

①工程名称及工程概况。

②委托单位。

③检测单位及人员名单。

④所用超声波流量计的型号、系列号等。

⑤检测日期及时间。

⑥出水温度,流量。

⑦管径大小。

⑧室内温度。

⑨大气压力。

⑩检测区域位置。

⑪检测参数。

⑫检测结果。

⑬检测机构。

⑭结论及建议。

⑮如需补充检测、调查,则需提供进一步检测的方案。

5.2.6 平均照度与照明功率密度检测

（1）仪器设备

①用于照明检测量的照度计宜为光电池式照度计。按接收器的材料,照度计可分为硒光电池式和硅光电池式的照度计。

②照明测量宜采用精确度为二级以上的照度计(指针式或数字式)。

③照度计的检定应按 JJG 245—81《光照度计》进行。

（2）检测程序

①检测准备：

a.检验照明设施与所规定标准的符合情况。

b.调查照明设施与设计条件的符合情况。

c.进行各种照明设施的照明比较的调查。

②一般照明时测点的平面布置：

a.预先在测定场所打好网格,做测点记号,一般室内或工作区为 2~4 m 正方形网格。对于小面积的房间可取 1 m 的正方形网格。

b.对走廊、通道、楼梯等处在长度方向的中心线上按 1~2 m 的间隔布置测点。

c.网格边线一般距房间各边 0.5~1 m。

③局部照明时测点布置。局部照明时,在需要照明的地方测量。当测量场所狭窄时,选择其中有代表性的一点;当测量场所宽阔时,可按以下方法布点：

a. 无特殊规定时,一般为距地0.8 m的水平面。

b. 按需要规定的平面和高度。

c. 对走廊和楼梯,规定为地面或距地面15 cm以内的水平面。

④测量条件:

a. 测量时先用大量程档数,然后根据指示值大小逐步找到需测的档数,原则上不允许在最大量程的1/10范围内测定。

b. 指示值稳定后读数。

c. 要防止测试者人影和其他各种因素对接收器的影响。

d. 在测量中宜使电源电压不变,在额定电压下进行测量,如做不到,在测量时应测量电源电压,当与额定电压不符时,则应按电压偏差对光通量变化予以修正。

e. 为提高测量的准确性,一测点可取2~3次读数,然后取算术平均值。

⑤为减少测量工作量,推荐如表5.8所示的满足10%以下精度的最少测点数。

表5.8 最少测点数表

序 号	室形指数(按式5.17计算)	测点数
1	<1	4
2	1~2	9
3	2~3	16
4	≥4	25

$$室形指数 = \frac{LW}{H(L+W)} \qquad (5.17)$$

式中　L——房间长度,m;

　　　W——房间宽度,m;

　　　H——工作面以上灯具出光口高度,m。

(3)检测结果计算及表示

将测定范围以纵横线等间隔划分为等面积的网格,以每个网格中心一点的照度测量值求出全部测量范围的平均照度值,即按式(5.18)求其平均照度。

$$\overline{E} = \frac{\sum E_i}{MN} \qquad (5.18)$$

式中　$\overline{E}$——平均照度,lx;

　　　E_i——各网格中心点的照度;

　　　MN——在纵横方向的网格数。

照明功率密度对照表参照GB 50034中第6.1章节。

(4)测评结果评价

平均照度的实际测试值与设计值或规定值的偏差不大于10%的为合格。

(5)检测报告内容

检测报告至少应包括以下内容:

①工程名称及工程概况。

②委托单位。

③检测单位及人员名单。

④所用照度计的型号、系列号等。

⑤检测日期及时间。

⑥检测区域位置。

⑦检测参数。

⑧检测结果。

⑨检测机构。

⑩结论及建议。

⑪如需补充检测、调查,则需提供进一步检测的方案。

第6章 空调系统检测

本章主要介绍空调系统的检测,包括空调水系统性能检测、空调末端性能检测、空调冷热源性能检测、空调系统能效比测评及建筑环境检测。

6.1 空调水系统性能检测

空调水系统按其功能可分为冷冻水系统、热水系统、冷却水系统和冷凝水系统等。本节空调水系统性能检测主要针对的是冷冻水泵、冷却水泵及水系统回水温度的检测。

6.1.1 水泵性能检测

水泵检测的目的不是确定水泵本身是否为高效产品,而是在水泵的实际工作状况下通过对水泵流量、扬程和电机功率等参数的实测,从而得到其运行效率,分析水泵实际运行工况点偏离设计工况点的程度。若水泵效率偏离高效区较远,则可考虑更换水泵,并给出合理的水泵选型及进一步采用节能技术后的节能潜力。

1)水泵流量检测

流量是指单位时间内流经封闭管道或明渠有效截面的流体量,又称瞬时流量。当流体量以体积表示时称为体积流量;当流体量以质量表示时称为质量流量。由于流体的体积受流体工作状态的影响,所以在使用体积流量时,必须同时给出流体的压力和温度。为便于以后计算方便,建议采用体积流量,通常用 G 表示,单位为 m^3/s。

(1)流量检测方法的主要分类及原理

由于流量检测的复杂性和多样性,流量检测的方法有很多,据估计目前至少已有上百种方法,但其大致可以分为 3 类。

①容积法。在单位时间内以标准固定体积对流动介质连续不断地进行度量,以排出流体的固定容积数来计算流量。特点:受流体流动状态影响较小,适用于测量高黏度、低雷诺数的流体。基于容积法的流量检测仪表有:椭圆齿轮流量计、腰轮流量计、皮膜式流量计等。

②速度法。此种方法又称流速法,其原理是先测出管道内的平均流速,再乘以管道的截面积求得流体的体积流量。特点:可用于各种工况下的流体流量的测量,但是受管路条件影响较大,流动产生的涡流以及截面上流速分布不对称等都会影响测量精度。基于速度法的流量检测仪表有:超声波流量计(利用超声波在流体中的传播速度决定于声速和流速的矢量和而制成)、压差式流量计、涡轮式流量计、电磁式流量计等。

③质量流量法。此方法有直接法和间接法两类。直接法是利用检测元件直接输出质量流量;间接法则是利用两个检测元件分别测出两个相应参数,再通过运算间接获得流体的质量流量。由于质量流量法不受被测流体的温度、压力变化的影响,也不受重力加速度的影响,因此很大程度上提高了测量的准确度。

以下将主要介绍基于速度法的超声波流量计的工作原理及检测方法。

测试状态稳定后开始测量。每隔 5~10 min 读数一次,连续测量 30 min,取每次读数的平均值作为测试的测定值。

(2)超声波流量计检测方法

超声波流量计的测量原理是超声波在流体中的传播速度会随被测流体速度变化而变化。该方法适用于管道管径为 20~500 mm 的各种介质的流量测量,测量精度一般在 0.5%~1%。

其一般使用方法如下:

①选择合适的管段。为了保证测量的尽可能准确,选择测量管段时应尽可能地远离泵、阀门等流动紊乱的地方,通常测点应远离泵的下游50D(管道公称直径)以上,远离阀门的下游 12D 以上。同时为了避免弯头的影响,测点必须在直管段上,其上游侧应有至少 12D 的直管段,下游侧应至少有 5D 的直管段(这一点可能在实际测量中无法满足,但需要注意)。

②测量被测管段的外径、内径(或壁厚)。多数情况下由于测量手段的限制,只能测出管道的外径,但是由于内径或壁厚也需作为测量依据输入流量计,于是需通过其他途径获取这些数据。通常这些数据可以通过阅读施工图获得。由于实际中多采用标准管径的管道,也可以由表 6.1 得出。

表 6.1　采暖空调常用管道尺寸数据

公称直径(mm)	25	32	40	50	70	80	100
外径(mm)	32	38	45	57	76	89	108
壁厚(mm)	2.5	2.5	2.5	3.5	3.5	3.5	4
公称直径(mm)	125	150	200	250	300	350	400
外径(mm)	133	159	219	273	325	377	426
壁厚(mm)	4	4.5	6	7	8	9	9

③选择测量方式。将测得的数据输入流量计即可得出测头的安装距离,然后选择测量方式。测量一般有"V"形和"Z"形两种方式,如图 6.1 所示。通常情况下采用前者,因为其误差相对较小且便于操作。如果管道内壁过于粗糙或者介质中杂质含量过多,导致信号过弱无法稳定读数,可以采用"Z"形测量方式。

图 6.1　超声波流量计测量方法

④安装测头。测头的安装是能否正确读数的关键。为了避开气泡干扰,通常将测头安

装在水平 ±45°的范围内,如图 6.2 所示。其安装的步骤如下:

a. 割去保温层。

b. 打磨管壁,磨去测点处管壁上的铁锈和油漆,露出
金属表面,好的测点应大小合适、平整光洁。

c. 在测点处的管壁上涂抹油脂(黄油、锂基脂等)作
为耦合剂,油脂应涂抹均匀,不宜太厚;但当管径太小、信
号太强导致难以测量时可适当增加油脂的厚度。

d. 按照之前流量计给出的距离安置测头。

e. 固定测头。

f. 测量读数:将流量计设为读数状态,应该有数字显

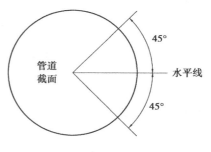

图 6.2 测点位置范围示意图

示。针对没有流量显示、瞬时流量的数字十分不稳定或稳定在明显偏离实际情况的点,应重
新调整测头再进行测量。

通常流量计可以给出瞬时流量和累积流量。对较大流量,应当取一段时间(通常 3 ~
5 min)内的积分值,再对时间进行平均;对于较小流量,这种做法可能导致较大的舍入误差,
此时简单观测瞬时流量的变化即可读出较为准确的流量数值。

⑤现场还原。在测量工作结束之后,若一段时间不进行测量,应当将管道表面的凝水擦
拭干净(油脂可保留),然后将保温层还原。

2)水泵扬程检测

扬程是水泵所抽送的单位质量液体通过泵所获得的能量的增值。泵的扬程包括吸程在
内,近似为泵出口和入口压力差,为水泵能够扬水的高度,通常用 H 表示,单位是 m。离心泵
的扬程以叶轮中心线为基准,由两部分组成。从水泵叶轮中心线至水源水面的垂直高度,即
水泵能把水吸上来的高度,叫做吸水扬程,简称吸程;从水泵叶轮中心线至出水池水面的垂
直高度,即水泵能把水压上去的高度,叫做压水扬程,简称压程,即水泵扬程 = 吸水扬程 + 压
水扬程。

(1)压力检测方法的主要分类及原理

压力的单位为国际通用帕(Pa)或巴(bar),1 Pa = 1 N/m^2 = 105 bar。常用的压力单位还
有标准大气压、工程大气压、水柱及水银柱高度。一个标准大气压为高度等于 760 mmHg 所
作用的压力,扬程的测量经常需要用到压力单位帕(Pa)和水柱高度 H 的单位变换。

根据测压转换原理的不同,压力检测方法大致可分为 3 种。

①平衡法压力检测。压力平衡法是通过仪表使液柱高度的重力或砝码的重量与被测压
力相平衡的原理测量压力,后者常被用作检验压力表的方法。

②弹性法压力检测。弹性法压力检测是利用各种形式的弹性元件,在被测介质的表压
力或负压力(真空)作用下产生的弹性变形(一般表现为位移)来反映被测压力的大小。

③电气式压力检测。电气式压力检测方法一般是用压力敏感元件直接将压力转换成电
阻、电荷量等电量的变化。

测量压力的仪表类型也很多,按其转换原理的不同,大致可以分为液柱式压力计、活塞
式压力计、电气式压力计和弹性式压力计 4 种。

本书介绍的水泵扬程检测是基于弹性式压力计的检测方法。

（2）水泵扬程检测方法

公共建筑的中央空调系统和采暖系统一般均在水泵的进出口设有压力测点，如图6.3所示。利用原有管路上的测孔，安装满足精度要求的压力表后读取压力值，水泵扬程采用式（6.1）计算。

$$H = 0.102(P_2 - P_1) + \Delta p + \Delta h \tag{6.1}$$

式中　P_2——距离水泵出口最近的测孔的压力值，kPa；

　　　P_1——距离水泵入口最近的测孔的压力值，kPa；

　　　ΔP——两个压力测孔之间的阻力部件的压降，m，如两个测孔之间无阻力部件，则此值为零，当有如逆止阀或除污器等，则按照该部件的阻力系数通过计算得到；

　　　Δh——两个压力测孔之间的高度差，m。

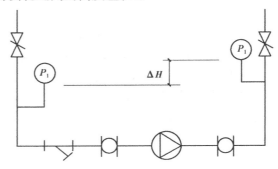

图6.3　水泵扬程测量测点位置示意图

注：①压力表量程的选择：一般在被测压力较稳定的情况下，最大工作压力不应超过仪表满量程的3/4；在被测压力波动较大或脉动压力时，最大工作压力不应超过仪表满量程的2/3。为了保证测量准确度，最小工作压力不应低于满量程的1/3。当被测压力变化范围大，最大和最小工作压力可能不能同时满足上述要求时，选择仪表量程应首先要满足最大工作压力条件。

②压力表精度的选择：压力表的精度主要根据生产允许的最大误差来确定，即要求实际被测压力允许的最大绝对误差应小于仪表的基本误差。另外，在选择时应坚持节约的原则，只要测量精度能满足生产的要求，就不必追求用过高精度的仪表。在水泵扬程的检测中，一般精度的压力表就能满足要求。

③有的水泵进出口没有预设压力测孔，但装有检测压力表。此时可直接利用已安装压力表数据按式（6.1）计算水泵扬程。

由于上节已介绍了水泵流量和扬程的检测方法，现在只需测出水泵的电机输入功率即可通过计算得到水泵实际运行效率。

3）水泵电机功率检测

在单位时间内，机器所做功的大小叫做功率，通常用 N 来表示。电动机的功率单位通常用千瓦（kW）表示。本节将主要介绍基于 MS2203 三相钳形数字功率表的功率检测方法。

MS2203 三相钳形数字功率表是一手持式智能功率测量仪表，集数字电流表和功率测量仪于一体，能完成电压、电流、有功功率、功率因数、视在功率、无功功率、电能和频率8个参数的测量、计算和显示。该仪表性能稳定、操作简便，可进行三相三线、三相四线和单相线路输入测量，尤其适用于现场电力设备以及供电线路的测量和检修。故在本节水泵电功率检测中选择介绍基于此仪表的检测方法。

（1）基本参数

每种电机系统均消耗两大功率,分别是真正的有用功及电抗性的无用功。功率因数是有用功与总功率间的比率。功率因数越高,有用功与总功率间的比率便越高,系统运行则更有效率。在交流电路中,电压与电流之间的相位差 ϕ 的余弦叫做功率因数,用符号 $\cos\phi$ 表示,在数值上,功率因数 $\cos\phi = P/S$。式中,P 表示的是有功功率,单位为千瓦（kW）;S 表示的是视在功率,单位为千伏安（kVA）,它包括有功功率和无功功率两部分,其中无功功率用 Q 表示,单位为乏（kVar）。

水泵电功率检测的目的是测量水泵电机的输入功率,也就是水泵电机的有功功率,即 $N = P$。

水泵电机多采用三相交流电动机,其定子绕组为三相对称负载。基于三相对称负载的三相电路电压、电流、功率参数及其计算式介绍如下:

①三相电路中电压及电流。在三相电路中,电压可分为相电压 U_P 与线电压 U_L 两类,前者为三相输电线（火线）与中性线间的电压,后者为三相输电线各线（火线）间的电压,单位为 V;电流同样也分为相电流 I_P 与线电流 I_L 两类,前者为三相电路中流过每相负载的电流,后者为从电源引出的 3 根火线中的电流,单位为 A。在三相对称电路中,对应于不同的负载连接方法,相电压（电流）与线电压（电流）有不同的数值关系:

星形连接时,$U_L = \sqrt{3}U_P$,$I_L = I_P$;

三角形连接时,$U_L = U_P$,$I_L = \sqrt{3}I_P$。

②有功功率。有功功率即电机有用功,为电能用于做功而消耗在电阻元件上的功率。对于三相电路来说,不论负载是星形连接或是三角形连接,电路是对称或是不对称,总的有功功率必定等于各相有功功率之和。因此三相总功率为:

$$P = P_U + P_V + P_W = U_U I_U \cos\phi_U + U_V I_V \cos\phi_V + U_W I_W \cos\phi_W$$

式中,ϕ 角是相电压与相电流之间的相位差。对于对称负载,每相的有功功率相等。则三相总功率计算式为:

$$P = 3P_P = 3U_P I_P \cos\phi/1\,000 \tag{6.2}$$

式中　P——总有功功率,kW;

　　　U_P——相电压,V;

　　　I_P——相电流,A;

　　　$\cos\phi$——功率因数。

实际上,三相电路的相电压和相电流有时难以获得,而我们又知道,在三相对称电路中,负载星形连接时,$U_L = \sqrt{3}U_P$,$I_L = I_P$;负载三角形连接时,$U_L = U_P$,$I_L = \sqrt{3}I_P$,所以无论负载是星形连接或三角形连接,都有

$$3U_P I_P = \sqrt{3}U_L I_L$$

所以式（6.2）又可表示为式（6.3）:

$$P = \sqrt{3}U_L I_L \cos\phi/1\,000 \tag{6.3}$$

式中　P——总有功功率,kW;

U_L——线电压,V;

I_L——线电流,A;

U_P——相电压,V;

I_P——相电流,A;

$\cos \phi$——功率因数。

③无功功率。无功功率即电机电抗性的无用功。电机是依靠建立交变磁场才能进行能量的转换和传递,为建立交变磁场和感应磁通而需要的电功率称为无功功率。因此,所谓的"无功"并不是"无用"的电功率,只不过它的功率并不转化为机械能、热能而已。有功功率与三相交流电压、电流间的关系式为:

$$Q = 3U_pI_p\sin \phi/1\,000 = \sqrt{3}U_LI_L\sin \phi/1\,000 \tag{6.4}$$

式中　Q——无功功率,kVar;

U_L——线电压,V;

I_L——线电流,A;

U_P——相电压,V;

I_P——相电流,A。

④视在功率。视在功率即有功功率和无功功率之和,它不表示交流电路实际消耗的功率,只表示电路可能提供的最大功率或电路可能消耗的最大有功功率。视在功率与三相交流电压、电流间的关系式为:

$$S = 3U_pI_p/1\,000 = \sqrt{3}U_LI_L/1\,000 \tag{6.5}$$

式中　S——视在功率,kVA;

U_L——线电压,V;

I_L——线电流,A;

U_P——相电压,V;

I_P——相电流,A。

根据三角函数的关系式可得:

$$P^2 + Q^2 = S^2$$

或

$$S = \sqrt{P^2 + Q^2}$$

因此,可以用一个直角三角形来表示 S,形成一个所谓功率三角形。

MS2203 三相钳形数字功率表可直接读出水泵电机各相的有功功率和功率因数,按式(6.2)各相有功功率相加即可得到电机总有功功率;也可通过对电机线电压和线电流的检测,结合功率因数按式(6.3)计算得出电机总有功功率的数值。

(2)检测方法

下面主要介绍 MS2203 三相钳形数字功率表三相三线制负载的测量。如前所述,水泵电机为三相交流电动机,其定子绕组为三相对称负载,故对电机总有功功率的检测只需测量三相电路中的任一相即可。

①仪表连接。按照表6.2的连接方法,分别将 V1 端/黄色测试笔、V2 端/绿色测试笔、

V3 端/红色测试笔接在三相负载的每一相火线上。

表6.2 仪表连接方法

功能开关	输入端（＋）		测量对象
Φ1 档	V1 插孔	黄色测试笔	第一相
Φ2 档	V2 插孔	绿色测试笔	第二相
Φ3 档	V3 插孔	红色测试笔	第三相

②仪表读数。先将功能转换旋钮置于 Φ1 档（第一相）位置，并将仪表钳口钳在负载的第一相的被测导线上，然后通过选择仪表功能键即可实现电压、电流和有功功率、功率因数的测量读数。

按下［V/Hz］键，则显示器的上行显示电压测量结果，下行显示当前频率值。

按下［A］键，则显示器的上行显示电流测量结果。

按下［kW/PF］键，则显示器的上行显示有功功率测量值，下行显示功率因数测量值。

Φ2 档，Φ3 档测量方法同 Φ1 档。

任一相测量完成后即可得到所需参数，然后按照式（6.1）或式（6.2）即可计算得到水泵电机的输入功率 N。

4）水泵效率计算

测试工况下水泵的运行效率应不低于设计和设备铭牌值的 90%，所有开启的循环水泵均应进行测试。

测试得到水泵流量、扬程和电机输入功率后，水泵的输送效率 η_P 可按照式（6.6）计算。

$$\eta_P = \frac{1\,000\rho g G \times H}{N} \tag{6.6}$$

式中 G——水泵流量，$\mathrm{m^3/s}$；

H——水泵扬程，m；

ρ——水的密度，$\mathrm{kg/m^3}$，可根据水温由物性参数表查取；

g——自由落体加速度，$g = 9.8\ \mathrm{m/s^2}$；

N——水泵电机输入功率，kW。

得到水泵流量、扬程、电机功率及水泵实际运行效率等参数后即可对其实际运行工况进行分析，完成检测任务。

6.1.2 水系统回水温度一致性检测

水系统回水温度一致性检测针对的是集中采暖空调水系统。通过检验回水温度，可间接检验系统水力平衡的状况。

集中采暖空调水系统各主分支路回水温度最大差值在检测持续时间内不应大于 1 ℃，由于水系统的集水器一般设在机房内，便于操纵，故仅规定与水系统集水器相连的支路，且各主支路均应进行检验。检测方法应符合如下规定：

①受检支路应为系统主分支环路,检测位置为机房内系统集水器处,可在各支路温度表上直接读出温度数值。

②检测持续时间应不少于24 h,检测数据记录间隔应不大于1 h。因为24 h代表一个完整的时间循环,便于得到比较全面的结果;将1 h作为数据的记录时间间隔的限值首先是需要考虑到对实际水系统的运行进行动态评估,另一方面实施起来较容易。

6.2 空调末端性能检测

空调末端运行状况的好坏直接关系到房间内余热量、余湿量的处理效果,影响空调房间中人们的舒适性。当空调效果差时,不仅会引起空调使用者的投诉,同时也会使能耗增加。用于处理空气的组合式空调机组、柜式空调机组、新风机组、单元式空调机组、风机盘管等的电机功率虽然比水泵小,但是由于数量多,其电耗在建筑总能耗中的比重也很大。因此,对于组合式空调机组的供冷量、供热量、风量、风压等参数也要进行检测,以判断其能否满足实际运行的需要。

本节空调末端性能检测主要包括风机、组合式空调机组及风机盘管机组性能检测、风系统平衡度检测等内容,其中组合式空调机组性能检测部分介绍了系统新风量检测方法。

6.2.1 风机性能检测

风机性能检测的目的不是确定风机本身是否为高效产品,而是通过对风机实际运行工况下的风机风量、风压及电功率等参数的测量,分析其和设计工况点的偏离情况,并得到被测风机的单位风量耗功率。风机节能的途径首先是维护保养,避免出现皮带或叶轮损坏等问题。

1)风机风量检测

风机风量的测定应在风机的压出端和吸入端的测定断面上分别进行,然后取其平均值作为风机的风量,且风机前后的风量之差不应大于5%。

风机风量的检测可以设计出多种测量方案。具体采用哪种方案应根据实验目的、流体流动状态、参数量程范围、测量技术条件等进行选择和确定。对于气体流量的测量,如本章水泵流量检测部分所述,多采用的是速度式流量检测方法,即先测出管道内的平均流速$\bar{v}$,再乘以管道的断面面积A,就可以依据式(6.7)求得气体的体积流量G。

$$G = A \times \bar{v} \tag{6.7}$$

式中　G——气体体积流量,m^3/s;

A——风道断面面积,m^2;

$\bar{v}$——风道内平均风速,m/s。

(1)流速检测

流体速度是描述流动现象的主要参数,它的测量方法有很多,目前常用的有4种。

①机械方法。该方法是根据置于流体中的叶轮的旋转角速度与流体的流速成正比的原理来进行流速测量的。机械式风速仪就是利用叶轮测量流速的最简单的实例。

机械式风速仪可用来测量仪表所在位置的气流速度,也可用于大型管道中气流的速度场,尤其适用于相对湿度较大的气流速度的测定。利用机械式风速仪测定流速时,必须保证风速仪的叶轮全部放置于气流流速之中,其叶片的旋转平面和气流方向的偏差如在 ±10° 角的范围以内,则风速仪的读数误差不大于 1%。如果偏转角度再增大,将使测量误差急剧增加。

②散热率法。其原理是将发热的测速传感器置于被测流体中,利用发热的测速传感器的散热率与流体流速成比例的特点,通过测定传感器的散热率来获得流体的流速。目前最常用的利用散热率法测量流速的仪表为热线风速仪。

热线风速仪是利用被加热的金属丝(称为热线)的热量损失来测量气流速度的。风速仪的热线探头是惠斯顿电桥的一臂,由仪器的电源给金属丝供电。当被测流体通过被电流加热的金属丝或金属膜时,会带走热量,使其温度降低。金属丝的温度降低程度取决于流过金属丝的气流速度。

由热线风速仪内部关系式可知,被测流体的速度是流过热线的电流和热线电阻(温度)的函数,因此只要固定电流和电阻两个参数的任何一个,就可以获得流体速度与另一参数的单值函数关系。热线风速仪又可分为两种形式:

a. 恒流型热线风速仪。恒流型热线风速仪的工作原理是人为地用一恒值电流对热线加热,由于流体对热线对流冷却,且冷却能力随流速的增大而加强,当流速呈稳态时,则可根据热线电阻值的大小(即热线温度的高低)确定流体的速度。它的优点是电路比较简单,可根据热电偶测得的热线温度在仪表上直接读出气流速度。但是此类风速仪的测速探头在变温变阻状态下工作,故存在容易使敏感元件老化、稳定性差等问题。

b. 恒温型热线风速仪。恒温型热线风速仪的工作原理是在热线工作过程中,始终保持热线的温度不变,则可通过流经热线的电流值来确定流体的速度。热敏电阻恒温型风速仪就是根据这个原理制成的。其风速测头采用珠状热敏电阻,直径约为 0.5 mm,体积小,对气流的阻挡作用小,热惯性小,灵敏度高,可测的低风速下限可至 0.04 m/s。热敏电阻恒温型风速仪可用来测量常温、常湿条件下的清洁空气气流的速度。

③动力测压法。不可压缩流体压力和速度的动力测压法的基础是压力沿流线不变。只要测得流动气体总压(静压和动压之和)和静压(流体压力)之差(动压)以及流体的密度,就可以确定流体速度的大小。为了测得确定流体流速的压差,可以采用下列不同的方法:

a. 利用总压管、静压管,分别测量流体的总压和静压,以确定流体速度。

b. 利用毕托管同时测量流体的总压和静压(或两者之差),以确定流体流速。

由测压管、连接管和显示或记录仪表 3 部分组成的测压系统,就可以测量流体的流速。

④激光测速法。自 1964 年叶(Yeh)和柯明斯(Cummins)第一次利用激光多普勒效应测得层流管速的速度分布以来,激光多普勒测速技术得到不断发展。利用激光多普勒技术测量流体速度的仪器称为激光多普勒测速仪,其原理是利用随流体运动的微粒散射光的多普勒效应来获得速度信息。

由于这种测速技术是测量流体中随流粒子的速度而间接地确定流体速度,有时为了得到足够的较强散射光,必须在流体中散播适当尺寸和浓度的粒子,这给测量工作带来一定的麻烦。利用这种仪器测量速度场,必须在被测设备上设置透光窗,并且使光线不可能有效地达到任何位置,加上仪器价格昂贵,所以其应用受到限制,在风机风速检测中一般不使用。

（2）风管内风量的测定

通过对风管内风速的测量即可通过计算得到其风量。风机风量的测定部位一般均在风管内,具体方法如下:

①测定断面的选择。在测定风管风量之前,首先要选择合适的测定断面位置,以减少气流扰动对测量结果的影响。要使测定位于气流平直、扰动小的直管段上。当测量断面设在弯头、三通等局部阻力构件后面时(沿气流方向),距这些部件的距离应为 4～5 倍管道直径(或风道长边)。当测量断面设在弯头、三通等局部阻力构件前面时,距这些部件的距离应为 1.5～2 倍管道直径(或风道长边)。在现场测量条件允许时,离这些部件的距离越远,气流越平稳,对测量越有利。当条件受到限制时,此距离可适当缩短,但应增加测定位置。但是,测量断面距局部阻力部件的最小距离至少是管道直径(或风道长边)的 1.5 倍。具体如图 6.4 所示。

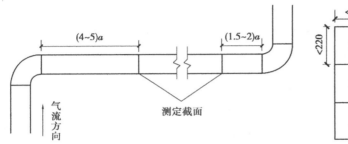

图 6.4 风道测定截面示意图

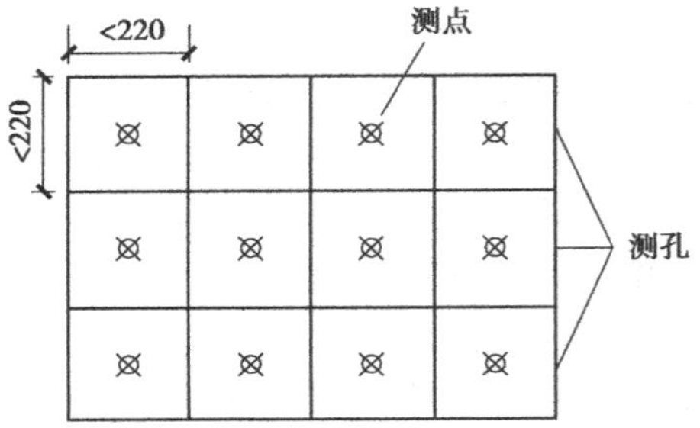

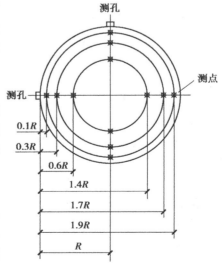

图 6.5 矩形风道断面测点布置

②测点的布置。由于流体的黏性作用,气流速度在管道断面的分布是不均匀的,一般不能只用一个点的速度值代表断面速度,而必须在同一断面上多点测量,取其平均值。

对于矩形风道,应将其截面平均分成若干个正方形或接近正方形的矩形区域,在每个区域的中心测量风速并取平均值。每个矩形区域不宜过大,一般要求小块的面积不大于 0.05 m²(即边长不大于 220 mm),数目不少于 9 个,如图 6.5 所示。

对于圆形风道,应将测定断面划分为若干面积相等的同心圆环,在位于各圆环面积的等分线上、且相互垂直的两个半径上布置 2 个或 4 个测孔,如图 6.6 所示。风道中心到各测点的距离计算方法比较繁琐,可由表 6.3 近似给出。

③风管测定断面的风速测量。确定测定断面及测点布置位置后,即可采用测定方法测量气流风速。常用的测定管道内风速的方法分为间接式和直读式两类。

a.用毕托管测量管道内风速。此方法属动力测压

图 6.6 圆形风道断面测点布置

174

法,为间接式测量方法。

液体、气体的压力是指垂直作用于单位面积上的力。在静止气体中,由于不存在切向力,故这个力与所取面积的方向无关,称为静压。对于运动流体而言,静压可用垂直于流体运动方向单位面积上的作用力来衡量。总压是指流体在某点速度等熵滞止到零时所达到的压力,又称滞止压力。流体产生滞止的点称为临界点。所谓滞止压力,在理论上定义为在没有外力作用时,流体速度绝热地减到零时所产生的压力,此时流体的全部动能全部绝热地转变为压力能。根据伯努利方程,总压 P_q 与静压 P_j 之差称为动压 P_d。

表 6.3 圆形风管测定断面内各测点与管壁的距离

直径(mm)		200 以下	200~400	400~700	700 以上
圆环数		3	4	5	6
测点编号	1	0.1R	0.1R	0.05R	0.05R
	2	0.3R	0.2R	0.2R	0.15R
	3	0.6R	0.4R	0.3R	0.25R
	4	1.4R	0.7R	0.5R	0.35R
	5	1.7R	1.3R	0.7R	0.5R
	6	1.9R	1.6R	1.3R	0.7R
	7	—	1.8R	1.5R	1.3R
	8	—	1.9R	1.7R	1.5R
	9	—	—	1.8R	1.65R
	10	—	—	1.95R	1.75R
	11	—	—	—	1.85R
	12	—	—	—	1.95R

毕托管是能同时测得流体总压、静压或二者之差(动压)的复合测压管。毕托管的特点是结构简单,使用、制造方便,价格便宜,只要精心制造并严格标定和适当修改,在一定的速度范围之内,它可以达到较高的测量精度。其测量原理如图6.7所示。

各测点流速与动压关系式如式(6.8)所示。

$$P_d = \frac{\rho v^2}{2} \tag{6.8}$$

式中 P_d——管道内测点的动压,Pa;

v——管道内测点的流速,m/s;

ρ——管道内空气的密度,kg/m³。

风管测定断面的平均风速是测定断面上各测点流速的平均值,为了便于应用,可将式(6.8)写成式(6.9)的形式。

$$\bar{v} = \sqrt{\frac{2}{\rho}} \left[\frac{\sqrt{P_{d_1}} + \sqrt{P_{d_2}} + \cdots + \sqrt{P_{d_n}}}{n} \right] \tag{6.9}$$

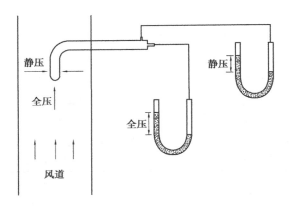

图 6.7 毕托管测量原理图

式中 $\bar{v}$——测定断面平均风速,m/s;

n——测点数,个;

ρ——管道内空气的密度,kg/m^3;

$\sqrt{P_{d_n}}$——管道内各测点动压,Pa。

在测定时,当存在有局部涡流或气流倒流时,某些测点的动压值可能出现零或者负数。计算平均风速时可将负值当作零处理,测点数仍应包含动压值为零或负值在内的全部测点数。根据上式即可计算得到测定断面平均风速。

b.用热线风速仪测量管道内风速。此方法属散热率法,为直读式测量方法。

当气流速度较小时,间接式方法的测定误差较大。故对于气流速度小于 4 m/s(即动压小于 10 Pa)的管道可用直读式方法测定风管内的风速。用热线风速仪测量风速的断面划分与毕托管相同,这些仪器可以直接显示瞬时流速,此时断面上的平均风速可按照算术平均值计算。

④管道内空气流量的计算。经过测量、计算得到风管测定断面平均风速$\bar{v}$后,即可将测点断面截面积 A 及$\bar{v}$代入式(6.7)计算得到气流体积流量 $G(\text{m}^3/\text{s})$。

2)风机风压检测

风机风压为风机进风和出风的全压差,采用式(6.10)求得风机全压。

$$P = P_2 - P_1 \tag{6.10}$$

式中 P——风机全压,Pa;

P_2——风机出口全压,Pa;

P_1——风机入口全压,Pa。

风机压力≥500 Pa 时,毕托管应连接 U 形管压力计;风机压力 <500 Pa 时,毕托管应连接斜管压力计。

当风机进风和出风段有较长直管道时,可利用毕托管(或总压管)直接测得其进风和出风的全压,具体测量方法同上。

当风机进风和出风段没有较长的直风道条件时,由于在风道断面上静压变化较小,可在某一断面上单独测出静压 P_j,然后将风量测量结果中得到的风速按式(6.8)求得动压 P_d,相

加得到全压。静压 P_j 的测量采用静压环法,具体方法如下:

①在测量截面管壁上将相互成 90° 分布的 4 个静压孔的取压接口连接成静压环,将压力计一端与该环连接,另一端和周围大气相通。压力计的读值为该截面的静压。

②管壁上静压孔直径应取 1 ~ 3 mm,孔边必须呈直角,且无毛刺,取压接口管的内径应不小于两倍静压孔直径。当采用圆柱形风道时,4 个孔应等距分布在圆周上。当采用矩形风道时,该孔应位于 4 个侧面的中心位置。

③静压环的测孔连接方法如图 6.8 所示。

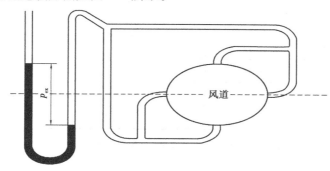

图 6.8 静压环测孔连接示意图

④当用皮托管测量截面上的静压时,应重复 3 次,取平均值。

3)风机电机功率检测

风机电机功率检测与水泵电机功率检测基本相同,具体方法参考水泵电机功率检测部分,可得到风机电机输入功率 N。

4)风机单位风量耗功率及效率计算

(1)风机效率计算

测试得到风机风量、风压及电机输入功率后,风机实际运行工况下的输送效率 η_f 按照式(6.11)计算。

$$\eta_f = \frac{G \times P}{1\,000 \times N} \tag{6.11}$$

式中　G——风机风量,m^3/s;

　　　P——风机风压,Pa;

　　　N——风机电机输入功率,kW。

(2)风机单位风量耗功率计算

《公共建筑节能设计标准》5.3.26 条规定,风机单位风量耗功率的限值由表 6.4 得出。

单位风量耗功率 W_S 的定义为风机输入功率与风机风量之比,可按式(6.12)进行计算。

$$W_S = \frac{N}{3.6G} = \frac{P}{3\,600\eta_f} \tag{6.12}$$

式中　W_S——单位风量耗功率,$W/(m^3 \cdot h^{-1})$;

　　　G——风机风量,m^3/s;

N——风机电机输入功率,kW;

P——风机全压值,Pa;

η_f——风机实际输送效率。

测量、计算得到各参数后即完成检测任务。

表6.4　风机单位风量耗功率限值

系统型式	办公建筑		商业、旅馆建筑	
	粗效过滤	粗、中效过滤	粗效过滤	粗、中效过滤
两管制定风量系统	0.42	0.48	0.46	0.52
四管制定风量系统	0.47	0.53	0.51	0.58
两管制变风量系统	0.58	0.64	0.62	0.68
四管制变风量系统	0.63	0.69	0.67	0.74
普通机械通风系统	0.32			

注:①普通机械通风系统中不包括厨房等需要特定过滤装置的房间的通风系统;

　　②严寒地区增设预热盘管时,单位风量耗功率可增加 0.035 W/(m³·h⁻¹);

　　③当空气调节机组内采用湿膜加湿法时,单位风量耗功率可增加 0.053 W/(m³·h⁻¹)。

6.2.2　组合式空调机组性能检测

组合式空调机组是由各种空气处理功能段组装而成的不带冷、热源的一种空气处理设备,这种机组适用于风管阻力大于 100 Pa 的空调系统。机组空气处理功能段有:空气混合、均流、过滤、冷却、一次和二次加热、去湿、加湿、送风机、回风机、喷水、消声、热回收等单元体。按结构型式分类,可分为卧式、立式、吊顶式和混合式;按用途特征分类,可分为通用机组、新风机组、变风量机组、净化机组和专用机组(如屋顶机组、地铁用机组和计算机房专用机组等)。对于不同分类的机组,其检测方法基本相同。

本节检测的主要参数包括:组合式空调机组的风量、风压、空气侧供冷量、供热量、漏风量和机组的电机功率及水侧供冷量和供热量。对于制热工况采用蒸汽系统的机组,此处不作要求。

系统新风量检测方法与组合式空调机组风量检测方法相同,根据新风系统的布置的不同,抽取新风系统进行测试,抽检数量按照总量的 20% 且不能少于 1 个。其风量的偏差应在设计风量的 ±10% 规定范围内。

1)组合式空调机组风量检测

组合式空调机组风量应为吸入端风量和压出段风量的平均值,且机组前后的风量之差不应大于 5%。

组合式空调机组的额定风量为在标准空气状态下,每小时通过机组的空气体积流量(单位为 m³/h),可用来定义机组的基本规格。其中,标准空气状态是指温度 20 ℃、压力 101.3 kPa、密度 1.2 kg/m³ 时的空气状态。其实际工况下风量的检测内容与风机风量检测基本相同,且可认为是在标准空气状态下进行的。若必须将检测结果 G 换算为标准空气状态下的风量 G_0,可按式(6.13)进行。

$$G_0 = \frac{G\rho}{1.2} \tag{6.13}$$

式中　G_0——标准空气状态下风量,m^3/h;

　　　G——实际检测风量,m^3/h;

　　　ρ——实际检测工况下空气密度,kg/m^3。

需要注意的是测量截面应选择在机组入口及出口直管段上,距上游局部阻力管件2倍以上管径的位置。具体方法参考风机风量检测部分。应重复进行3次测量,取其平均值。

2)组合式空调机组风压检测

机组全压为机组克服自身阻力后在出风口处的动压和静压之和,单位为 Pa。机组进口和出口静压应选择靠近机组接管处直接测量。组合式空调机组在其进风和出风口处的风压检测内容与风机风压检测基本相同,具体方法参考风机风压检测部分。应重复进行3次测量,取其平均值。

3)组合式空调机组空气侧供冷量和供热量检测

风路系统中需要进行空气流量,干、湿球温度及空气压力测量。机组运行稳定后开始进行测量,连续测量30 min,每隔10 min记录各参数,取每次读数的平均值作为计算参数。

(1)空气流量及压力检测

组合式空气机组风量检测方法如上所述。需要注意的是,此处压力检测的目标是测量截面的静压,其静压孔和静压环的做法如上所述。

(2)进出口空气干、湿球温度检测

干球温度是温度计在普通空气中所测出的温度,即我们一般天气预报里常说的气温,用符号 T 表示,单位为℃。湿球温度是指同等焓值空气状态下,空气中水蒸气达到饱和时的空气温度,在空气焓湿图上是由空气状态点沿等焓线下降至100%相对湿度线上,对应点的干球温度,用符号 T_w 表示,单位为℃。空气的干、湿球温度可应用干-湿球温度计测量。

干球温度计是一支普通的温度计,而湿球温度计头部被尾端浸入水中的专用纱布包裹。当空气流过时,干球温度计指示出空气温度 T(或称为干球温度),而湿球温度计反映的是纱布中水的温度,这个温度值称湿球温度 T_w。如果空气是未饱和的,纱布中的水将向空气蒸发而使水温降低。空气与水之间的温差导致空气向吸液芯中的水传热,从而阻止水温的不断下降。这样,在达到平衡时,湿球温度 T_w 总是低于干球温度 T,但比空气的露点温度 T_d 高。湿球温度 T_w 的值取决于上述蒸发和传热过程的速率,并主要受空气的相对湿度的影响。如果空气是饱和的,那么蒸发过程不会发生,从而传热过程也不会发生,这时湿球温度和干球温度是相同的。空气的相对湿度愈小,湿球温度降低愈甚。气流的速度对上述蒸发和传热过程都有影响,因而对湿球温度值也有一定的影响,但实验表明,当气流速度为 2~10 m/s 时,流速对湿球温度值影响很小。通过所测得的空气温度和湿球温度,即可在焓—湿图中由定干球温度线和定湿球温度线的交点确定湿空气的状态,得到空气相对湿度、含湿量 d、焓值 i 等参数。

空气参数也可按如下计算式求得。

①空气焓值 i 可按式(6.14)计算。

$$i = 1.01T + 0.001d(2\ 501 + 1.85T) \tag{6.14}$$

式中　i——空气焓值,kJ/kg(a);

　　　T——空气干球温度,℃;

　　　d——空气含湿量,g/kg(a)。

②空气含湿量 d 可按式(6.15)计算。

$$d = 622\frac{\varphi P_T}{B - \varphi P_T} \tag{6.15}$$

式中　d——空气含湿量,g/kg(a);

　　　φ——空气相对湿度,%;

　　　P_T——空气温度等于 T ℃时饱和水蒸气分压力,kPa;

　　　T——空气干球温度,℃;

　　　B——大气压力,kPa。

③空气相对湿度可按式(6.16)计算。

$$\varphi = \frac{P_{T_w} - 0.000\ 662B(T - T_w)}{P_T} \times 100\% \tag{6.16}$$

式中　φ——空气相对湿度,%;

　　　P_{T_w}——空气温度等于 T_w ℃时饱和水蒸气分压力,kPa;

　　　T_w——空气湿球温度,℃;

　　　P_T——空气温度等于 T ℃时饱和水蒸气分压力,kPa;

　　　T——空气干球温度,℃;

　　　B——大气压力,kPa。

④饱和水蒸气压力可按式(6.17)计算。

$$\lg P_T = 2.005\ 717\ 3 - 3.142\ 305\left(\frac{10^3}{\Theta} - \frac{10^3}{373.16}\right) + 8.2\lg\frac{373.16}{\Theta} -$$
$$0.002\ 480\ 4(373.16 - \Theta) \tag{6.17}$$

式中　P_T——空气温度等于 T ℃时饱和水蒸气分压力,kPa;

　　　Θ——空气开尔文温度,K,$\Theta = 273.15 + T$。

进口空气温湿度检测时,可分为以下 3 种情况:

①当测量截面是盘管或喷水段时,应在其上游 200 mm 的截面上布点。可将该截面平均划分为 6~9 个等面积的小矩形,在各小矩形中心测量空气干球温度和湿球温度,取其平均值作为空气进口状态值。

②当测量截面是在机组进风管上时,可采用空气取样或截面上平均布点的方式测量空气干球温度和湿球温度。截面平均布点的方法同上,空气取样法多用于机组精确性能试验,可参考《空气冷却器与空气加热器性能试验方法》(JG/T 21—1999)进行。

③当试验采用室外空气进风时,可以只在进风口附近单点测量空气干球温度和湿球温度。

出口空气温湿度检测方法同上,多在机组出风管上测量。

如上所述,测得机组进出口空气的干、湿球温度后,即可得到进出口空气的相对湿度、含湿量(d_1,d_2)、焓值(i_1,i_2)等参数。

注:①机组进口空气状态参数测量截面应尽量选择在盘管或喷水段的进截面上。

②机组处于制热工况时,由于进出口空气含湿量不变,故可以只检测出口处空气的干球温度。

③读取湿球温度时,必须保证流过湿球的风速为 3.5 ~ 10.0 m/s,最好在 5 m/s 左右,读取数据时湿球应达到蒸发平衡。

④测量湿球温度必须使用专用纱布和蒸馏水,并经常更换。

⑤如条件允许,可使用多参数通风表直接测得空气干球温度和相对湿度确定空气焓值。

(3)供冷量和供热量计算

①供冷量 Q_c 可按式(6.18)计算。

$$Q_c = \frac{G_c \rho_c}{3\,600}(i_{1c} - i_{2c}) \tag{6.18}$$

式中　Q_c——机组供冷量,kW;

　　　G_c——实测风量,m³/h;

　　　ρ_c——制冷工况下检测环境中湿空气密度,kg/m³;

　　　i_{1c}——机组制冷工况下进口湿空气的焓值,kJ/kg(a);

　　　i_{2c}——机组制冷工况下出口湿空气的焓值,kJ/kg(a)。

②供热量 Q_h 可按式(6.19)计算。

$$Q_h = \frac{G_h \rho_h}{3\,600}(i_{2h} - i_{1h}) \tag{6.19}$$

式中　Q_h——机组供热量,kW;

　　　G_h——实测风量,m³/h;

　　　ρ_h——制热工况下检测环境中湿空气密度,kg/m³;

　　　i_{1h}——机组制热工况下进口湿空气的焓值,kJ/kg(a);

　　　i_{2h}——机组制热工况下出口湿空气的焓值,kJ/kg(a)。

注:检测环境中湿空气密度一般情况下可近似按相同大气压力及温度下干空气的密度处理。不能近似处理时,可按式(6.20)计算湿空气密度。

$$\rho = \frac{P_a\left(1 + \frac{R_v}{R_a}d\right)}{R_a \Theta} \tag{6.20}$$

式中　ρ——湿空气密度,kg/m³;

　　　P_a——当地大气压力,Pa;

　　　d——湿空气含湿量,kg/kg(a);

　　　R_v——水蒸气气体常数,461 J/(kg·K);

　　　R_a——干空气气体常数,287 J/(kg·K);

　　　Θ——环境的开尔文温度,$\Theta = T + 273.15$,K。

将 R_v 和 R_a 代入式(6.20)可得式(6.21),可直接按式(6.21)计算。

$$\rho = \frac{P_a(1 + 1.606d)}{287\Theta} \quad (6.21)$$

制冷量与制热量计算公式(6.14)与式(6.15)可采用进出口湿空气平均密度$\bar{\rho}$代入计算。

4)组合式空调机组电机功率检测

组合式空调机组电机功率检测与水泵电机功率检测基本相同(具体方法参考水泵电机功率检测部分),可得到组合式空调机组电机输入功率 N。

5)组合式空调机组单位风量耗功率计算

根据空调通风系统的布置和机组额定风量的不同,抽取组合式空调机组进行测试,抽检数量按照总量的20%,不同风量的组合式空调机组检测数量不能少于1台。

组合式空调机组单位风量耗功率的计算及单位风量耗功率限值见风机单位风量耗功率及效率计算部分。

注:组合式空调机组单位风量耗功率计算时,风压P为风机全压值,并非组合式空调机组的全压。

6)组合式空调机组漏风率检测

组合式空调机组漏风率定义为机组漏风量与额定风量之比,用%表示。其一般规定为:

①机组内静压保持700 Pa时,机组漏风率不大于3%;

②用于净化空调系统的机组,机组内静压应保持1 000 Pa,洁净度低于1 000级时,机组漏风率不大于2%;洁净度高于等于1 000级时,机组漏风率不大于1%。

(1)漏风量检测

漏风量检测装置的安装应按照图6.9所示进行。对于多进风口机组,应将各进风口汇集成一个测量风管,进风口至流量测量断面应严密,不允许漏气。当检测布置采用图6.9(a)时,应保证测量风管内的气流速度≥6.5 m/s,测量管的管径≥100 mm。测量管的管径<100 mm时,检测布置如图6.9(b)所示。

多孔整流栅与整流金属网应符合以下规定:

①多孔整流栅。整流栅栅格(正方形)节距t应取测试管路内径D的1/12～1/4,其轴向长度l应大于或等于栅距的3倍,如图6.10所示。

②整流金属网。整流金属网的网丝直径d应根据管路面积、管路内的压力大小和网丝的刚度选取。网的外圈不得用扁铁圈或任何圆环进行强补。设置在管路内的整流金属网的流通面积比应在0.45～0.6内,相应尺寸由式(6.22)确定。其示意图见图6.11。

$$\frac{A_h}{A_p} = \left(1 - \frac{d}{t}\right) \quad (6.22)$$

式中　A_h——整流金属网流通面积,m²;

　　　A_p——整流金属网所在管路面积,m²;

　　　d,t——分别为整流金属网的网丝直径和间距如图6.11所示,m。

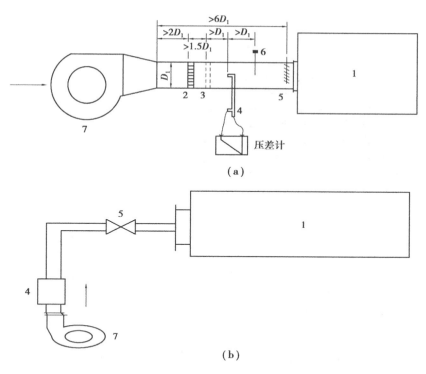

图6.9 漏风量检测布置示意图

1—机组;2—多孔整流栅;3—整流金属网;4—流量测量装置;
5—节流器;6—温度计;7—辅助风机

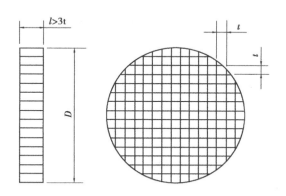

图6.10 多孔整流栅示意图

连接好检测装置后即可开始检测,步骤如下:

①将机组的各个出风阀全部关闭加以密封,使之不漏气。

②调节进风口或流量测量管段上的节流装置,使风机段内的压力值为700 Pa,净化机组为1 000 Pa。风机段压力值可在风机段壁面上测量。

③在测量风管上,用上述流量测量方法测得的风量,即是机组的漏风量 G_1。

(2)漏风率计算

机组的漏风率可按式(6.23)计算得到:

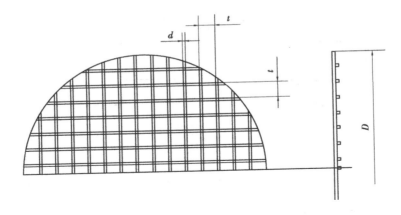

图 6.11　整流金属网示意图

$$e = \frac{G_{l0}}{G_0} \times 100\% \tag{6.23}$$

式中　e——机组漏风率,%;

　　　G_{l0}——标准空气状态下机组漏风量,m^3/h;

　　　G_0——标准空气状态下机组试验风量,m^3/h。

机组的实际漏风量 G_l 与机组试验风量 G 与标准空气状态下机组漏风量 G_{l0} 和机组试验风量 G_0 的转换按式(6.13)进行。当然,也可不转换,直接按实测风量代入计算。

7)组合式空调机组水侧供冷量和供热量检测

水路系统中需要进行机组水流量及进出水温度检测。机组运行稳定后开始进行测量,连续测量 30 min,每隔 10 min 记录各参数,取每次读数的平均值作为计算参数。

(1)水流量及水温检测

组合式空调机组水路系统检测参数包括进机组的水流量和水温。其水温可由进机组管路上的温度计直接读出,水流量检测内容与水泵流量检测基本相同,具体方法参照水泵流量检测部分。

(2)供冷量和供热量计算

①供冷量 Q_{wc} 可按式(6.24)计算。

$$Q_{wc} = GC_{pw}(t_{w2} - t_{w1}) \tag{6.24}$$

式中　G——通过机组水的质量流量,kg/s;

　　　C_{pw}——水的定压比热,kJ/(kg·K);

　　　t_{w1}——水进口水温,℃;

　　　t_{w2}——水出口水温,℃。

②供热量 Q_{wh} 可按式(6.25)计算。

$$Q_{wh} = GC_{pw}(t_{w1} - t_{w2}) \tag{6.25}$$

式中　G——通过机组水的质量流量,kg/s;

　　　C_{pw}——水的定压比热,kJ/(kg·K);

　　　t_{w1}——水进口水温,℃;

t_{w2}——水出口水温,℃。

6.2.3 风机盘管机组性能检测

风机盘管机组主要由低噪声电机、盘管等组成。风机将室内空气或室外混合空气通过表冷器进行冷却或加热后送入室内,使室内气温降低或升高,以满足人们的舒适性要求,盘管内的冷(热)媒水由机器房集中供给。风机盘管机组在高档转速下的基本规格应符合表6.5和表6.6的规定。

表6.5 高档转速下风机盘管基本规格

规 格	额定风量(m³/h)	额定供冷量(W)	额定供热量(W)
FP—34	340	1 800	2 700
FP—51	510	2 700	4 050
FP—68	680	3 600	5 400
FP—85	850	4 500	6 750
FP—102	1 020	5 400	8 100
FP—136	1 360	7 200	10 800
FP—170	1 700	9 000	13 500
FP—204	2 040	10 800	16 200
FP—238	2 380	12 600	18 900

注:①机组的供冷量的空气焓降一般为15.9 kJ/kg。
②单盘管机组的供热量一般为供冷量的1.5倍。

表6.6 基本规格的输入功率和水阻

风量(m³/h)	输入功率(W)			水阻(kPa)
	低静压机组	高静压机组		
		30 Pa	50 Pa	
340	37	44	49	30
510	52	59	66	30
680	62	72	84	30
850	76	87	100	30
1 020	96	108	118	40
1 360	134	156	174	40
1 700	152	174	210	40
2 040	189	212	250	40
2 380	228	253	300	50

注:机组的电源为单相220 V,频率50 Hz。

风机盘管机组的性能检测一般采用见证取样检测方式,且需要在规定的试验工况下进行,故检测机构应拥有专业的风机盘管检测设备。本节主要介绍风机盘管性能检测的基本原理及其在性能试验室中实际检测的一般操作方法,其检测参数主要包括风机盘管机组的风量、出口静压、电机输入功率和供冷量、供热量及水路阻力。

检测中各参数应尽量满足规定试验工况,其读数的允许偏差应符合表6.7的规定。

表6.7 试验读数的允许偏差

项　目		单次读数与规定试验工况最大偏差	读数平均值与规定试验工况的偏差
进口空气状态	干球温度(℃)	±0.5	±0.3
	湿球温度(℃)	±0.3	±0.2
水温	供冷(℃)	±0.2	±0.1
	供热(℃)	±1.0	±0.5
	进出口水温差(℃)	±0.2	—
出口静压(Pa)		±2.0	—
电源电压(%)		±2.0	—

1)风机盘管机组风量、出口静压及输入功率检测原理

风机盘管机组额定风量和输入功率检测的试验工况参数应满足表6.8的要求。

表6.8 额定风量和输入功率的试验参数

项　目			试验参数
机组进口空气干球温度(℃)			14～27
供水状态			不供水
风机转速			高档
出口静压(Pa)	低静压机组	带风口和过滤器等	0
		不带风口和过滤器等	12
	高静压机组	不带风口和过滤器等	30 或 50
机组电源	电压(V)		220
	频率(Hz)		50

机组在表6.8规定的试验工况下按本节介绍的方法进行检测,风量实测值不应低于额定值的95%,输入功率实测值应不大于表6.6规定值的110%。

（1）检测装置

风机盘管机组风量检测装置由静压室、流量喷嘴、穿孔板、排气室(包括风机)组成,如图6.12所示。

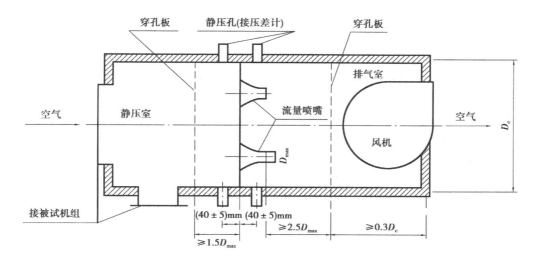

图 6.12　风机盘管机组风量检测装置

检测装置组装和使用时需要注意以下几点：

①流量喷嘴喉部速度必须为 15 ~ 35 m/s。

②多个喷嘴的布置方式如图 6.12 所示,即两个喷嘴中心之间距离不得小于 $3D_{max}$（D_{max} 为最大喷嘴喉部直径）,喷嘴距箱体距离不得小于 $1.5D_{max}$。

③穿孔板的穿孔率约为 40%。

④检测装置连接风机盘管的试验管段的断面尺寸与机组出口应相同。

⑤被试机组带空气进、出口格栅,空气过滤器（或网）等部件的试验时应安装,若带有旁通阀门则应关闭。

⑥暗装机组不带空气进、出口格栅,空气过滤器（或网）等部件,测量时机组出口静压应为 12 Pa。

风机盘管机组出口静压的测量采用静压环法,在机组出口截面上连接静压环,其具体要求和示意图见风机风压检测部分内容。

机组电机输入功率检测详见水泵电机功率检测部分内容,需要注意的是风机盘管机组采用的是单相电源。

（2）检测方法

机组应在高、中、低 3 档风量和规定的出口静压下测量风量、输入功率、出口静压和温度、大气压力。无级调速机组可仅进行高档下的风量测量。

高静压机组还应进行风量和出口静压关系的测量,得出高、中、低 3 档风量时的出口静压值。此关系也可按式（6.26）计算。

$$P_M = (L_M/L_H)^2 P_H \qquad P_L = (L_L/L_H)^2 P_H \qquad (6.26)$$

式中　P_H, P_M, P_L——机组高、中、低 3 档风量时的出口静压,Pa;

L_H, L_M, L_L——机组高、中、低 3 档风量,m³/h。

①风量测量。机组风量可通过对检测装置喷嘴的风量计算得到,单个喷嘴风量可按式（6.27）计算。

$$L_n = 3\ 600CA_n \sqrt{\frac{2\Delta P}{\rho_n}} \qquad (6.27)$$

式中　L_n——流经每个喷嘴的风量,m³/h;

　　　C——喷嘴流量系数,见表 6.9。喷嘴喉部直径≥125 mm 时,可设定 $C = 0.99$;

　　　A_n——喷嘴面积,m²;

　　　ΔP——喷嘴前后的静压差或喷嘴喉部的动压,Pa;

　　　ρ_n——喷嘴处空气密度,kg/m³。

喷嘴处空气密度 ρ_n 可按式(6.28)计算。

$$\rho_n = \frac{P_t + B}{287T} \qquad (6.28)$$

式中　P_t——机组出口空气全压,Pa;

　　　B——大气压力,Pa;

　　　T——机组出口空气热力学温度,K。

表 6.9　喷嘴流量系数

雷诺数 Re	流量系数 C	雷诺数 Re	流量系数 C
40 000	0.973	150 000	0.988
50 000	0.977	200 000	0.991
60 000	0.979	250 000	0.993
70 000	0.981	300 000	0.994
80 000	0.983	350 000	0.994
100 000	0.985		

注:$Re = \dfrac{\omega D}{v}$

　　式中　ω——喷嘴喉部气流速度,m/s;

　　　　　D——喷嘴喉部直径,m;

　　　　　v——空气的运动粘性系数,m²/s。

　　若采用多个喷嘴测量时,机组风量等于各单个喷嘴测量的风量总和 L,测量结果可按式(6.29)换算为标准空气状态下的风量(标准空气状态是指温度 20 ℃、压力 101.3 kPa、密度 1.2 kg/m³ 时的空气状态)。

$$L_s = \frac{L\rho_n}{1.2} \qquad (6.29)$$

　　②出口静压及电机输入功率测量。机组出口静压及电机输入功率测量应与风量测量同时进行,分别通过静压环读数和功率表检测得到。

2)风机盘管机组供冷量和供热量检测原理

　　风机盘管机组供冷量和供热量检测的试验工况参数应满足表 6.10 的要求。

　　机组在表 6.10 规定的试验工况下按本节介绍的方法进行检测,供冷量和供热量实测值不应低于额定值的 95%。

表 6.10　额定供冷量、供热量的试验工况参数

项　　目		供冷工况	供热工况
进口空气状态	干球温度(℃)	27.0	21.0
	湿球温度(℃)	19.5	—
供水状态	供水温度(℃)	7.0	60.0
	供回水温差(℃)	5.0	—
	供水量(kg/h)	按水温差得出	与供冷工况同
风机转速		高档	
出口静压(Pa)	低静压机组	0	
		12	
	高静压机组	30 或 50	

（1）检测装置

风机盘管机组供冷量和供热量一般采用房间空气焓值法进行检测,其装置由空气预处理设备、风路系统、水路系统及控制系统组成,如图 6.13 所示,整个试验装置应保温。

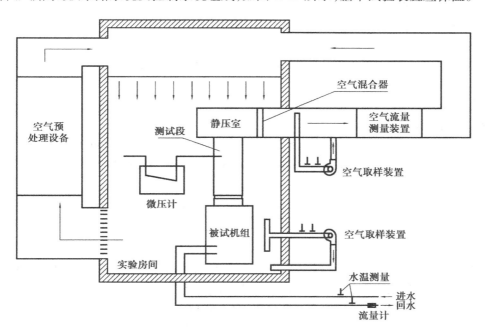

图 6.13　房间空气焓值法检测装置

①空气预处理设备。空气预处理设备应包括加热器、加湿器、冷却器及制冷装置等。空气预处理设备要有足够的容量,应能确保被试机组入口空气状态参数的要求。

②风路系统。风路系统由测试段、静压室、空气混合器、空气流量测量装置、静压环和空气取样装置等组成。测试段截面尺寸应与被试机组出口尺寸相同。机组组装方式与空气流

量测量装置相同,即被试机组带空气进出口格栅、空气过滤器或网等部件的试验时应安装,若带有旁通阀门则应关闭;安装机组不带空气空气进出口格栅、空气过滤器或网等部件,测量时机组出口静压应为 12 Pa。

风路系统应满足下列要求:

a. 便于调节机组测量所需的风量,并能满足机组出口所要求的静压值。

b. 保证空气取样处的温度、湿度、速度分布均匀。

c. 机组出口至流量喷嘴段之间的漏风量应小于被试机组风量的 1%。

d. 测试段和静压室至排气室之间应隔热,其漏热量应小于被试机组换热量的 2%。

③水路系统。水路系统包括空气预处理设备水路系统和被试机组水路系统。

a. 空气预处理设备水系统应包括冷、热水输送和水量、水温的控制调节处理功能。

b. 被试机组水系统应包括水温、水阻测量装置、水量测量、水箱和水泵、量筒(应能贮存至少 2 min 水量)及称重设备、调节阀等,水管应保温。

c. 水路系统要便于调节水量,并确保测量时水量稳定,同时还应确保测量时规定的水温。

(2)检测方法

按照表 6.10 规定的试验工况和房间空气焓值法检测装置进行风机盘管机组湿工况风量、供冷量和供热量测量。

①湿球温度测量。

a. 流经湿球温度计的空气速度在 3.5 ~ 10 m/s,最佳保持在 5 m/s。

b. 湿球温度计的纱布应洁净,并与温度计紧密贴住,不应有气泡,可用蒸馏水使其保持湿润。

c. 湿球温度计应安装在干球温度计的下游。

②供冷量和供热量测量。

机组供冷量和供热量测量时,只有在试验系统和工况达到稳定 30 min 后才能进行记录。连续测量 30 min,按相等时间间隔(5 min 或 10 min)记录空气和水的各参数,至少记录 4 次数值,测量期间内允许对试验工况参数做微量调节。

取每次记录的平均值作为测量值进行计算。应分别计算风侧和水侧的供冷量和供热量,两侧热平衡偏差应在 5% 以内为有效,取风侧和水侧的算术平均值为机组的供冷量或供热量。

a. 湿工况风量计算。标准空气状态下湿工况的风量同样可按式(6.27)和式(6.29)计算,不同点在于喷嘴处需采用湿空气的密度,可按式(6.30)计算。

$$\rho = \frac{(B + P_t)(1 + 0.001d)}{461T(0.622 + 0.001d)} \tag{6.30}$$

式中　P_t——机组出口空气全压,Pa;

B——大气压力,Pa;

T——机组出口空气热力学温度,K;

d——喷嘴处湿空气含湿量,g/kg。

b. 供冷量计算。风侧供冷量 Q_a 和显冷量 Q_{se} 可分别按式(6.31)和式(6.32)计算。

$$Q_{a} = \frac{L_{s}}{3\,600}\rho(i_{1} - i_{2}) \tag{6.31}$$

式中　L_{s}——标准状态下湿工况的风量，m^{3}/h；

　　　ρ——湿空气的密度，kg/m^{3}；

　　　i_{1}, i_{2}——被试机组进出口空气焓值，$kJ/kg(a)$。

$$Q_{se} = \frac{L_{s}}{3\,600}\rho C_{pa}(t_{a1} - t_{a2}) \tag{6.32}$$

式中　C_{pa}——空气定压比热，$kJ/(kg \cdot K)$；

　　　t_{a1}, t_{a2}——被试机组进出口空气温度，℃。

其余符号含义与式(6.31)定义相同。

水侧供冷量 Q_{w} 可按式(6.33)计算。

$$Q_{w} = GC_{pw}(t_{w2} - t_{w1}) - N \tag{6.33}$$

式中　G——供水量，kg/s；

　　　C_{pw}——水的定压比热，$kJ/(kg \cdot K)$；

　　　t_{w1}, t_{w2}——被试机组进出口水温，℃；

　　　N——输入功率。

实测供冷量 Q_{L} 可按式(6.34)计算。

$$Q_{L} = \frac{1}{2}(Q_{a} + Q_{w}) \tag{6.34}$$

式中　Q_{L}——被测机组实测供冷量，kW；

　　　Q_{a}——风侧供冷量，kW；

　　　Q_{w}——水侧供冷量，kW。

两侧供冷量平衡误差可按式(6.35)计算。

$$\left| \frac{Q_{a} - Q_{w}}{Q_{L}} \right| \times 100\% \leqslant 5\% \tag{6.35}$$

c. 供热量计算。风侧供热量 Q_{ah} 可按式(6.36)计算。

$$Q_{ah} = \frac{L_{s}}{3\,600}\rho C_{pa}(t_{a2} - t_{a1}) \tag{6.36}$$

水侧供热量 Q_{wh} 可按式(6.37)计算。

$$Q_{wh} = GC_{pw}(t_{w1} - t_{w2}) + N \tag{6.37}$$

实测供热量 Q_{h} 可按式(6.38)计算。

$$Q_{h} = \frac{1}{2}(Q_{ah} + Q_{wh}) \tag{6.38}$$

式中　Q_{h}——被测机组实测供热量，kW；

　　　Q_{ah}——风侧供热量，kW；

　　　Q_{wh}——水侧供热量，kW。

两侧供热量平衡误差可按式(6.39)计算。

$$\left| \frac{Q_{ah} - Q_{wh}}{Q_{h}} \right| \times 100\% \leqslant 5\% \tag{6.39}$$

3)风机盘管机组性能检测的一般操作方法

确认实验前准备工作按照操作说明书要求准确无误(特别是喷嘴的选择)后,按以下步骤进行:

(1)风量检测

①确认试验前准备工作无误。

②打开计算机,进入"制冷空调综合试验装置测试软件",选择相应试验类型按钮,按照提示和具体情况填写软件要求输入的项目(特别注意按实际打开喷嘴数来输入软件之中),并输入被试机的铭牌参数,请留意软件页面中的帮助信息。

③设定工况参数(环境间干湿球温度、出风静压等)并发送到调节仪表,运行试验程序。

④打开触摸屏画面中根据房间所需空气处理量选择"空调机风机高速"或"空调机风机低速",打开"进口取样风机",并选择适当的电加热。

除试验工况外,仪表内的其他参数一经设定,不得随意改动。风量试验工况干球温度按标准一般设在 20 ~ 21 ℃,湿球温度不作要求。

做风量试验时,注意将水管路阀门关上。风量试验结束后,注意记下被试机的输入功率,该功率在制冷和制热试验时需要输入。

(2)供冷量检测

①做完风量试验后,进入"制冷空调综合试验装置测试软件",选择相应试验类型按钮,按照提示和具体情况填写软件要求输入的项目(特别注意按实际打开喷嘴数来输入软件之中),并输入被试机的铭牌参数,请留意软件页面中的帮助信息。

②设定工况参数(环境间干湿球温度、进出水温度、出风静压等)并发送到调节仪表,输入风量试验的功耗,运行试验程序。

③打开触摸屏画面中根据房间所需空气处理量选择"空调机风机高速"或"空调机风机低速",打开"进口取样风机",并选择适当的电加热。

④在触摸屏中选择适当流量的样机水泵供水,并打开样机水泵变频器(此时最好将"水出口温度"调节表置为手动并观察软件采集的数据,使其接近额定流量)。在触摸屏画面中根据房间所需空气处理量选择"空调机风机高速"或"空调机风机低速",打开"进口取样风机",根据被试机的散热负荷选择打开制冷机的个数,并选择适当的电加热和电加湿(可以根据计算和实际情况选择开启固定电加热和固定电加湿)来使房间热湿负荷得以平衡。

⑤在触摸屏中根据被试机实际情况打开对应行的"引风机(大)"。

⑥在试验装置的风侧和水侧均运行起来后,按照被试机说明书要求的步骤运行被试机供冷工况。并根据被试机的辅侧负荷适当开启触摸屏画面中的冷水机组、恒温水箱的电加热,以使恒温水箱温度保持相对稳定。

⑦将室内侧干、湿球温度调节表均设为自动状态。为提高试验速度,可适当手动干预调节表使其尽快进入工况。加湿为电加湿,整箱加湿箱冷水烧开需要一段时间(30 min),为提高试验速度和节约能源,可以先将湿球温度调节设为手动,开启固定电加湿和可调电加湿(手动设为100%),待加湿箱水烧开后,停固定电加湿,将可调电加湿设为自动。

⑧待工况稳定后,在软件中选择"正式开始",计算机将自动记录试验数据,并将结果保

存起来,用户可以随时打印试验结果。

在制冷工况时,恒温水箱温度设为 5 ~ 7 ℃。当恒温水箱温度接近 5 ℃时,冷水机组进口温度较低,则出口温度会更低,注意冷水机组的防冻开关的设定不能太高,否则冷水机组会自动保护而跳机,使已经做了一半的工况跑掉。

(3)供热量检测

实际操作步骤同制冷试验。

制热工况的调节类似冷水机组的制热工况的调节,控制进水温度在 60 ℃,出水温度不控制,水流量按制冷试验的流量值调节。恒温水箱温度调节表可以设为 62 ~ 65 ℃,先开水箱固定和可调电加热,等恒温水箱温度接近 58 ℃时,再停固定电加热。让可调电加热热负荷与被试机散热负荷平衡,使恒温水箱温度保持相对稳定。因恒温水箱的温度为 60 ℃,温度较高,而电加热为 48 kW,因此需要加热一段时间。为节约能源,建议先开恒温水箱电加热和电加湿,待恒温水箱温度快接近设定值、加湿水箱快烧开时,再开空气处理系统。

(4)关机程序

①试验结束后,应首先关被试机、被试机供电、空气处理机中的电加热、电加湿、恒温水箱电加热、冷水机组和压缩冷凝机组。

②再过 1 ~ 2 min 关空气处理机的风机、被试机水泵变频器和被试机水泵。

③关"出口取样风机"和"进口取样风机"。

④关控制柜电源开关。

⑤关动力柜电源开关。

⑥关稳压电源及总配电柜电源。

6.2.4 风系统平衡度检测

风系统平衡度应满足总风量实际测试值与设计值的偏差不大于 10%、各风口的实际测试值与设计值的偏差不应大于 10% 的要求。当 90% 的风系统检测结果满足上述要求时应判为合格,否则应判为不合格。

1)检测数量

每个主风系统都应进行风系统平衡度检测。

对于支路系统,当支路系统小于 5 个时应全数检测,当支路系统多于 5 个时,应按照近端 2 个、中间区域 2 个、远端 2 个的原则进行选择性检测。

2)检测方法

风系统平衡度的检测应在系统正常运行后进行,且所有末端应处于全开状态,检测期间受检系统的总风量应维持恒定且为设计值的 100% ~ 110%。

系统风量的检测方法参照风机风量检测及风口风量检测部分,系统支路风量测试应从系统的最不利环路开始,检测各支路的比值。

3)风系统平衡度计算

风系统平衡度可按式(6.40)计算。

$$FHB_j = \frac{G_{wm,j}}{G_{wd,j}} \tag{6.40}$$

式中　FHB_j——第 j 个支路处的风系统平衡度;

　　　　$G_{wm,j}$——第 j 个支路处的实际风量,m^3/h;

　　　　$G_{wm,j}$——第 j 个支路处的设计风量,m^3/h;

　　　　j——支路编号。

6.3　空调冷热源性能检测

　　空调系统冷热源是通过管道将各种设备组成制备冷媒或热媒的热力系统,是暖通空调系统的心脏。冷源设备主要包括各种形式的冷水机组,热源设备主要包括锅炉、电热式热源、常压中央热水机组等,此外,还有冷热源一体化设备,如热泵机组、吸收式制冷机组等。冷却塔也可归为冷源的组成部分之一,其功能为排除冷冻机冷凝侧的热量。本节介绍常用的冷水(热泵)机组、冷却塔的性能及冷源系统能效比检测。

6.3.1　冷水(热泵)机组性能检测

　　冷水(热泵)机组主要检测参数有机组制冷(制热)量、电机功率和性能系数。

　　冷源及水系统性能各项性能检验均应在下列测试工况下进行:

　　①冷水机组运行正常,系统负荷宜不小于设计负荷60%,且运行机组负荷宜不小于80%,处于稳定状态。

　　②冷冻水出水温度应为 6 ~ 9 ℃。

　　③水冷冷水机组和直燃机冷水机组的冷却水进口温度应为 29 ~ 32 ℃;风冷冷水机组要求室外干球温度为 32 ~ 35 ℃。

　　2 台以下(含 2 台)同型号机组,至少抽取一台机组;3 台以上(含 3 台)同型号机组,至少抽取两台机组。测试状态稳定后,开始按如下介绍方法测量,每隔 5 ~ 10 min 读一次数,连续监测 60 min,取连续监测数值的平均值作为测试的测定值。

1)冷水(热泵)机组制冷(热)量检测

　　冷水(热泵)机组的制冷(热)量计算需要机组进出水温度、通过机组水流量等参数。

　　(1)机组水流量及进出水温度检测

　　机组水流量检测可在进组的进出水管处进行,其检测内容与水泵流量检测基本相同,具体方法参照水泵流量检测部分。检测后即可得到机组水流量 G_w(单位为 m^3/s),其进出水温度可直接在机组处读出,包括蒸发器和冷凝器两部分的进出水温度。

　　(2)制冷量和制热量计算

　　①冷水(热泵)机组制冷量计算可按式(6.41)计算。

$$Q_{wc} = \rho_w G_w C_{pw}(t_{w1} - t_{w2}) + Q_C \tag{6.41}$$

式中　Q_{wc}——机组制冷量,kW;

　　　　ρ_w——水的密度,kg/m^3;

G_w——机组水流量，m^3/s；

C_{pw}——水的定压比热，$kJ/(kg \cdot K)$；

t_{w1}——蒸发器(冷凝器)进口水温，℃；

t_{w2}——蒸发器(冷凝器)出口水温，℃；

Q_C——环境空气传入干式蒸发器冷水侧的修正项，kW；

ρ_w、C_{pw} 可根据介质进、出口平均温度由物性参数表查取。

②热泵机组制热量计算可按式(6.42)计算。

$$Q_{wh} = \rho_w G_w C_{pw}(t_{w2} - t_{w1}) - Q_C \qquad (6.42)$$

式中 Q_{wh}——热泵机组制热量，kW。

其余符号含义与制冷量计算公式定义相同。

其中，对于满液式蒸发器，由环境空气传入制冷剂侧的热量不应计入净制冷量。

对于干式蒸发器，当其进行隔热时，式(6.41)和式(6.42)中的 Q_C 可忽略不计，无隔热时，计算制冷量时 Q_C 由式(6.43)确定。

$$Q_C = 1\,000KA(t_a - t_m) \qquad (6.43)$$

式中 K——蒸发器外表面与环境空气之间的传热系数，$W/m^2 \cdot K$[可取 $K = 20\ W/m^2 \cdot K$]；

A——蒸发器外表面积，m^2；

t_a——环境空气温度，℃；

t_m——干式蒸发器(冷凝器)冷(热)水侧进出口的平均温度，℃。

在计算热泵制热量时 Q_C 由式(6.44)确定，式中符号意义同式(6.43)。

$$Q_C = 1\,000KA(t_m - t_a) \qquad (6.44)$$

2)冷水(热泵)机组电机功率检测

冷水(热泵)机组电机功率检测与水泵电机功率基本相同，具体方法参考水泵电机功率检测部分，可得到机组电机输入功率 N(单位为 kW)。

3)冷水(热泵)机组性能系数计算

冷水(热泵)机组性能系数 COP 可用来衡量制冷压缩机在制冷或制热方面的热力经济性，对于封闭式制冷压缩机，其定义方法如下：

①制冷性能系数。封闭式制冷压缩机的制冷性能系数 COP 是指在某一工况下，制冷压缩机的制冷量与同一工况下制冷压缩机电机的输入功率的比值。

②制热性能系数。封闭式制冷压缩机在热泵循环中工作时，其制热性能系数 COP 是指在某一工况下，压缩机的制热量与同一工况下压缩机电机的输入功率的比值。

制冷性能系数和制热性能系数的单位均为 W/W 或 kW/kW。

《公共建筑节能设计标准》5.4.5 条规定，电机驱动压缩机的蒸汽压缩循环冷水(热泵)机组，在额定制冷工况和规定条件下，性能系数 COP 不应低于表 6.11 的限值。

冷水(热泵)机组制冷或制热性能系数 COP 可统一用式(6.45)计算。

$$COP = \frac{Q}{N} \qquad (6.45)$$

式中　COP——机组制冷或制热性能系数,kW/kW;

　　　Q——机组制冷或制热量,kW;

　　　N——机组电机输入功率,kW。

表6.11　冷水(热泵)机组制冷性能系数

类　型		额定制冷量(kW)	系能系数(W/W)
水　冷	活塞式/涡旋式	<528	3.8
		528~1 163	4.0
		>1 163	4.2
	螺杆式	<528	4.1
		528~1 163	4.3
		>1 163	4.6
	离心式	<528	4.4
		528~1 163	4.7
		>1 163	5.1
风冷或蒸发冷却	活塞式/涡旋式	≤50	2.4
		>50	2.6
	螺杆式	≤50	2.6
		>50	2.8

4)冷水(热泵)机组冷水供回水温差检测

测试工况为冷水机组运行负荷达到设计负荷的80%,此时冷水机组的冷水供回水温差不应小于4 ℃,在机房实际运行状态下,启用的冷水机组应全部进行检测。

①其供回水温度可同时在机组处读出,完成检测。

②当不能在机组处读出数值时,应同时对其供回水温度进行检测,且测点布置在靠近被测机组的进出口处。

测量时应采取减少测量误差的有效措施有:

a.测点应尽量布置在靠近被测机组的进出口处,可以减少由于管道散热所造成的热损失。

b.当被检测系统预留有安放温度计的位置时(或将原来系统中的安装的温度计暂时取出以得到安置检测温度计的位置),可将导热油重新注入,测量水温。

c.当没有提供安放温度计的位置时,可以利用热电偶测量供回水管外壁面的温度,通过两者测量值相减得到供回水温差。测量时应注意:在安放热电偶后,应在测量位置覆盖绝热材料,保证热电偶和水管管壁的充分接触。热电偶测量误差应经校准确认满足测量要求,或保证热电偶是同向误差(即同时保持正偏差或负偏差)。

6.3.2 冷却塔性能检测

当空调制冷设备冷凝器和压缩机的冷却采用水冷方式时,需要设置冷却水系统。在空调工程中大都采用机械通风冷却循环系统。冷却塔作为空调系统冷源的组成部分,其冷却效果将直接影响冷机的效率。

机械通风冷却塔的分类及基本原理如下:

(1)逆流式冷却塔

逆流式冷却塔的工作原理是在风机作用下,空气从塔下部进入,自下而上穿过填料层,从上部排出;水从上向下流动,在填料层表面形成水膜。水和空气进行热量交换,从而使水温降低,得到冷却。

逆流式冷却塔的特点有:冷却塔逆向换热,换效率高;气流阻力大,布水系统维修不便;冷却水进水压力要求 0.1 MPa。

(2)横流式冷却塔

横流式冷却塔的空气从水平方向穿过填料层,然后从冷却塔顶部排出;水从上至下流动,在填料层表面形成水膜。水和空气进行热量交换,使水温降低,得到冷却。

其特点是:冷却塔的空气和水流向垂直,热交换效率不如逆流式高;气流阻力小,布水设备维修方便;冷却水阻力≤0.05 MPa。

(3)引射式冷却塔

引射式冷却塔利用喷口高速水射流的引射作用,在喷口喷射水雾的同时,把一定量的空气导入塔内与水进行换热。

其特点是:冷却塔取消了冷却风机;冷却水进水压力要求 0.1~0.2 MPa。

(4)蒸发式冷却塔

蒸发式冷却塔的冷却水通过盘管与喷淋循环水进行换热,室外空气在风机作用下送至塔内,使盘管表面的部分水蒸发而带走热量。

冷却塔的冷却水系统为全封闭式系统,水质不易受到污染。在过渡季节,可作为蒸发冷却式制冷设备,将冷却水作为空调系统的冷冻水使用,减少冷水机组的运行时间。蒸发式冷却塔的换热效率低,电耗较大,冷却水在盘管中的循环阻力较大,只有在有条件兼作蒸发冷却制冷装置使用时,才可采用这种形式。

冷却塔的分布分为冷却塔群和冷却塔格两种。冷却塔群是由多个机械通风冷却塔单列或多列布置而成的群或组;冷却塔格是冷却塔群中的一个独立单元,具有单独的配水系统和风机,可以单独工作。

本节介绍常用的湿式机械通风冷却塔的检测方法,即水和空气直接接触,同时进行热、质交换的冷却塔,不适用于干式冷却塔、干湿式冷却塔及喷射式冷却塔的检测。不同形式或不同分布的湿式冷却塔部分参数的检测方法不同,需根据具体情况选择。

1)冷却塔检测条件和准备工作

检测前应对冷却塔进行全面检查,并消除缺陷,测试使用的仪表应按仪表使用说明书要求进行校验,并附有校验合格证书和校正曲线。冷却塔检测宜在气温较高季节、无雨天进行,机械通风冷却塔测试时,环境平均风速不得大于 4 m/s,阵风每分钟平均风速不得大于 6 m/s。检测应在冷却塔稳定运行一段时间后再进行,单格机械通风冷却塔稳定时间不宜小于 30 min,机械通风冷却塔群稳定时间不宜小于 1 h。

冷却塔的主要检测参数有环境气象参数(空气干湿球温度、大气压力及环境风速、风向等)、进塔水流量、进出塔水温、进塔空气流量、进塔空气干湿球温度及风机电机输入功率。冷却塔检测延续时间建议不少于 1 h,参数测定次数和时间间隔见表 6.12 所示,根据具体情况可减少检测时间及参数测定次数。

表 6.12　冷却塔参数测定次数和时间间隔表

序号	参数名称	次数(次)	间隔(min)
1	环境风速、风向	6	10
2	大气压力及环境空气干湿球温度	6	10
3	进塔水流量	6	10
4	进塔水温	6	10
5	出塔水温	2 ~ 6	10 ~ 30
6	进塔空气流量	1 ~ 2	
7	进塔空气干湿球温度	6	10
8	补充水流量、水温	2	30
9	排污水流量、水温	2	30
10	出塔空气干湿球温度	1 ~ 2	
11	风机轴功率	2	30

2 台以下(含 2 台)同型号机组,至少抽取一台机组;3 台以上(含 3 台)同型号机组,至少抽取 2 台机组。

2)冷却塔环境气象参数检测

冷却塔环境气象参数主要包括环境风速和风向、空气干湿球温度及大气压力。

(1)环境风速和风向测量

测量仪表宜选用带风向标的旋转杯式风速风向计或带连续记录的风速风向计。测点布置在冷却塔的上风向,距塔 30 ~ 50 m 处的开阔地带,测点高度在地面上 1.5 ~ 2.0 m 处。

(2)环境空气干湿球温度及大气压力测量

环境空气干湿球温度为在冷却塔上风向且不受出塔空气回流影响条件下测得的空气干湿球温度。测量仪表的最小刻度值不得大于 0.2 ℃,精度不低于 0.5 级。机械通风冷却塔宜布置一个测点,距塔 30 ~ 50 m,距地面 1.5 ~ 2.0 m 处,同时测量仪表应避免阳光直接照射以及其他强辐射源照射。

大气压力测量宜采用空盒式或水银式大气压力表,同时避免阳光直接照射或其他强辐射源照射。

3）冷却塔进塔水流量检测

冷却塔进塔水流量宜在冷却塔进水管上测量。当在进水管上测量有困难时，也可在冷却塔出水管或渠道中测量，但要考虑冷却过程损失水量。

在进水管上流量检测内容与水泵流量检测基本相同，具体方法参照水泵流量检测部分。

4）冷却塔进、出塔水温检测

测量仪表宜采用水银温度计或热电偶、热电阻温度计。仪表的最小分度值不大于0.1 ℃，精度不低于0.2级。

（1）进塔水温测量

进塔水温测量的测点宜设在进塔水管或配水竖井内，横流式冷却塔也可在配水池内测定。

①在进塔水管测温时，需预先在水管上安装测温套管，并在套管内注入少量机油，油面应淹没温度计的感温元件。也可从上塔水管的放空管放水到容器中，在容器中测定水温。

②采用水银温度计在配水池、竖井或渠道中测温时，温度计宜装保护性套管，套管内存水应淹没温度计的感温元件。

（2）出塔水温测量

①单座冷却塔或冷却塔群测试时，水温可在出塔水管、渠道或水泵出口处测量。

a. 在出水管测定时，可以装测温套管或将水接到容器中测定。

b. 在出水渠道中测定时，测点布置沿宽度方向不宜少于3处，沿深度方向不宜少于2处，当测试断面水温分布不均或成层分布时，应沿渠道宽度和深度方向增加测点。

c. 在水泵出口测温时，应计入水泵能量损失引起的水温升高。

②逆流式机械通风冷却塔群中的单格塔测试时，如果集水池相互连通，应在被测格集水池水面上设集水槽或集水容器，在集水槽出口或集水容器中测定水温。集水槽及集水容器的设置应符合下列规定：

a. 设集水槽时，根据集水池面积的大小，可布置4～14条集水槽，槽宽不宜大于300 mm，集水槽受水面积不宜小于集水池面积的15%。

b. 设集水容器时，每个容器受水面积不宜小于0.05 m²，集水容器等间距布置，每一测点负担的淋水面积不宜大于4 m²。

③横流式机械通风冷却塔群中的单格塔测温时，可设置集水槽或集水容器，水温在集水槽或集水容器中测定。

5）冷却塔进塔空气流量检测

冷却塔进塔空气流量测点宜布置在风机吸入侧的风筒断面上，被测定断面气流应稳定，且气流方向与断面垂直，测试断面与风机叶片轴线间垂直距离不宜小于0.4 m。具体方法参照风机风量检测部分，采用等面环法，每个等面环面积不宜大于3.0 m²。

当没有条件在风机吸入侧风筒内测量时，也可以在下列部位测量：

①冷却塔进风口不装进风百叶窗时,在冷却塔进风口侧测量。采用旋桨式或热线式风速仪表时,应视进风口尺寸大小,划分为若干个等面积或不等面积的方格,在每个方格中心测风速,方格尺寸不宜大于 1.0 m×1.0 m。

②在冷却塔风筒出口测量,采用旋桨式或热球式等风速仪表,测点布置方法与风机吸入侧风筒断面测点布置方法相同。

6)冷却塔进塔空气干湿球温度检测

冷却塔进塔空气干湿球温度为包括湿空气回流和外部干扰影响在冷却塔进风口测得的空气干湿球温度。测量仪表的最小刻度值不得大于 0.2 ℃,精度不低于 0.5 级同时测量仪表应避免阳光直接照射以及其他强辐射源照射。

(1)单格逆流式冷却塔

测点布置不应少于 2 个,矩形冷却塔单侧进风时,测点布置在进风口宽度的 1/4 及 3/4 处;双侧进风时,测点布置在两侧进风口宽度的 1/2;圆形塔周边进风时,测点可对称布置。测点在集水池上缘高 1.5 m 处,且与进风口距离在 2.0 m 以内。

(2)单格横流式冷却塔

当进风口高度小于或等于 4 m 时,测点应不少于 2 处,即每侧不少于 1 处。测点布置在两侧进风口宽度的 1/2、集水池上缘高 1.5 m 处,且与进风口百叶窗距离在 2.0 m 以内。

当进风口高度大于 4 m 时,测点应不少于 4 处,即每侧不少于 2 处。测点布置在两侧进风口宽度的 1/2、高度的 1/4 及 3/4、集水池上缘高 1.5 m 处,且与进风口百叶窗距离在 2.0 m 以内。

(3)冷却塔群

①逆流式冷却塔群。测点布置高度及与进风口距离与单格塔相同,测点数量每侧不宜少于 3 处,每一测点负担的进风口面积应相等。

②横流式冷却塔群。测点布置高度及与进风口距离与单格塔相同,进风口高度小于或等于 4 m 时,测点数量每侧不宜于少于 3 处,进风口高度大于 4 m 时,测点数量每侧不宜少于 6 处,每一测点负担的进风口面积应相等。

7)冷却塔补充水、排污水流量及水温检测

冷却塔补充水和排污水流量及水温检测宜在补充水管和排污水管上测量。具体方法参照冷却塔进塔水流量检测部分和冷却塔进、出塔水温检测部分。

8)冷却塔出塔空气干湿球温度检测

冷却塔出塔空气干湿球温度检测时可仅测出空气的干球温度,出塔空气视为接近饱和,其相对湿度可取 98%。

当全部测量时,机械通风冷却塔测点可布置在风筒出口或风机进风侧的风筒内,测点布置方式宜采用等面环方法,具体方法参照风机风量检测部分。

出塔空气温度取各测点温度的算术平均值,当测试断面风速和温度分布相差较大时,宜采用温度和风量的加权平均值。

9)冷却塔电机功率检测

冷却塔电机功率检测与水泵电机功率检测基本相同,具体方法参考水泵电机功率检测部分,可得到冷却塔电机输入功率 N。

10)冷却塔效率计算

按实际检测参数计算得到的冷却塔效率不应低于设计要求的90%。

冷却塔效率可按式(6.46)计算。

$$\eta_{ic} = \frac{T_{ic,in} - T_{ic,out}}{T_{ic,in} - T_{iw}} \tag{6.46}$$

式中　η_{ic}——冷却塔效率;

$T_{ic,in}$——冷却塔进水温度,℃;

$T_{ic,out}$——冷却塔出水温度,℃;

T_{iw}——环境空气湿球温度,℃。

11)冷却塔飘滴损失水率计算

按实际检测参数计算得到的冷却塔飘滴损失水率不应低于设计要求的90%。

冷却塔飘滴损失水率可按式(6.47)计算。

$$P_f = \frac{Q_{bo} - Q_{po} - Q_z}{Q} \tag{6.47}$$

式中　P_f——冷却塔飘滴损失水率;

Q_{bo}——冷却塔补充水流量,kg/h;

Q_{po}——冷却塔排污水流量,kg/h;

Q_z——冷却塔蒸发水量,kg/h;

Q——冷却塔进塔水流量,kg/h。

冷却塔蒸发水量 Q_z 可按式(6.48)计算。

$$Q_z = G_a \times \rho_a \times (d_o - d_i) \tag{6.48}$$

式中　G_a——冷却塔进塔空气流量,m^3/h;

ρ_a——空气密度,kg/m^3;

d_o——出塔空气含湿量,kg/kg(a);

d_i——进塔空气含湿量,kg/kg(a)。

空气密度 ρ_a 可按组合式空调机组供冷量和供热量检测部分式(2.21)处理,进、出塔空气含湿量 d_o、d_i 可在焓-湿图中由进出塔湿空气干球温度和湿球温度查图获得,也可按组合式空调机组供冷量和供热量检测部分式(2.15)~式(2.17)计算得到。

12)冷却塔风机耗电比计算

按实际检测参数计算得到的冷却塔风机耗电比不应大于 $0.04\ kWh/m^3$。

冷却塔风机耗电比可按式(6.49)计算。

$$a = \frac{N}{Q} \quad (6.49)$$

式中　a——冷却塔风机耗电比，kWh/m³；

　　　N——冷却塔电机输入功率，kW；

　　　Q——冷却塔进塔水流量，m³/h。

6.3.3　冷源系统能效比检测

冷源系统能效比这一新的评价指标综合考虑了冷水机组的性能系数限值、水系统输送能效比、冷冻水供、回水温差和冷却塔性能等冷源系统各分项指标的相互作用和影响关系。其能效比限值是根据《公共建筑节能设计标准》中关于各分项的要求，重新设立理论计算模型计算获得的。

可参照国内空调系统在制冷季运行过程中，系统负荷率和机组负荷率的所占比率的情况，确定出系统负荷和机组负荷的计算及测试工况。冷源系统能效比的检测的计算及测试工况为：

①冷冻水出水温度为 7 ℃，冷却水进口温度为 32 ℃。

②机组负荷为 80%。

③风冷式冷水机组要求室外干球温度为 35 ℃。

可见，测试宜在夏季最热月进行，以便更容易达到测试工况。

冷源系统能效比不应低于表 6.13 的规定。

表 6.13　冷源空调系统能效比限值

类　　型		机组配置（kW）	系统能效比（W/W）
水冷冷水机组冷源空调系统	螺杆式	<528	2.21
		528～1 163	2.24
		>1 163	2.29
	离心式	<528	2.98
		528～1 163	3.05
		>1 163	3.12
风冷冷水机组冷源空调系统	活塞式/涡旋式	≤50	1.89
		>50	1.93
	螺杆式	≤50	1.92
		>50	2.04

注：计算约束条件为：

　　①冷冻水出水温度为 7 ℃，冷却水进口温度为 32 ℃。

　　②机组负荷为 80%。

　　③风冷式冷水机组要求室外干球温度为 35 ℃。

冷源系统的能效比 COP$_c$ 可按式(6.50)计算。

$$COP_C = \frac{Q_0}{\sum N_j} \tag{6.50}$$

式中 Q_0——冷源系统测定工况下制冷量,kW;

$\sum N_j$——冷源系统各设备的净输入功率,kW。

式(6.50)中,冷源系统各设备包括冷水机房的冷水机组、冷冻水泵、冷却水泵和冷却塔风机。其中,冷冻水泵如果是二次泵系统,则一次泵和二次泵均包括在内。

冷源系统不包括空调系统的末端设备。

第7章 建筑节能其他检测

7.1 建筑环境检测

室内环境质量直接关系到房间中人们生活的舒适性,其检测参数主要包括室内风口风量、室内温度、相对湿度及风速、室内新风量、室内换气率、室内照度和室内噪声。

7.1.1 风口风量检测

室内风口包括送风口和回风口两个部分,其检测方法基本相同。风口处的气流一般较复杂,测定风量比较困难。

当送风口装有格栅或网格时,可用叶轮式风速仪紧贴风口测定风量(由于送风口存在射流,用叶轮式风速仪测定比用热线风速仪要好)。面积较大的风口,可划分为边长等于两倍风速仪直径的面积相等的小方块,在其中心逐个测量,按算术平均法计算平均流速,此法叫定点测量法,测点应不少于5个。也可采用匀速移动法,按照图7.1所示的路线慢慢地均匀移动,移动时风速仪不得离开测定平面,此时测得的结果为风口的平均风速。此法需测定3次,取其平均值。当送风口气流偏斜时,应临时安装长度为 0.5 ~ 1.0 m、断面尺寸与风口相同的的短管进行测定。

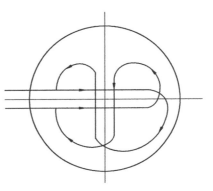

图 7.1　罩口平均风速测定路线

获得风口平均风速后,即可按式(7.1)计算得到风口处风量。必要时可加以修正。

$$G = 3\ 600\ \overline{u}F \tag{7.1}$$

式中　G——风口处空气流量,m^3/h;

　　　$\overline{u}$——风口处空气平均风速,m/s;

　　　F——风口有效面积,m^2。

7.1.2 室内温度、相对湿度以及风速检测

1)检测依据

检测依据为:《公共场所空气温度测定方法》(GB/T 18204.13)、《公共场所空气湿度测定方法》(GB/T 18204.14)、《公共场所风速测定方法》(GB/T 18204.15)。

2)检测方法

室内温度、湿度和风速的检测应在室内环境达到热稳定后进行。

（1）测点布置

对于室内面积不足 16 m² 时,检测点选取房间中心 1 个点即可;当房间面积在 16 m² 以上、但不足 30 m² 时布置 2 个检测点(居室对角线三等分,其 2 个等分点作为测点);30 m² 以上、但不足 60 m² 时布置 3 个检测点(居室对角线四等分,其 3 个等分点作为测点);60 m² 以上布置 5 个检测点(两对角线上梅花设点)。

测点离地面高度 0.8 ~ 1.6 m,应离开墙壁和热源不小于 0.5 m。

（2）参数计算

通过智能温湿度计或者多参数通风表等仪器对室内测点的温度、相对湿度和风速进行测试,得到各测点数据后即可按式(7.2)计算室内温度、相对湿度和风速的平均值。

$$m = \frac{\sum\limits_{i=1}^{n} m_i}{n} \tag{7.2}$$

式中　m——室内平均温度、相对湿度或风速值,℃、% 或 m/s;

　　　m_i——室内各测点温度、相对湿度或风速值,℃、% 或 m/s;

　　　n——测点总数量,个。

7.1.3　室内新风量检测

1)检测依据

检测依据为《公共场所室内新风量测定方法》(GB/T 18204.18)。

2)检测方法

对室内新风量的检测采用示踪气体浓度衰减法。即在待测室内通入适量示踪气体,由于室内、外空气交换,示踪气体的浓度呈指数衰减,则可根据浓度随着时间的变化的值,计算出室内的新风量。

（1）示踪气体采集及测定

用气体浓度测定仪对样品的气体浓度进行测定。

首先测定室内空气总量,通过室内总体积与物品所占体积的差值计算得到。关闭门窗,在室内通入适量的示踪气体后,将气源移至室外,同时用摇摆扇搅动空气 3 ~ 5 min,使示踪气体分布均匀,再按对角线或梅花状布点采集空气样品,同时在现场测定并记录。

（2）室内新风量计算

首先应先计算室内空气交换率,可利用平均法进行计算。当浓度均匀时采样,测定开始时示踪气体的浓度 c_0,15 min 或 30 min 时再采样,测定最终示踪气体浓度 c_t(t 时间的浓度),将前后浓度的自然对数差除以测定时间,即为平均空气交换率。

可按式(7.3)计算室内平均空气交换率。

$$A = \frac{\ln c_0 - \ln c_t}{t} \qquad (7.3)$$

式中　A——平均空气交换率,h^{-1};

　　　c_0——测量开始时示踪气体浓度,mg/m^3;

　　　c_t——时间为 t 时示踪气体浓度,mg/m^3;

　　　t——测定时间,h。

可按式(7.4)计算室内新风量。

$$Q = AV \qquad (7.4)$$

式中　Q——新风量,m^3/h;

　　　A——空气交换率,h^{-1};

　　　V——室内空气容积,m^3。

若示踪气体环境本底浓度不为 0 时,则公式中的 c_t,c_0 需减本底浓度后再取自然对数进行计算。

7.1.4　室内换气率检测

1)检测依据

检测依据为《公共场所室内换气率测定方法》(GB/T 18204.19)。

2)检测方法

可用示踪气体测定室内空气的换气率。

(1)示踪气体采集及测定

用气体浓度测定仪对样品的气体浓度进行测定。

首先测定室内空气总量,通过室内总体积与物品所占体积的差值计算得到。

关闭门窗,在室内均匀地释放示踪气体 SF_6 或 CO_2。按室内空气总量,每 m^3 室内空气释放 0.5~1.0 g SF_6 或 2~4 g CO_2,同时用风扇扰动空气使其充分混合。用 100 mL 玻璃注射器或 100 mL 真空采样瓶采集室内空气,按对角线(3 点)或梅花状(5 点)布点采样。采样后人离开室内,经 1 h 后仍按前述方法和采样点采集 1 h 后样品。

(2)室内换气率计算

对于 SF_6,1 h 内自然进入室内空气量可按式(7.5)计算。

$$M_a = 2.302\,57M \lg \frac{c_1}{c_2} \qquad (7.5)$$

式中　M_a——1 h 内自然渗入室内空气量,m^3/h;

　　　M——室内空气量,m^3;

c_1——试验开始时空气中 SF_6 含量,mg/m^3;

c_2——1 h 后空气中 SF_6 含量,mg/m^3。

对于 CO_2,1 h 内自然进入室内空气量可按式(7.6)计算。

$$M_a = 2.302\ 57M \lg \frac{c_1 - c_a}{c_2 - c_a} \tag{7.6}$$

式中 M_a——1 h 内自然渗入室内空气量,m^3/h;

M——室内空气量,m^3;

c_1——试验开始时空气中 CO_2 含量,%;

c_2——1 h 后空气中 CO_2 含量,%;

c_a——空气中 CO_2 含量,取值为 0.04%。

室内换气率可按式(7.7)计算。

$$E = \frac{M_a}{M} \times 100\% \tag{7.7}$$

式中 E——小时换气率,%;

M_a——1 h 内自然渗入室内空气量,m^3/h;

M——室内空气量,m^3。

7.1.5　室内照度检测

1)检测依据

检测依据为《公共场所照度测定方法》(GB/T 18204.21)。

2)检测方法

确定测试点的时候,在无特殊要求的公共场所整体照明情况下,测定面的高度为地面以上 80~90 cm。一般大小的房间取 5 个点(每边中点和室中心各 1 个点)。影剧院、商场等大面积场所的测量可用等距离布点法,一般以每 100 m 布 10 个点为宜。在场所狭小或因特殊需要的局部照明情况下,亦可测量其中有代表性的一点。由于有些情况下是局部照明和整体照明兼用的,所以在测量时,整体照明的灯光是开着还是关闭,要根据实际情况合理选择,并要在测定结果中注明。

进行照度测试的时候,使用的照度计量程下限不大于 1 lx,上限在 5 000 lx 以上。

测定开始前,白炽灯至少开 5 min,气体放电灯至少开 30 min。为了使受光器不产生初始效应,在测量前至少曝光 5 min,受光器上必须洁净无尘。测定时受光器一律水平放置于测定面上。测定者的位置和服装不应该影响测定结果。

对于多个测定点的场所,用各点的测定值求出平均照度,必要时记录最大值和最小值及其点的位置,而对一个点的测定结果则直接记录。

7.1.6 室内噪声检测

1)检测依据

检测依据为《公共场所噪声测定方法》(GB/T 18204.22)。

2)检测方法

(1)测点布置

在较大的公共场所(大于 100 m²),距声源(或一侧墙壁)中心划一直线至对侧墙壁中心,在此直线上取均匀分布的 3 点为监测点;对于较小的公共场所(小于 100 m²),在室中央取一点为监测点。

(2)读数方法

对于稳态与似稳态噪声,用快档读取指示值或平均值;对于周期性变化噪声,用慢档读取最大值,并同时记录其时间变化特性;对于脉冲噪声,读取峰值和脉冲保持值;对于无规则变化噪声,用慢档。每隔 5 s 读一个瞬时 A 声级,每个测量点要连续读取 100 个数据,代表该测点的噪声分布。

(3)测试时间

对于文化娱乐场所、商场(店),测定营业前 30 min、营业后 30 min,营业结束前 30 min 的噪声 A 声级;对于旅店业、图书馆、博物馆、美术馆、展览馆、医院候诊室、公共交通等候室、公共交通工具,均在营业后 60 min 测定。

(4)数据记录与处理

测量数据一般直接由声级计或其他测量仪器读出。读数的方法为:每隔 5 s 读一个瞬时 A 声级,每个测量点要连续读取若干个数据值,读数时还应判断主要噪声来源。

测量时,声级计或传声器可以手持,也可以固定在三角架上,使传声器指向被测声源。为了尽可能减少反射影响,要求传声器离地面高 1.2 m,与操作者距离 0.5 m 左右,距墙面和其他主要反射面不小于 1 m。

在公共场所噪声标准中,规定用等效声级 L_{Aeq} 作为评价值,用累积百分声级 L_{10},L_{50},L_{90} 作为分析依据。对于公共场所的一般性卫生监测,可分别求出各点的 L_{50},然后进行合成或平均计算,作为公共场所噪声的判定依据。

累积百分声级 L_N 的计算方法如下:

将在规定时间内测得的所有瞬时 A 声级数据(例如 100 个数据),按声级的大小顺序排列并编号(由大到小),则第一个 L_1 就是最大值。第 10 个值 L_{10} 表示在规定时间内有 10% 的时间的声级超过此声级,它相当于在规定时间内噪声的平均峰值;L_{50} 为第 50 个数据,表示在规定时间内有 50% 的时间的声级超过此声级,它相当于在规定时间内噪声的平均值;L_{90} 为第 90 个数据,表示在规定时间内有 90% 的时间的声级超过此声级,它相当于在规定时间内噪声的背景值。

等效声级 L_{Aeq} 可按式(7.8)计算。

$$L_{Aeq} = 10 \lg\left(\sum_{i=1}^{n} 10^{0.1L_{Ai}}\right) - 10 \lg n \tag{7.8}$$

式中　n——在规定的时间 T 内采样的总数, $n = \dfrac{T}{\Delta t}$;

　　　Δt——采样测量的时间间隔,s;

　　　L_{Ai}——第 i 次测量的 A 声级,dB。

由于环境噪声标准中都用 A 声级,故如不加说明,则等效声级就是等效(连续)A 声级,并常简单地用符号 Leq 表示。

当 $n = 100$ 时,则等效声级可由式(7.9)表示。

$$L_{Aeq} = 10 \lg\left(\sum_{i=1}^{100} 10^{0.1L_{Ai}}\right) - 20 \tag{7.9}$$

如果数据 L_{Ai} 遵从正态分布,则等效声级可用式(7.10)近似计算。

$$L_{Aeq} = L_{50} + \frac{d^2}{60} \tag{7.10}$$

式中　d——L_{10} 与 L_{90} 之差;

　　　L_{10},L_{50},L_{90}——累积统计声级。

噪声的测量结果用等效声级 L_{Aeq} 来表示,该点的噪声水平用累积百分声级的 L_N 表示其声级的分布。

7.2　电线电缆检测

7.2.1　定义

1)聚氯乙烯混合物(PVC)

聚氯乙烯混合物是指其特定组分是聚氯乙烯或聚氯乙烯的一种共聚物,经适当选择、配比和加工后制成的材料。该术语也可表示为仅含有聚氯乙烯和某种聚氯乙烯聚合物的混合物。

2)混合物的型号

混合物按照规定的试验测得的性能进行分类。型号与混合物的组分没有直接关系。

3)试验方法定义

(1)型式试验(符号 T)

型式试验是指按一般商业原则,对本标准规定的一种电缆在供货前进行的试验,以证明电缆具有良好的性能,能满足规定的使用要求。型式试验的本质是一旦进行过此试验,不必重复进行。如果改变电缆材料或设计会影响电缆的性能时,则必须重复进行。

(2)抽样试验(符号S)

抽样试验是在成品电缆试样上或取自成品电缆的元件上进行的试验,以证明成品电缆产品符合设计规范。

4)额定电压

额定电压是电缆结构设计和电性能试验用的基准电压。

额定电压用 U_0/U 表示,单位为 V。

U_0 为任一绝缘导体和"地"(电缆的金属护层或周围介质)之间的电压有效值。

U 为多芯电缆或单芯电缆系统任何两相导体之间的电压有效值。

当用于交流系统时,电缆的额定电压应至少等于使用电缆系统的标称电压。该条件均适用于 U_0 和 U 值。

当用于直流系统时,该系统的标称电压应不大于电缆额定电压的 1.5 倍。

注:系统的工作电压允许长时间地超过该系统标称电压的 10%,如果电缆的额定电压至少等于该系统的标称电压,则电缆可在高于额定电压 10% 的工作电压下使用。

7.2.2 一般要求

①聚氯乙烯(PVC)绝缘非电性试验要求见表7.1。
②聚氯乙烯(PVC)护套非电性试验要求见表7.2。
③PVC 绝缘电缆电性试验要求见表7.3。
④227 IEC 02(RV)型电缆的试验项目见表7.4。
⑤227 IEC 06(RV)型电缆的试验项目见表7.6。
⑥227 IEC 07(BV-90)型电缆的试验项目见表7.7。
⑦227 IEC 08(BV-90)型电缆的试验项目见表7.8。

表7.1 聚氯乙烯(PVC)绝缘非电性试验要求

序 号	试验项目	单 位	混合物的型号			试验方法	
			PVC/C	PVC/D	PVC/E	GB/T	条文号
1	抗张强度和断裂伸长率					2951.1	9.1
1.1	交货状态原始性能						
1.1.1	抗张强度:						
	——最小中间值	N/mm²	12.5	10.0	150	2951.1	9.1
1.1.2	断裂伸长率:					2951.2	8.1.3.1
	——最小中间值	%	125	150	150		
1.2	空气烘箱老化后的性能						
1.2.1	老化条件:						
	——温度	℃	80 ± 2	80 ± 2	135 ± 2		
	——处理时间	h	7 × 24	7 × 24	7 × 24		
1.2.2	抗张强度						
	——最小中间值	N/mm²	12.5	10.0	15.0		
	——最大变化率	%	± 20	± 20	± 25		
1.2.3	断裂伸长率						
	——最小中间值	%	125	150	150		
	——最大变化率	%	± 20	± 20	± 25		
2	失重试验					2951.7	8.1
2.1	老化条件:						
	——温度	℃	80 ± 2	80 ± 2	115 ± 2		
	——处理时间	h	7 × 24	7 × 24	7 × 24		
2.2	失重						
	——最大值	mg/cm²	2.0	2.0	2.0		
3	非污染试验		同1.2.1			2951.2	8.1.4
3.1	老化条件:		同1.2.2 和1.2.3				
3.2	老化后机械性能						
4	热冲击试验					2951.6	8.1
4.1	试验条件						
	——温度	℃	− 15 ± 2	− 15 ± 2	− 15 ± 2		
	——处理时间	h	1	1	1		
4.2	试验结果		不开裂				
5	高温压力试验					2951.6	8.1
5.1	试验条件:		见 GB/T 2951.6 中8.1.4				
	——刀口上施加的压力		见 GB/T 2951.6 中8.1.5				
	——荷载下加热时间						
	——温度	℃	80 ± 2	70 ± 2	90 ± 2		
5.2	试验结果						
	——压痕深度最大中间值	%	50	50	50		
6	低温弯曲试验					2951.4	8.1
6.1	试验条件:						
	——温度	℃	− 15 ± 2	− 15 ± 2	− 15 ± 2		
	——施加低温时间		见 2951.4 中8.1.4 和8.1.5				
6.2	试验结果		不开裂				
7	低温拉伸试验					2951.4	8.3
7.1	试验条件:						
	——温度	℃	− 15 ± 2	− 15 ± 2	—		
	——施加低温时间		见 2951.4 中8.3.4 和8.3.5				
7.2	试验结果						
	——最小伸长率	%	20	20	—		
8	低温冲击试验					2951.4	8.5
8.1	试验条件:						
	——温度	℃	− 15 ± 2	− 15 ± 2	—		
	——施加低温时间		见 2951.4 中8.3.5				
	——落锤重量		见 2951.4 中8.3.4				
8.2	试验结果		见 2951.4 中8.3.6				
9	热稳定性试验					2951.7	9
9.1	试验条件:						
	——温度	℃					
9.2	试验结果						
	——最小平均热额定时间	min					
					200 ± 0.5		
			—	—	180		

表 7.2 聚氯乙烯(PVC)护套非电性试验要求

序 号	试验项目	单 位	混合物的型号			试验方法	
			PVC/ST4	PVC/ST5	PVC/ST9	GB/T	条文号
1	抗张强度和断裂伸长率					2951.1	9.2
1.1	交货状态原始性能						
1.1.1	抗张强度:						
	——最小中间值	N/mm²	12.5	10.0	10.0		
1.1.2	断裂伸长率:					2951.2	8.1.3.1
	——最小中间值	%	125	150	150		
1.2	空气烘箱老化后的性能						
1.2.1	老化条件:						
	——温度	℃	80 ± 2	80 ± 2	80 ± 2		
	——处理时间	h	7 × 24	7 × 24	7 × 24		
1.2.2	抗张强度						
	——最小中间值	N/mm²	12.5	10	10		
	——最大变化率	%	± 20	± 20	± 20		
1.2.3	断裂伸长率						
	——最小中间值	%	125	150	150		
	——最大变化率	%	± 20	± 20	± 20		
2	失重试验					2951.7	8.2
2.1	老化条件:						
	——温度	℃	同 1.2.1	同 1.2.1	同 1.2.1		
	——处理时间	h					
2.2	失重		2.0	2.0	2.0		
	——最大值	mg/cm²		同 1.2.1			
3	非污染试验			同 1.2.2 和 1.2.3		2951.2	8.1.4
3.1	老化条件:						
3.2	老化后机械性能						
4	热冲击试验					2951.6	9.2
4.1	试验条件		150 ± 2	150 ± 2	150 ± 2		
	——温度	℃	1	1	1		
	——处理时间	h		不开裂			
4.2	试验结果						
5	高温压力试验					2951.6	8.2
5.1	试验条件:			见 GB/T 2951.6 中 8.2.4			
	——刀口上施加的压力			见 GB/T 2951.6 中 8.2.5			
	——荷载下加热时间		80 ± 2	70 ± 2	70 ± 2		
	——温度	℃					
5.2	试验结果:		50	50	50		
	——压痕深度最大中间值	%					
6	低温弯曲试验					2951.4	8.2
6.1	试验条件:		− 15 ± 2	− 15 ± 2	− 15 ± 2		
	——温度	℃		见 2951.4 中 8.23			
	——施加低温时间			不开裂			
6.2	试验结果						
7	低温拉伸试验					2951.4	8.4
7.1	试验条件:		− 15 ± 2	− 15 ± 2	− 15 ± 2		
	——温度	℃		见 2951.4 中 8.4.4			
	——施加低温时间						
7.2	试验结果		20	20	20		
	——最小伸长率	%					
8	低温冲击试验					2951.4	8.5
8.1	试验条件:		− 15 ± 2	− 15 ± 2	− 15 ± 2		
	——温度	℃		见 2951.4 中 8.5.5			
	——施加低温时间			见 2951.4 中 8.5.4			
	——落锤重量			见 2951.4 中 8.5.6			
8.2	试验结果						
9	矿物浸没后的机械性能					2951.5	10
9.1	试验条件:						
	——油的温度	℃					
	——浸油时间	h					
9.1.1	抗张强度		—	—	90 ± 2		
	——最大变化率	%	—	—	24		
9.1.2	断裂伸长率						
	——最大变化率	%	—	—	± 30		
					± 30		

表7.3 PVC 绝缘电缆电性试验要求

序 号	试验项目	单 位	混合物的型号			试验方法	
			300/300 V	300/500 V	450/750 V	GB	条文号
1	电体电阻测量					5023.2	2.1
1.1	试验结果		见 GB/T 3956 和产品标准				
	——最大值		（GB 5023.3,GB 5023.4 等）				
2	成品电缆电压试验					5023.2	2.2
2.1	试验条件:						
	——试验最小长度	m	10	10	10		
	——浸水最少时间	h	1	1	1		
	——水温	℃	20±5	20±5	20±5		
2.2	试验电压(交流)	V	2 000	2 000	2 000		
2.3	每次最小施加电压时间	min	5	5	5		
2.4	试验结果		不发生击穿				
3	绝缘线芯电压试验					5023.2	2.4
3.1	试验条件:						
	——试验长度	m	5	5	5		
	——浸水最少时间	h	1	1	1		
	——水温	℃	20±5	20±5	20±5		
	试验电压(交流)						
3.2	——绝缘厚度 0.6 mm 及以下	V	1 500	1 500	—		
	——绝缘厚度 0.6 mm 以上	V	2 000	2 000	2 000		
3.3	每次最小施加电压时间	min	5	5	5		
3.4	试验结果		不发生击穿				
4	绝缘电阻测量					5023.2	2.4
4.1	试验条件:						
	——试验长度	m	5	5	5		
	——经上述第 2 或第 3 项 电压试验						
	——浸热水最少时间	h	2	2	2		
	——水温						
	试验结果						
5			见产品标准(GB 5023.3, GB 5023.4 等)中的表格				

表 7.4　227 IEC 02(RV)型电缆的试验项目

序　号	试验项目	试验种类	试验方法	
			GB(GB/T)	条文号
1	电气性能试验			
1.1	导体电阻	T,S	5023.2	2.1
1.2	2 500 V 电压试验	T,S	5023.2	2.2
1.3	70 ℃时绝缘电阻	T	5023.2	2.4
2	结构尺寸检查		5023.1 和 5023.2	
2.1	结构检查	T,S	5023.1	检查和手工试验
2.2	绝缘厚度测量	T,S	5023.2	1.9
2.3	外径测量	T,S	5023.2	1.11
3	绝缘机械性能			
3.1	老化前拉力试验	T	2951.1	9.1
3.2	老化后拉力试验	T	2951.2	8.1.3.1
3.3	失重试验	T	2951.7	8.1
4	高温压力试验	T	2951.6	8.1
5	低温弹性			
5.1	绝缘低温弯曲试验	T	2951.4	8.1
6	热冲击试验	T	2951.6	9.1
7	不延燃试验	T	12666.2	

表 7.5　227 IEC 05(BV)型电缆的试验项目

序　号	试验项目	试验种类	试验方法	
			GB(GB/T)	条文号
1	电气性能试验			
1.1	导体电阻	T,S	5023.2	2.1
1.2	2 000 V 电压试验	T,S	5023.2	2.2
1.3	70 ℃时绝缘电阻	T	5023.2	2.4
2	结构尺寸检查		5023.1 和 5023.2	
2.1	结构检查	T,S	5023.1	检查和手工试验
2.2	绝缘厚度测量	T,S	5023.2	1.9
2.3	外径测量	T,S	5023.2	1.11
3	绝缘机械性能			
3.1	老化前拉力试验	T	2951.1	9.1
3.2	老化后拉力试验	T	2951.2	8.1.3.1
3.3	失重试验	T	2951.7	8.1
4	高温压力试验	T	2951.6	8.1
5	低温弹性			
5.1	绝缘低温弯曲试验	T	2951.4	8.1
6	热冲击试验	T	2951.6	9.1
7	不延燃试验	T	12666.2	

表7.6 227 IEC 06(RV)型电缆的试验项目

序　号	试验项目	试验种类	试验方法	
			GB(GB/T)	条文号
1	电气性能试验			
1.1	导体电阻	T,S	5023.2	2.1
1.2	2 000 V 电压试验	T,S	5023.2	2.2
1.3	70 ℃时绝缘电阻	T	5023.2	2.4
2	结构尺寸检查		5023.1 和 5023.2	
2.1	结构检查	T,S		检查和手工试验
2.2	绝缘厚度测量	T,S	5023.1	1.9
2.3	外径测量	T,S	5023.2	1.11
3	绝缘机械性能		5023.2	
3.1	老化前拉力试验	T	2951.1	9.1
3.2	老化后拉力试验	T	2951.2	8.1.3.1
3.3	失重试验	T	2951.7	8.1
4	高温压力试验	T	2951.6	8.1
5	低温弹性			
5.1	绝缘低温弯曲试验	T	2951.4	8.1
6	热冲击试验	T	2951.6	9.1
7	不延燃试验	T	12666.2	

表7.7 227 IEC 07(BV-90)型电缆的试验项目

序　号	试验项目	试验种类	试验方法	
			GB(GB/T)	条文号
1	电气性能试验			
1.1	导体电阻	T,S	5023.2	2.1
1.2	2 000 V 电压试验	T,S	5023.2	2.2
1.3	90 ℃时绝缘电阻	T	5023.2	2.4
2	结构尺寸检查		5023.1 和 5023.2	
2.1	结构检查	T,S		检查和手工试验
2.2	绝缘厚度测量	T,S	5023.1	1.9
2.3	外径测量	T,S	5023.2	1.11
3	绝缘机械性能		5023.2	
3.1	老化前拉力试验	T	2951.1	9.1
3.2	老化后拉力试验	T	2951.2	8.1.3.1
3.3	失重试验	T	2951.7	8.1
4	高温压力试验	T	2951.6	8.1
5	低温弹性			
5.1	绝缘低温弯曲试验	T	2951.4	8.1
6	热冲击试验	T	2951.6	9.1
7	不延燃试验	T	12666.2	
8	热稳定性试验	T	2951.7	9

表7.8　227 IEC 08(BV-90)型电缆的试验项目

序　号	试验项目	试验种类	试验方法	
			GB(GB/T)	条文号
1	电气性能试验			
1.1	导体电阻	T,S	5023.2	2.1
1.2	2 000 V 电压试验	T,S	5023.2	2.2
1.3	90 ℃时绝缘电阻	T	5023.2	2.4
2	结构尺寸检查		5023.1 和 5023.2	
2.1	结构检查	T,S		检查和手工试验
2.2	绝缘厚度测量	T,S	5023.1	1.9
2.3	外径测量	T,S	5023.2	1.11
3	绝缘机械性能		5023.2	
3.1	老化前拉力试验	T	2951.1	9.1
3.2	老化后拉力试验	T	2951.2	8.1.3.1
3.3	失重试验	T	2951.7	8.1
4	高温压力试验	T	2951.6	8.1
5	低温弹性			
5.1	绝缘低温弯曲试验	T	2951.4	8.1
6	热冲击试验	T	2951.6	9.1
7	不延燃试验	T	12666.2	
8	热稳定性试验	T	2951.7	9

7.2.3　试验方法

1)取样

如果绝缘或护套采用压印凸字标志时,取样应包括该标志。

对于多芯电缆,所取试样应不超过三芯(若分色,取不同颜色)进行试验。

2)预处理

全部试验应在绝缘或护套挤出后存放至少6 h后才能进行。

3)试验温度

试验应在环境温度下进行。

4)试验电压

除非另有规定,试验电压应是交流 49~61 Hz 的近似正弦波形,峰值与有效值之比等于 $(\sqrt{2} \pm 7)\%$。电压均为有效值。

应用浸过水的一团脱脂棉或一块棉布轻轻地擦拭制造厂名或商标、产品型号、额定电压、绝缘线芯颜色或数字标志,共擦10次,检查结果应符合标准要求。

5）绝缘厚度检测

绝缘厚度应按 GB/T 2951.1 中 8.1 规定测量,应在至少相隔 1 m 的 3 处各取 1 段电缆试样。5 芯及以下电缆,每芯均要检查;5 芯以上电缆,任检 5 芯,检查是否符合要求。

若取出导体有困难,可放在拉力机上抽取,或将一段绝缘线芯试样浸入水银中,直至绝缘变得松弛,能把导体抽出。

每一根绝缘线芯取 3 段绝缘试样,测得 18 个数值的平均值(用 mm 表示),应计算到小数点后 2 位,然后取该值为绝缘厚度的平均值。

所测全部数值的最小值,应作为任一处绝缘的最小厚度。

6）护套厚度测量

护套厚度应按 GB/T 2951.1 的规定测量。应在至少相隔 1 m 的 3 处各取 1 段电缆试样。计算从 3 段护套上测得的全部厚度数值(以 mm 表示)的平均值,然后取该值作为护套厚度的平均值。所测全部数值的最小值应作为任一处护套的最小厚度。

7）外形尺寸和椭圆度测量

任何圆形电缆外径的测量以及宽边不超过 15 mm 的扁形电缆外形尺寸的测量,应按 GB/T 2951 的规定进行。当扁形的电缆的宽边超过 15 mm 时,应使用千分尺、投影仪或类似仪器进行测量。圆形护套电缆椭圆度的检查,应在同一截面上测量两处。应以所测值的平均值作为平均外形尺寸。

8）导体电阻

导体电阻检查应在长度至少为 1 m 的电缆试样上对每根导体进行测量,并测定每根电缆试样的长度。

若有必要,可按下列公式换算导体在 20 ℃时、长度为 1 km 时的电阻。

$$R_{20} = R_t \frac{254.5}{234.5 + t} \times \frac{1\,000}{L} \tag{7.11}$$

式中　t——在测量时的试样,℃;

R_{20}——在 20 ℃时导体电阻,Ω/km;

R_t——在 t ℃时,长度为 L m 电缆的导体电阻,Ω;

L——电缆试样长度,m(L 是成品试样的长度,而不是单根绝缘线芯或单线的长度)。

9）成品电缆电压试验

交货的成品电缆,如果没有金属层,则应浸入水中。试样长度、水温和浸水时间见 GB 5023.1 的规定,电压应依次施加在每根导体对连接在一起的所有其他导体和金属层(若有)或水之间,然后再施加电压在所有连接在一起的导体和金属层或水之间。

10）绝缘线芯电压试验

本试验适用于护套电缆和扇形（或扁形）无护套软线，但不适用于扁形铜皮软线。

试验应在一根 5 m 长的电缆试样上进行，应剥去护套和任何其他包覆层或填充物而不损伤绝缘线芯。

对扁形无护套软线，应在绝缘线芯之间的绝缘上切开一小段，并用手将绝缘线芯撕开 2 m长。

11）绝缘电阻

本试验适用于所有电缆，试验应在 5 m 长的绝缘线芯试样上进行。

试样应浸在预先加热到规定温度的水中，其两端应露出水面约 0.25 mm。

试样长度、水温和浸水时间见 GB 5023.1 表 3 规定，然后应在导体和水之间施加 80～500 V 的直流电压。

绝缘电阻应在施加电压 1 min 后测量，并换算到 1 km 的值。测量值应不低于产品标准中所规定的最小绝缘电阻。

在产品标准（GB 5023.3，GB 5023.4 等）中规定的绝缘电阻值是根据绝缘的体积电阻率为 $1 \times 10^3 \ \Omega \cdot m$ 计算的，计算公式为：

$$R = 0.036\ 7 \lg \frac{D}{d} \tag{7.12}$$

式中　R——绝缘电阻，$M\Omega \cdot km$；

　　　D——绝缘的标称外径；

　　　d——导体外接圆直径或铜皮软线绝缘的标称内径。

12）成品软电缆的机械强度试验

（1）曲挠试验

本试验不适用于铜皮软线或固定布线用单芯软导体电缆。

另外，本试验不适用于同心式绞合大于 2 层，绞合芯数大于 18 芯的电缆。

本试验应按图 7.2 所示设备进行。电缆安装在可移动小车 C 上的两个滑轮 A 和 B 之间呈现水平状态，小车以约 0.33 mm/s 的恒速在大于 1 m 的距离之间来回移动。取约 5 m 长的软电缆试样置于滑轮上并拉紧，软电缆的两端各载一个重锤，重锤的质量及滑轮 A 和 B 的直径见表 7.9 及表 7.10。

表 7.9　重锤质量与滑轮直径

软电缆名称	重锤质量（kg）	滑轮直径（mm）
扁形无护套软线和户内装饰照明回路用软线	1.0	60
轻型聚乙烯护套软线 普通聚氯乙烯护套软线	1.0	80
标称截面不超过 1 mm²	1.0	80
标称截面不超过 1.5 mm² 和 2.5 mm²	1.5	120

表7.10　重锤质量与滑轮直径

芯　　数	标称截面（mm²）	重锤质量（kg）	滑轮直径（mm）	芯　　数	标称截面（mm²）	重锤质量（kg）	滑轮直径（mm）
5	0.5	1	80				
6	0.5	1	120	12	0.5	1.5	120
	0.75	1.5	120		0.75	2.0	160
	1	1.5	120		1	3.0	160
	1.5	2.0	120		1.5	4.0	160
	2.5	3.5	160		2.5	7.0	200
7	0.5	1	120	18	0.5	2.0	160
	0.75	1.5	120		0.75	3.0	160
	1	1.5	120		1	4.0	160
	1.5	2.0	160		1.5	6.0	200
	2.5	3.5	160		2.5	7.5	200

注：在7芯和18芯之间，但又不规定在本表中的电缆为"非优先"结构。试验时，其重锤质量和滑轮直径可选用
　　同一截面的下一档表列芯数的规定值。

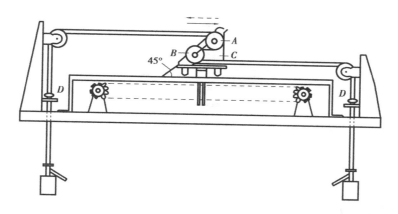

图7.2　曲挠试验设备

对圆形电缆的滑轮，有一个半圆形的凹槽，对扁形电缆，则有一个平底的凹槽。安装限位夹头 D 要使得小车离开重锤时，始终能借助重锤施加一个拉力，使小车来回运动。

在试样的每根导体上，每 mm² 应通过约 1 A 的电流。

对于 2 芯电缆和 3 芯轻型护套电缆，施加在导体间的电压应为交流约 220 V；对所有其他 3 芯或 3 芯以上的电缆，施加在 3 根导体上的电压应为三相交流约 380 V，而其他导体则连接到中性线上。

（2）弯曲试验

取适当长度的软线试样，固定在如图7.3所示的试验装置上，在其一端悬挂 0.5 kg 的重锤，导体通过约为 0.1 A 的电流。

试样应朝垂直于导体轴线的平面作 180° 的往复弯曲运动，当弯曲到极端位置时，应与导体轴线的两边各呈 90° 角。弯曲频率为 60 次/min。

若试样经试验不符合要求时，则应另取 2 根试样进行重复试验，均应符合要求。

（3）荷重断芯试验

取适当长的软线试样，其一端安装在刚性支撑物上，并在离支撑下方 0.5 m 长试样处悬挂一重量为 0.5 kg 的重锤。导体通过约为 0.1 A 的电流。试验时，把重锤提到支撑点处自由落下，重复 5 次。

（4）绝缘线芯撕离试验

在短段软线试样上，把绝缘线芯之间的绝缘切开，用拉力机以 5 mm/s 的速度测定撕离绝缘所需的力。

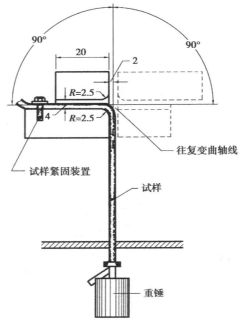

图 7.3　弯曲试验装置

7.3　围护结构热工缺陷检测

7.3.1　检测方法

建筑物外围护结构热工缺陷检测应包括建筑物外围护结构外表面热工缺陷检测和建筑物外围护结构内表面热工缺陷检测。

建筑物围护结构热工缺陷采用红外热像仪进行检测。

7.3.2　检测仪器

红外热像仪及其温度测量范围应符合现场测量要求。红外热像仪的相应波长应在 8.0～14.0 μm[*]，传感器温度分辨率（NETD）不应低于 0.1 ℃，温差测量不确定度应小于 0.5 ℃。

　＊　1 μm = 0.001 mm

7.3.3 检测条件

①检测前至少24 h内,室外空气温度的逐时值与开始检测时的室外空气温度相比,其变化不应超过±10 ℃。

②检测前至少24 h内和检测期间,建筑物外围护结构两侧的逐时空气温度差不宜低于10 ℃。

③检测期间,与开始检测时的空气温度相比,室外空气温度逐时值变化不应超过±5 ℃,室内空气温度逐时值的变化不应超过±2 ℃。

④当1 h内室外风速(采样时间间隔为30 min)变化超过2级(含2级)时不应进行检测。

⑤检测开始前至少12 h内,受检的外围护结构表面不应受到太阳直接照射。当对受检的外围护结构内表面实施热工缺陷检测时,其内表面要避免灯光的直射。

⑥室外空气相对湿度大于75%或空气中粉尘含量异常时,不得进行外表面的热工缺陷检测。

7.3.4 检测步骤

热工缺陷检测流程如图7.4所示。

当用红外热像仪对外围护结构进行检测时,应首先对受检外围护结构表面进行普测,然后对异常部位进行详细检测。

检测前,应采用表面式温度计在所检测的外围护结构表面上测出参照温度,调整红外热像仪的发射率,使红外热像仪的测定结果等于该参照温度;应在与目标距离相等的不同方位扫描同一个部位,检查临近物体是否对受检的外围护结构表面造成影响,必要时可采取遮挡措施或者关闭室内辐射源。

受检外围护结构表面同一个部位的红外热谱图,不应少于4张。如果所拍摄的红外热谱图中,主体区域过小,应单独拍摄两张以上主体部位热谱图。受检部位的热谱图,应用草图说明其所在位置,并应附上可见光照片。红外热谱图上应标明参照温度的位置,并随热谱图一起提供参照温度的数据。

7.3.5 判定方法

围护结构受检外表面的热工缺陷等级采用相对面积 ψ 评价,受检内表面的热工缺陷等级采用能耗增加比 β 评价。ψ 和 β 应根据式(7.13)和式(7.14)计算。

$$\psi = \frac{\sum_{i=1}^{n} A_{2,i}}{A_1} \tag{7.13}$$

$$\beta = \psi \left| \frac{T_1 - T_2}{T_1 - T_0} \right| 100\% \tag{7.14}$$

$$\Delta T = \left| T_1 - T_2 \right| \tag{7.15}$$

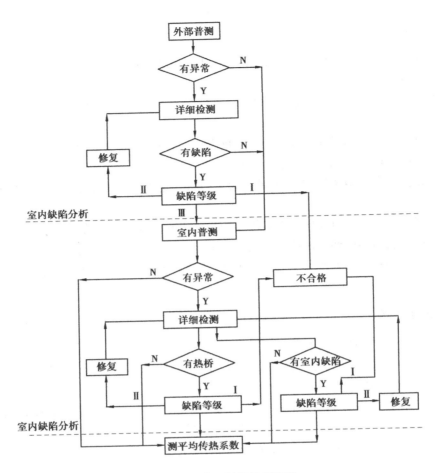

图 7.4　热工缺陷检测流程

$$A_{2,i} = \frac{\sum\limits_{j=1}^{m} A_{2,i,j}}{m} \qquad (7.16)$$

$$T_1 = \frac{\sum\limits_{i=1}^{n} \sum\limits_{j=1}^{m} T_{1,i,j}}{m \cdot n} \qquad (7.17)$$

式中　ψ——缺陷区域面积与受检表面面积之比值,%;

β——受检内表面由于热工缺陷所带来的能耗增加比,%;

ΔT——受检表面平均温度与缺陷区域表面平均温度之差,K;

T_1——受检表面平均温度,℃;

T_2——缺陷区域平均温度,℃;

T_0——环境参照体温度,℃;

A_2——缺陷区域面积,指与 T_1 的温度差大于等于 1 ℃的点所组成的面积,m^2;

A_1——受检表面的面积,指受检外墙墙面面积(不包括门窗)或受检屋面面积,m^2;

i——热谱图的幅数,$i = 1 \sim n$;

j——每一幅热谱图的张数,$j = 1 \sim m$。

热谱图中的异常部位,宜通过将实测热谱图与被测部分的预期温度分布进行比较确定。实测热谱图中出现的异常,如果不是围护结构设计或热(冷)源、测试方法等原因造成,则可认为是缺陷。必要时可采用其他方法进一步确认。

建筑物围护结构外表面和内表面的热工缺陷等级,应分别符合表 7.11 和表 7.12 的规定。

表 7.11　围护结构外表面热工缺陷等级

等　　级	I	II	III
缺陷名称	严重缺陷	缺陷	合格
$\psi(\%)$	$\psi \geqslant 40$	$40 > \psi \geqslant 20$	$\psi < 20$,且单块缺陷面积小于 0.5 m²

表 7.12　围护结构内表面热工缺陷等级

等　　级	I	II	III
缺陷名称	严重缺陷	缺陷	合格
$\beta(\%)$	$\beta \geqslant 10$	$10 > \beta \geqslant 5$	$\beta < 5$,且单块缺陷面积小于 0.5 m²

7.4　围护结构传热系数现场检测

7.4.1　仪器设备

1)温度传感器

测量温度范围应为 $-50 \sim 100$ ℃,分辨率为 0.1 ℃,误差不应大于 0.5 ℃。

2)热流计

热流计的物理性能应符合表 7.13 的规定,其他性能应满足 JG/T 3016 的要求。

表 7.13　热流计的物理性能

项目指标		指　　标
标定系数	范围	$10 \sim 200$ W/(m² · mV)
	稳定性	在正常使用条件下 3 年内标定系数变化不应大于 5%
	不确定度	$\leqslant 5\%$
热阻		$\leqslant 0.008$(m² · K/W)
使用温度		$-10 \sim 70$ ℃

3) 自动数据采集记录仪

时钟误差不应大于 0.5 s/d,应支持根据手动采集和定时采集两种数据采集模式,且定时采集周期可以从 10 min 到 60 min 灵活配置,扫描速率不应低于 60 通道/s。

7.4.2 检测过程

建筑物围护结构主体传热系数宜采用热流计法进行检测。

测点位置:宜用红外热像技术协助确定,测点应避免靠近热桥、裂缝和有空气渗漏的部位,不要受加热、制冷装置和风扇的直接影响。被测区域的外表面要避免雨雪侵袭和阳光直射。

将热流计直接安装在被测围护结构的内表面上,要与表面完全接触;热流计不应受阳光直射。

在被测围护结构两侧表面安装温度传感器。内表面温度传感器应靠近热流计安装,外表面温度传感器宜在与热流计相对应的位置安装。温度传感器的安装位置不应受到太阳辐射或室内热源的直接影响。温度传感器连同其引线应与被测表面接触紧密,引线长度不应少于 0.1 m。

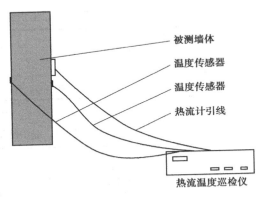

图 7.5 热流计法检测示意图

检测期间室内空气温度应保持基本稳定,测试时室内空气温度的波动范围在 ±3 K 之内,围护结构高温侧表面温度与低温侧表面温度应满足表 7.14 的要求。在检测过程中的任何时刻高温侧表面温度均不应高于低温侧表面温度。

表 7.14 温差要求

$K[\text{W}/(\text{m}^2 \cdot \text{K})^{-1}]$	$(T_h - T_l)(K)$
$K \geqslant 0.8$	$\geqslant 12$
$0.4 \leqslant K < 0.8$	$\geqslant 15$
$K < 0.4$	$\geqslant 20$

注:其中 K 为设计值;T_h 为测试期间高温侧表面平均温度;T_l 为测试期间高温侧表面平均温度。

热流密度和内、外表面温度应同步记录,记录时间间隔不应大于 30 min,可以取多次采样数据的平均值,采样间隔宜短于传感器最小时间常数的 1/2。

7.4.3 数据处理

围护结构传热系数的检测数据分析宜采用算术平均法计算,当算术平均法计算误差不满足要求时可用动态分析法。

采用算术平均法进行数据分析时,应按式(7.18)计算围护结构的热阻。

$$R = \frac{\sum\limits_{j=1}^{n}(T_{ij} - T_{oj})}{\sum\limits_{j=1}^{n} q_j} \qquad (7.18)$$

式中　R——围护结构的热阻；

　　　T_{ij}——围护结构内表面温度的第 j 次测量值；

　　　T_{oj}——围护结构外表面温度的第 j 次测量值；

　　　q_j——热流密度的第 j 次测量值。

对于轻型围护结构,宜使用夜间采集的数据计算围护结构的热阻。当经过连续 4 个夜间测量之后,相邻两次测量的计算结果相差不大于 5% 时即可结束测量。

对于重型围护结构,应使用全天数据计算围护结构的热阻,且只有在下列条件得到满足时方可结束测量:

①末次 R 计算值与 24 h 之前的 R 计算值相差不应大于 5%。

②检测期间第一个周期内与最后一个同样周期内的 R 计算值相差不大于 5%,且每个周期天数采用 2/3 检测持续天数的取整值。

③围护结构的传热系数应按式(7.19)计算。

$$K = \frac{1}{R_i + R + R_e} \qquad (7.19)$$

式中　K——围护结构的传热系数；

　　　R_i——内表面换热阻,应按 GB 50176 的规定采用；

　　　R_e——外表面换热阻,应按 GB 50176 的规定采用。

7.4.4　报告内容

围护结构传热系数检测报告应该包含的内容:

①机构信息:设计单位和建设单位、施工单位、监理单位名称及本次委托单位的名称,检测单位名称、住址。

②工程特征:工程名称、建设地址、建筑层数、体形系数、窗墙面积比、窗户规格类型、设计节能措施,执行的节能标准等。

③检测条件:项目编号、检测依据、检测方法、检测设备、检测项目、检测时间。

④检测结果:传热系数 K 值;其他需要说明的情况。

⑤结果计算过程。

⑥报告责任人:测试人、审核人及签发人等签名栏。

7.5　窗户遮阳性能检测

7.5.1　检测方法

检测固定遮阳设施的结构尺寸、安装角度,活动遮阳设施的活动、转动范围,遮阳材料的光学特性,然后与设计值进行比较,以此为结果判定遮阳设施是否满足要求。

7.5.2 检测仪器

检测遮阳设施的结构尺寸、安装角度、活动、转动范围等,用满足要求的测量长度和角度的量具即可。检测遮阳材料的太阳光反射比和太阳光直接透射比用分光光度计。

7.5.3 检测对象的确定

检测对象的确定应满足下列要求:

①检测数量应以一个检验批中住户套数或间数为单位进行随机抽取确定。

②受检外窗遮阳设施应在受检住户或房间内综合选取,每一受检住户或房间不得少于1处。

③遮阳材料应从受检外窗遮阳设施中现场取样送检,每处取1个试样。

④遮阳设施的结构、形式或遮阳材料不同时,应分批进行检验。

7.5.4 操作方法

固定遮阳设施的结构尺寸、安装角度,活动遮阳设施的活动、转动范围应按设计要求进行检测。遮阳材料的太阳光反射比和太阳光直接透射比光学特性按照国家标准 GB/T 2680 规定的方法进行检测。

7.5.5 判定方法

受检外窗遮阳设施的结构尺寸、安装角度,活动遮阳设施的活动、转动范围,遮阳材料的光学特性都达到设计值,则判定该受检外窗遮阳设施合格;凡受检外窗遮阳设施有 1 项指标不满足设计要求,则判定该受检外窗遮阳设施不合格。

7.5.6 结果评定

当受检外窗的遮阳设施均合格时,判定该检验批合格。

当不合格的受检外窗遮阳设施超过 1 处时,判定该检验批不合格。

当有 1 处受检外窗遮阳设施检验不合格时,则应另外随机抽取 3 个外窗遮阳设施进行检验,抽样规则不变。第 2 次抽取的外窗遮阳设施都合格时判定该检验批合格;第 2 次抽取的受检外窗遮阳设施中仍有 1 处不合格时,判定该检验批不合格。

7.6 空调耗冷量检测

建筑物年空调耗冷量的检测方法是通过对被测建筑物基本参数(如围护结构传热系数、建筑面积、气密性等)的检测,计算出建筑物年空调耗冷量指标,并与参照建筑物的年空调耗冷量指标进行比较,根据比较结果判定被测建筑物该项指标是否合格。

7.6.1 检测步骤

检测步骤如下:

①受检建筑物外围护结构尺寸应以建筑竣工图纸为准,并参照现场实际。建筑面积及体积的计算方法应符合我国现行节能设计标准中的有关规定。

②受检建筑物外墙和屋面主体部位的传热系数应优先采用现场检测数据,也可根据建筑物实际做法经计算确定。外窗、外门的传热系数应以实验室复检结果为依据。

③室外计算气象资料应优先采用当地典型气象年的逐时数据。

7.6.2 计算条件

室内计算条件应符合下列规定:

①室内计算温度:26 ℃。

②换气次数:1 l/h。

③室内不考虑照明得热或其他内部得热。

参照建筑物的确定原则是:

①参照建筑物的形状、大小、朝向均应与受检建筑物完全相同。

②参照建筑物各朝向和屋顶的开窗面积应与受检建筑物相同,但当受检建筑物某个朝向的窗(包括屋面的天窗)面积超过我国现行节能设计标准的规定时,参照建筑物该朝向(或屋面)的窗面积应修正到符合有关节能设计标准的规定。

③参照建筑物外墙、屋面、地面、外窗、外门的各项性能指标均应符合我国现行节能设计标准的规定。对于我国现行节能设计标准中未作规定的部分,一律接受检建筑物的性能指标考虑。

7.6.3 判定方法

建筑物年空调耗冷量应优先采用具有自主知识产权的国内权威软件进行动态计算,在条件不具备时,可采用稳态计算法等其他简易计算方法。

附　录

附录 A　燃烧性能分级

表 A.1　建筑材料及制品(铺地材料除外)燃烧性能分级

等级	试验标准		分级判据	附加分级	所需设备
A1	GB/T 5464[(1)]且		$\Delta T \leqslant 30\ ℃$,且 $\Delta m \leqslant 50\%$,且 $t_f = 0$(无持续燃烧)		建筑材料不燃性试验装置;建筑制品燃烧热值测定装置
	GB/T 14402		$PCS \leqslant 2.0\ MJ/kg^{(1)}$且 $PCS \leqslant 2.0\ MJ/kg^{(2)(2a)}$且 $PCS \leqslant 1.4\ MJ/m^{2(3)}$且 $PCS \leqslant 2.0\ MJ/kg^{(4)}$		
A2	GB/T 5464[(1)]或	且	$\Delta T \leqslant 50\ ℃$,且 $\Delta m \leqslant 50\%$,且 $t_f \leqslant 20\ s$		建筑材料不燃性试验装置; 建筑制品燃烧热值测定装置; 建筑制品单体燃烧试验装置; 材料产烟毒性测试仪; 建筑制品单体燃烧试验装置; 建筑保温材料燃烧性能检测装置; 氧指数分析仪
	GB/T 14402		$PCS \leqslant 3.0\ MJ/kg^{(1)}$且 $PCS \leqslant 4.0\ MJ/kg^{(2)}$且 $PCS \leqslant 4.0\ MJ/m^{2(3)}$且 $PCS \leqslant 3.0\ MJ/kg^{(4)}$		
	GB/T 20284 且		$FIGRA \leqslant 120\ W/s$ 且 $LFS <$ 试样边缘且 $THR_{600s} \leqslant 7.5\ MJ$	产烟量[(5)]且 燃烧滴落物/微粒[(6)]	
	GB/T 20285			产烟毒性[(9)]	
B	GB/T 20284 且		$FIGRA \leqslant 120\ W/s$ 且 $LFS <$ 试样边缘且 $THR_{600s} \leqslant 7.5\ MJ$	产烟量[(5)]且 燃烧滴落物/微粒[(6)]	
	GB/T 8626[(8)] 点火时间 = 30 s 且		60 s 内 $F_s \leqslant 150\ mm$		
	GB/T 20285			产烟毒性[(9)]	
C	GB/T 20284 且		$FIGRA \leqslant 250\ W/s$ 且 $LFS <$ 试样边缘且 $THR_{600s} \leqslant 15\ MJ$	产烟量[(5)]且 燃烧滴落物/微粒[(6)]	
	GB/T 8626[(8)] 点火时间 = 30 s 且		60s 内 $F_s \leqslant 150\ mm$		
	GB/T 20285			产烟毒性[(9)]	

续表

等级	试验标准	分级判据	附加分级	所需设备
D	GB/T 20284 且 GB/T 8626[8] 且点火时间 = 30 s	$FIGRA \leqslant 750$ W/s 60 s 内 $F_s \leqslant 150$ mm	产烟量[5] 和 燃烧滴落物/ 微粒[6]	
E	GB/T 8626[8] 点火时间 = 15 s	20 s 内 $F_s \leqslant 150$ mm	燃烧滴落物/ 微粒[7]	
F	无性能要求			

注:①匀质制品和非匀质制品的主要组分。

　②非匀质制品的外部次要组分。

　(2a):另一个可选择的判据是:对 $PCS \leqslant 2.0$ MJ/m² 的外部次要组分,则要求满足 $FIGRA \leqslant 20$ W/s、$LFS <$ 试样边缘、$THR_{600s} \leqslant 4.0$ MJ、s_1 和 d_0。

　③非匀质制品的任一内部次要组分。

　④整体制品。

　⑤在试验程序的最后阶段,需对烟气测量系统进行调整,烟气测量系统的影响需进一步研究。由此导致评价产烟量的参数或极限值的调整。

　　$s_1 = SMOGRA \leqslant 30$ m²/s² 且 $TSP_{600s} \leqslant 50$ m²;$s_2 = SMOGRA \leqslant 180$ m²/s² 且 $TSP_{600s} \leqslant 200$ m²;$s_3 = $ 未达到 s_1 或 s_2。

　⑥$d_0 = $ 按 GB/T 20284 规定,600 s 内无燃烧滴落物/微粒;

　　$d_1 = $ 按 GB/T 20284 规定,600 s 内燃烧滴落物/微粒持续时间不超过 10 s;

　　$d_2 = $ 未达到 d_0 或 d_1;

　　按照 GB/T 8626 规定,过滤纸被引燃,则该制品为 d_2 级。

　⑦通过 = 过滤纸未被引燃;

　　未通过 = 过滤纸被引燃(d_2 级)。

　⑧火焰轰击制品的表面和(如果适合该制品的最终应用)边缘。

　⑨$t_0 = $ 按 GB/T 20285 规定的试验方法,达到 ZA1 级;

　　$t_1 = $ 按 GB/T 20285 规定的试验方法,达到 ZA3 级;

　　$t_2 = $ 未达到 t_0 或 t_1。

表 A.2　铺地材料燃烧性能分级

等级	试验标准	分级判据	附加分级
A1$_{fl}$	GB/T 5464[1] 且	$\Delta T \leqslant 30$ ℃ ,且 $\Delta m \leqslant 50\%$,且 $t_f = 0$(无持续燃烧)	
	GB/T 14402	$PCS \leqslant 2.0$ MJ/kg[1] 且 $PCS \leqslant 2.0$ MJ/kg[2] 且 $PCS \leqslant 1.4$ MJ/m²[3] 且 $PCS \leqslant 2.0$ MJ/kg[4]	

续表

等级	试验标准		分级判据	附加分级
A2_{fl}	GB/T 5464⁽¹⁾ 或	且	$\Delta T \leqslant 50$ ℃,且 $\Delta m \leqslant 50\%$,且 $t_f \leqslant 20$ s	
	GB/T 14402		$PCS \leqslant 3.0$ MJ/kg⁽¹⁾ 且 $PCS \leqslant 4.0$ MJ/kg⁽²⁾ 且 $PCS \leqslant 4.0$ MJ/m²⁽³⁾ 且 $PCS \leqslant 3.0$ MJ/kg⁽⁴⁾	
	GB/T 11785⁽⁵⁾ 且		临界热辐射通量 CHF⁽⁶⁾ $\geqslant 8.0$ kW/ m²	产烟量⁽⁷⁾
	GB/T 20285			产烟毒性⁽⁹⁾
B_{fl}	GB/T 11785⁽⁵⁾ 且		临界热辐射通量 CHF⁽⁶⁾ $\geqslant 8.0$ kW/ m²	产烟量⁽⁷⁾
	GB/T 8626⁽⁸⁾ 且 点火时间 = 15 s			
	GB/T 20285			20 s 内 $F_s \leqslant 150$ mm
C_{fl}	GB/T 11785⁽⁵⁾ 且		临界热辐射通量 CHF⁽⁶⁾ $\geqslant 4.5$ kW/ m²	产烟量⁽⁷⁾
	GB/T 8626⁽⁸⁾ 且点火时间 = 15 s		20 s 内 $F_s \leqslant 150$ mm	
	GB/T 20285			产烟毒性⁽⁹⁾
D_{fl}	GB/T 11785⁽⁵⁾ 且		临界热辐射通量 CHF⁽⁶⁾ $\geqslant 3.0$ kW/ m²	产烟量⁽⁷⁾
	GB/T 8626⁽⁸⁾ 且 点火时间 = 15 s		20 s 内 $F_s \leqslant 150$ mm	
E_{fl}	GB/T 8626⁽⁸⁾ 且 点火时间 = 15 s		20 s 内 $F_s \leqslant 150$ mm	
F_{fl}	无性能要求			

注:①匀质制品和非匀质制品的主要组分。
②非匀质制品的外部次要组分。
③非匀质制品的任一内部次要组分。
④整体制品。
⑤试验时间 = 30 min。
⑥临界热辐射通量是指火焰熄灭时的热辐射通量或试验进行 30 min 后的热辐射通量,取二者较低值(该热辐射通量对应于火焰传播的最远距离处)。
⑦s_1 = 产烟$\leqslant 750$ % × min。
⑧火焰轰击制品的表面和(如果适合该制品的最终应用)边缘。
⑨t_0 = 按 GB/T 20285 规定的试验方法,达到 ZA1 级;
t_1 = 按 GB/T 20285 规定的试验方法,达到 ZA3 级;
t_2 = 未达到 t_0 或 t_1。

附录 B　建筑节能工程进场材料和设备的复验项目

序号	分项工程	主要验收内容
1	墙体节能工程	①保温材料的导热系数或热阻、密度、抗压强度或压缩强度、燃烧性能； ②粘结材料的拉伸粘结强度； ③抹面材料的拉伸粘结强度、抗冲击强度； ④增强网的力学性能、抗腐蚀性能
2	幕墙节能工程	主体结构基层；隔热材料；保温材料；隔汽层；幕墙玻璃；单元式幕墙板块；通风换气系统；遮阳设施；冷凝水收集排放系统等
3	门窗节能工程	门；窗；玻璃；遮阳设施等
4	屋面节能工程	基层；保温隔热层；保护层；防水层；面层等
5	地面节能工程	基层；保温层；保护层；面层等
6	采暖节能工程	系统制式；散热器；阀门与仪表；热力入口装置；保温材料；调试等
7	通风与空气调节节能工程	系统制式；通风与空调设备；阀门与仪表；绝热材料；调试等
8	空调与采暖系统的冷热源及管网节能工程	系统制式；冷热源设备；辅助设备；管网；阀门与仪表；绝热、保温材料；调试等
9	配电与照明节能工程	低压配电电源；照明光源、灯具；附属装置；控制功能；调试等
10	监测与控制节能工程	冷、热源系统的监测控制系统；空调水系统的监测控制系统；通风与空调系统的监测控制系统；监测与计量装置；供配电的监测控制系统；照明自动控制系统；综合控制系统等
11	太阳能光热系统节能工程	集热设备；贮热水箱；辅助热源设备；阀门与仪表；保温材料；调试等
12	太阳能光伏系统节能工程	光伏组件
13	地源热泵换热系统节能工程	①地埋管材及管件导热系数、公称压力及使用温度等参数； ②绝热材料的导热系数、密度、吸水率

附录 C　围护结构热阻的计算

C.1　单一材料层的热阻计算方法

单层材料的热阻应按式（C.1）计算：

$$R = \frac{d}{\lambda} \qquad (C.1)$$

式中　R——材料层的热阻,$\mathrm{m^2 \cdot K/W}$;

　　　d——材料层的厚度,m;

　　　λ——材料的导热系数,$\mathrm{W/(m \cdot K)}$,应按 GB 50176—93 的附录四选用或者用实测值。

C.2　多层材料围护结构的热阻计算方法

多层材料组成的围护结构的热阻应按式(C.2)计算。

$$R = R_1 + R_2 + \cdots + R_n \qquad (C.2)$$

式中　$R_1, R_2, \cdots, R_n$——各层材料的热阻,$\mathrm{m^2 \cdot K/W}$,按式(C.1)计算。

C.3　两种以上材料组成的非均质围护结构的平均热阻计算方法

由两种以上材料组成的两向非均质的围护结构(包括各式的空心砌块,填充保温材料的墙体等,但不包括多孔黏土砖),没有一个严格意义上的热阻,一般用平均热阻表示其阻抗传热能力,其值应按式(C.3)计算。

$$\overline{R} = \left[\frac{F_0}{\dfrac{F_1}{R_1} + \dfrac{F_2}{R_2} + \cdots + \dfrac{F_n}{R_n}} - (R_i + R_e) \right] \varphi \qquad (C.3)$$

式中　$\overline{R}$——平均热阻,$\mathrm{m^2 \cdot K/W}$;

　　　F_0——与热流方向垂直的总传热面积,$\mathrm{m^2}$,见图 C.1;

　　　$F_1, F_2, \cdots, F_n$——按平行于热流方向划分的各个传热面积,$\mathrm{m^2}$;

　　　$R_1, R_2, \cdots, R_n$——各个传热面积部位的传热阻,$\mathrm{m^2 \cdot K/W}$;

　　　R_i——内表面换热阻,取 0.11 $\mathrm{m^2 \cdot K/W}$;

　　　R_e——外表面换热阻,取 0.04 $\mathrm{m^2 \cdot K/W}$;

　　　φ——修正系数,按表 C.1 采用。

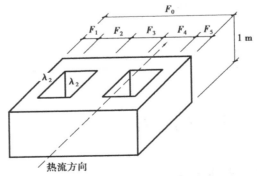

图 C.1　非均质围护结构传热示意图

s 中间空气层的热阻按附录 D 选用。

表 C.1　修正系数 φ 值表

λ_2/λ_1 或 $\dfrac{\lambda_2+\lambda_3}{2}/\lambda_1$	φ	λ_2/λ_1 或 $\dfrac{\lambda_2+\lambda_3}{2}/\lambda_1$	φ
0.09 ~ 0.10	0.86	0.40 ~ 0.69	0.96
0.20 ~ 0.39	0.93	0.70 ~ 0.99	0.98

附录 D　空气间层的热阻

围护结构中间设置空气层的,其热阻按表 D.1 选用。

表 D.1　空气间层热阻值$(m^2 \cdot K/W)$

位置、热流状况及材料特性	冬季状况							夏季状况						
	间层厚度(mm)							间层厚度(mm)						
	5	10	20	30	40	50	60以上	5	10	20	30	40	50	60以上
一般空气间层														
热流向下(水平、倾斜)	0.10	0.14	0.17	0.18	0.19	0.20	0.20	0.09	0.12	0.15	0.15	0.16	0.16	0.15
热流向上(水平、倾斜)	0.10	0.14	0.15	0.16	0.17	0.17	0.17	0.09	0.11	0.13	0.13	0.13	0.13	0.13
垂直空气间层	0.10	0.14	0.16	0.17	0.18	0.18	0.18	0.09	0.12	0.14	0.15	0.15	0.15	0.15
单面铝箔空气间层														
热流向下(水平、倾斜)	0.16	0.28	0.43	0.51	0.57	0.60	0.64	0.15	0.25	0.37	0.44	0.48	0.52	0.54
热流向上(水平、倾斜)	0.16	0.26	0.35	0.40	0.42	0.42	0.43	0.14	0.20	0.28	0.29	0.30	0.30	0.28
垂直空气间层	0.16	0.26	0.39	0.44	0.47	0.49	0.50	0.15	0.22	0.31	0.34	0.36	0.37	0.37
双面铝箔空气间层														
热流向下(水平、倾斜)	0.18	0.34	0.56	0.71	0.84	0.94	1.01	0.16	0.30	0.49	0.63	0.73	0.81	0.86
热流向上(水平、倾斜)	0.17	0.29	0.45	0.52	0.55	0.56	0.57	0.15	0.25	0.34	0.37	0.38	0.38	0.35
垂直空气间层	0.18	0.31	0.49	0.59	0.65	0.69	0.71	0.15	0.27	0.39	0.46	0.49	0.50	0.50

附录 E　外墙平均传热系数的计算

一般在现场检测墙体传热系数时得到的是外墙主体部位,也就是外墙主断面的传热系数,在计算耗能指标时通常用外墙的平均传热系数,下面是外墙平均传热系数的计算示意图和计算方法。

外墙受到梁、板、柱等周边热桥影响的条件下,其平均传热系数应按式(E.1)计算:

$$K_m = \frac{K_p \cdot F_p + K_{B1} \cdot F_{B1} + K_{B2} \cdot F_{B2} + K_{B3} \cdot F_{B3}}{F_p + F_{B1} + F_{B2} + F_{B3}} \qquad (E.1)$$

式中 K_m——外墙的平均传热系数，W/(m² · K)；

$\quad\quad K_p$——外墙主体部位的传热系数，W/(m² · K)，按国家现行标准《民用建筑热工设计规范》GB 50176—93 的规定计算，或通过现场检测得到；

$\quad\quad K_{B1}, K_{B2}, K_{B3}$——外墙周边热桥部位的传热系数，W/(m² · K)；

$\quad\quad F_p$——外墙主体部位的面积，m²；

$\quad\quad F_{B1}, F_{B2}, F_{B3}$——外墙周边热桥部位的面积，m²。

外墙主体部位和周边热桥部位如图 E.1 所示。

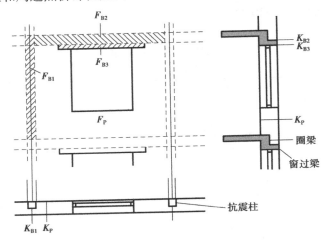

图 E.1　平均传热系数计算示意图

附录 F　围护结构传热系数的修正系数 ε_i 值

表 F.1　围护结构传热系数的修正系数 ε_i

地　区	窗户（包括阳台门上部）					外墙（包括阳台门下部）			屋　顶
	类型	有无阳台	南	东、西	北	南	东、西	北	水平
西安	单层窗	有	0.69	0.8	0.86	0.79	0.88	0.91	0.94
		无	0.52	0.69	0.78				
	双玻窗及双层窗	有	0.6	0.76	0.84				
		无	0.28	0.60	0.73				
北京	单层窗	有	0.57	0.78	0.88	0.70	0.86	0.92	0.91
		无	0.34	0.66	0.81				
	双玻窗及双层窗	有	0.50	0.74	0.86				
		无	0.18	0.57	0.76				

续表

地 区	窗户（包括阳台门上部）					外墙（包括阳台门下部）			屋 顶
	类型	有无阳台	南	东、西	北	南	东、西	北	水平
兰州	单层窗	有	0.71	0.82	0.87	0.79	0.88	0.92	0.93
		无	0.54	0.71	0.76				
	双玻窗及双层窗	有	0.66	0.78	0.85				
		无	0.43	0.64	0.75				
沈阳	双玻窗及双层窗	有	0.64	0.81	0.90	0.78	0.89	0.94	0.95
		无	0.39	0.69	0.83				
呼和浩特	双玻窗及双层窗	有	0.55	0.76	0.88	0.73	0.86	0.93	0.95
		无	0.25	0.60	0.80				
乌鲁木齐	双玻窗及双层窗	有	0.60	0.75	0.92	0.76	0.85	0.95	0.95
		无	0.34	0.59	0.86				
长春	单层窗	有	0.62	0.81	0.91	0.77	0.89	0.95	0.92
		无	0.36	0.68	0.84				
	双玻窗及双层窗	有	0.60	0.79	0.90				
		无	0.34	0.66	0.84				
哈尔滨	单层窗	有	0.67	0.83	0.91	0.80	0.90	0.95	0.96
		无	0.45	0.71	0.85				
	双玻窗及双层窗	有	0.65	0.82	0.90				
		无	0.43	0.70	0.84				

注：①阳台门上部透明部分的 ε_i 按同朝向窗户采用；阳台门下部不透明的 ε_i 按同朝向外墙采用。

②不采暖楼梯间隔墙和户门，以及不采暖地下室上面的楼板的 ε_i 应以温差修正系数 n 代替。

③接触土壤的地面，取 $\varepsilon_i = 1$。

④封闭阳台内的窗户和阳台门上部按双层窗考虑。封闭阳台门内的外墙和阳台门下部：南向阳台取 $\varepsilon_i = 0.5$；北向阳台取 $\varepsilon_i = 0.9$；东、西 $\varepsilon_i = 0.7$；其他朝向阳台按就近朝向采用。

⑤表中已有的 8 个地区可以按表直接采用；其他地区可根据采暖期室处平均温度就近采用。

⑥南、北、东、西 4 个朝向和水平面，可按本表直接采用。东南和西南可按南向采用，东北和西北可按北向采用。其他朝向可按就期朝向采用。

附录 G　围护结构层温度计算及冷凝计算

G.1　围护结构内表面温度计算

围护结构内表面温度如图 G.1 所示，应按式（G.1）计算。

$$\theta_m = t_i - \frac{t_i - t_e}{R_0} R_i \qquad (\text{G.1})$$

式中 θ_m——围护结构内表现温度，℃；

t_i——室内计算温度，℃；

t_e——围护结构传热温度，℃；

R_0——围护结构传热阻，$m^2 \cdot K/W$；

R_i——内表面换热阻，$m^2 \cdot K/W$。

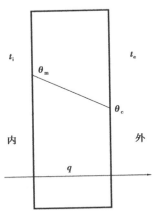

图 G.1 围护结构内表面温度计算示意图

G.2 围护结构内部层间温度计算

围护结构内部第 m 层内部温度如图 G.2 所示，应按式（G.2）计算。

$$t_m = t_i - \frac{t_i - t_e}{R_0} \left(R_i + \sum R_{m-1} \right) \tag{G.2}$$

式中 t_i——室内计算温度，℃；

t_e——室外计算温度，℃；

R_0——围护结构传热阻，$m^2 \cdot K/W$；

R_i——围护结构内表面换热阻，$m^2 \cdot K/W$；

$\sum R_{m-1}$——第 $1 \sim (m-1)$ 层热阻之和，$m^2 \cdot K/W$。

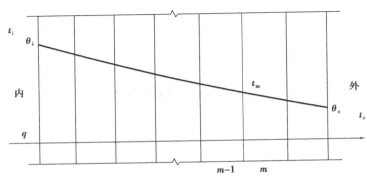

图 G.2 多层围护结构层间温度计算示意图

G.3 围护结构冷凝计算

G.3.1 围护结构冷凝判别

围护结构内部某处的水蒸气分压力 p_m 大于该处的饱和水蒸气压力 p_s 时，可能会出现冷凝。

判别方法：

①根据 t_i，t_e 求各界面的温度 t_m，并作分布线；

②求与这些温度相应的饱和水蒸气分压力 p_s，并作分布线；

③求各介面上实际的水蒸气分压力 p_m，按(G.3)并作分布线；

④若 p_m 线与 p_s 线不相交，则内部不会出现冷凝，若两线相交，则内部可能出现冷凝(图 G.3)

$$p_m = p_i - \frac{p_i - p_e}{H_0}(H_1 + H_2 + \cdots + H_{m-1}) \qquad (G.3)$$

式中　p_i，p_e——内表面和外表面水蒸气分压，取室内和室外空气的水蒸气分压力，Pa；

$H_1 + H_2 + \cdots + H_{m-1}$——各层的水蒸气渗透阻，$m^2 \cdot h \cdot Pa/g$；

H_0——结构的总水蒸气渗透阻，$m^2 \cdot h \cdot Pa/g$。

材料层的水蒸气渗透阻：

$$H = \frac{\delta}{\mu} \qquad (G.4)$$

多层结构的水蒸气渗透阻：

$$H_0 = \frac{\delta_1}{\mu_1} + \frac{\delta_2}{\mu_2} + \cdots + \frac{\delta_n}{\mu_n} \qquad (G.5)$$

式中　δ——材料层厚度，m；

μ——材料的蒸气渗透系数，$m^2 \cdot h \cdot Pa/g$(见 GB 50176—93 常用建筑材料物理性能)。

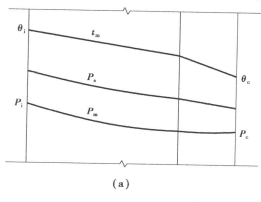
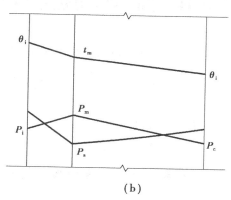

图 G.3　围护结构冷凝判别示意图

G.3.2　围护结构冷凝位置和冷凝计算界面温度

围护结构层间结露情况判断位置一般为保温层与外侧密实层的交界处,如图 G.4 所示,其冷凝计算界面温度应按式(G.6)计算。

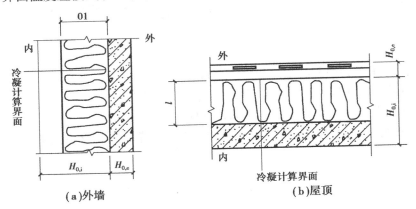

图 G.4　围护结构冷凝计算界面示意图

$$\theta_c = t_i - \frac{t_i - \bar{t}_e}{R_0}(R_i + R_{0,i}) \tag{G.6}$$

式中　θ_c——冷凝计算界面温度,℃;

　　　　T_i——室内计算温度,℃;

　　　　t_e——采暖期室外平均温度,℃;

　　　　R_0——围护结构传热阻,$m^2 \cdot K/W$;

　　　　R_i——围护结构内表面换热阻,$m^2 \cdot K/W$;

　　　　$R_{0,i}$——冷凝计算界面至围护结构内表面之间的热阻,$m^2 \cdot K/W$。

附录 H　围护结构热惰性指标计算

H.1　单一材料层结构或单一材料层的热惰性指标

单一材料层围护结构或单一材料层的热惰性指导标 D 应按式(H.1)计算:

$$D = RS \tag{H.1}$$

式中　R——材料层的热阻,$m^2 \cdot K /W$;

　　　　S——材料的蓄热系数,$W/(m^2 \cdot K)$。

H.2　多层材料围护结构热惰性指标

多层材料围护结构的热惰性指标 D 值应按式(H.2)计算。

$$D = D_1 + D_2 + \cdots + D_n = R_1 S_1 + R_2 S_2 + \cdots + R_n S_n \tag{H.2}$$

式中　$D_1, D_2, \cdots, D_n$——各层材料的热惰性指标;

$R_1,R_2,\cdots,R_n$——各层材料的热阻,$m^2\cdot K/W$;

$S_1,S_2,\cdots,S_n$——各层材料的蓄热系数,$W/(m^2\cdot K)$。

空气间层的蓄热系数取 $S=0$。

H.3 复合围护结构的热惰性指标

如围护结构的某层由两种以上材料组成,则应先按式(H.3)计算该层的平均导热系数,然后按式(H.4)计算该层的平均热阻,按式(H.5)计算平均蓄热系数,按式(H.6)计算该层的热惰性指标。

$$\overline{\lambda}=\frac{\lambda_1 F_1+\lambda_2 F_2+\cdots+\lambda_n F_n}{F_1+F_2+\cdots+F_n} \qquad (H.3)$$

$$\overline{R}=\frac{d}{\overline{\lambda}} \qquad (H.4)$$

$$\overline{S}=\frac{S_1 F_1+S_2 F_2+\cdots+S_n F_n}{F_1+F_2+\cdots+F_n} \qquad (H.5)$$

$$D=\overline{R}\,\overline{S} \qquad (H.6)$$

式中 $F_1,F_2,\cdots,F_n$——在该层中按平行于热流划分的各个传热面积,m^2;

$\lambda_1,\lambda_2,\cdots,\lambda_n$——各个传热面积上材料的导热系数,$W/(m^2\cdot K)$;

$S_1,S_2,\cdots,S_n$——各个传热面积上材料的蓄热系数,$W/(m^2\cdot K)$。

附录 I 窗口火试验方法

I.1 试件

试验模型由密度不低于 500 kg/m³ 的加气混凝土砌块构成,包括主墙和副墙。主墙高度为 8 400 mm,宽度为 3 500 mm。主墙下方设有燃烧室,火焰能从主墙底部的开口处向上燃烧。燃烧室开口尺寸为:高(2 000 ± 100)mm,宽(2 000 ± 100)mm;内部尺寸为:宽(2 000 ± 100)mm,深(1 000 ± 50)mm,高(2 300 ± 50)mm。副墙的高度应与主墙相同,宽度为 2 500 mm。副墙应与主墙垂直,距燃烧室开口边缘的距离为(250 ± 10)mm,如图 I.1 所示。

外保温系统应包括所有的组成部分,并应按系统的安装要求进行安装。外保温系统在试验模型上施工完毕后自然养护 28 d 开始试验。

①试验的外保温系统的最大厚度应不超过 200 mm,外保温系统的宽度和高度应完全覆盖模型主墙和副墙,暴露的边缘和燃烧室开口的周边应按系统实

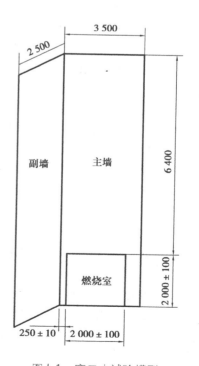

图 I.1 窗口火试验模型

际应用的构造做法或按试验委托方的说明进行保护。在主墙和副墙间的墙角处,外保温系统应紧密连接或按试验委托方的说明施工安装。

②当外保温系统在实际应用中没有任何开口保护措施时,试验的外保温系统与燃烧室之间的界面处也应维持相同的非保护状态。

③当外保温系统在实际应用中设置水平缝时,水平缝应按试验委托方规定的间隔设置,且至少应在燃烧室开口上方(2 400 ± 100)mm 处设置一条水平缝。

④当外保温系统在实际应用中设置垂直缝时,垂直缝应按试验委托方规定的间隔设置,且应在燃烧室开口中心线向上延伸处设置一条垂直缝,相对中心线的允许偏差为 ± 100 mm。

⑤当外保温系统设置防火隔离带时,则应在试验窗口顶部上方 300 mm 处设置一条防火隔离带,隔离带下边缘距窗口顶部的距离应为 300 mm,且最高一条防火隔离带应位于水平准位线 2 的下方,其上边缘至水平准位线 2 的距离不得小于 100 mm。

I.2 仪器设备

(1)点火源

点火源应符合下列要求:

①试验的点火源为 1 500 mm × 1 000 mm × 1 000 mm 的软木条搭造的木垛,每根木条截面尺寸为(50 mm × 50 mm),长度为 1 500 mm 和 1 000 mm。试验时软木的质量含水率应在 10% ~ 16% 的范围内。用 1 500 mm 的长木条和 1 000 mm 的短木条按层交替搭造木垛。第一层由 10 根 1 500 mm 的长木条组成,上一层由 15 根 1 000 mm 的短木条组成,均匀分布在 1 500 mm × 1 000 mm 的平面上。如此形成 20 个木条层,其高度为 1 000 mm。总计使用 150 根短木条和 100 根长木条。木垛应码放在高出燃烧室地面上方(400 ± 50)mm 的稳固平台上,距燃烧室两侧墙体的距离相等,距燃烧室后墙(100 ± 10)mm。

②点火采用 16 根 25 mm × 12 mm × 1 000 mm 低密度纤维板条。板条应在 5 L 白精油中均匀浸泡 5 min 以上。点火前 5 min,将 14 根板条插入木垛第二层木条间的空隙中(即平台上方 50 mm 处),板条应伸出木垛约 30 mm。另两根板条平放在 14 根伸出的板条的末端。试验时应点燃这两根板条的整个长度。

(2)热电偶

热电偶应采用公称直径 3 mm 的 K 型铠装(镍铬/镍硅)热电偶。

①外部热电偶应伸出外保温系统外表面(50 ± 5)mm,在水平准位线上测位布点的允许误差为 ± 10 mm。水平准位线 1 和水平准位线 2 的外部热电偶位置:在主墙正面,热电偶设置在燃烧室中心线上和中心线两侧各 500 mm 及 1 000 mm 的位置上,共 5 个测位;在副墙正面,热电偶设置在距主墙外保温系统外表面 150 mm,600 mm 及 1 050 mm 的位置上,共 3 个测位,如图 I.2 所示。

②内部热电偶在水平准位线上布点的允许误差为 ± 10 mm。测点应布置在每个可燃层厚度的 1/2 处。当系统内含有空腔时,在每一个空腔层厚度的 1/2 处也应设置热电偶。当层厚小于 10 mm 时,可不设热电偶。水平准位线 1 和水平准位线 2 的内部热电偶位置:在主墙外保温系统内,热电偶设置在燃烧室中心线上和中心线两侧各 500 mm 及 1 000 mm 的位置上,共 5 个测位;在副墙外保温系统内,热电偶设置在距主墙外保温系统外表面 150 mm、

600 mm 及 1 050 mm 的位置上,共 3 个测位,如图 I.2 所示。

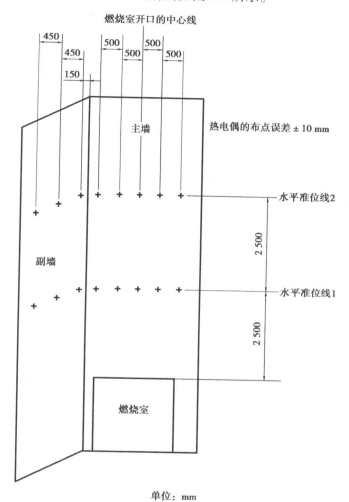

单位:mm

图 I.2　试验的热电偶布置

(3)数据采集系统

数据采集系统记录数据的时间间隔不应大于 10 s。

(4)视频设备

宜采用两台摄像机对试验全过程进行连续记录,摄像的视角应覆盖模型两个墙面的整体高度。

(5)环境条件监测设备

应采用精度不低于 0.5 m/s 的风速仪测量地面以上(3 000 ± 100)mm 高度处的空气流速。

(6)计时器

计时器精度不应低于 5 s/h。

(7)百格网

百格网采用由金属或塑料制成的含有 100 个 100 mm × 100 mm 方格的正方形网片。

1.3 试验步骤

具体试验步骤如下：

①试验开始时的环境温度应在 5~35 ℃ 的范围内。试验前任何方向的空气流速不应大于 2 m/s。雨天不应进行试验。

②点火前应进行不小于 5 min 的数据采集和视频记录。如点火前发现任一水平准位线上或任一层面内有两个以上的热电偶出现异常,则应停止试验。

③应在开始采集数据 5 min 后点燃燃料。

④记录重要事件的时间。重要事件的时间为外墙外保温系统的燃烧状态和机械性能发生变化的时间,特别是外保温系统任何部分开始剥离的时间。通常记录试验的时间为 30 min。如外保温系统的任何部分在热源点火后 30 min 时仍存在燃烧现象,应继续进行记录,记录燃烧的最长时间为 60 min。

1.4 试验结果

试验结果应包括：

①记录水平准位线 1 上的最高温度 T_1 和水平准位线 2 上的最高温度 T_2。

②拆除外保温系统的某些覆盖物,测试保温材料的烧损面积：

a.确定烧损的范围(即火焰在保温材料中的传播范围)：包括保温材料燃烧的范围和保温材料熔融后有滴落流淌的范围。保温材料熔融而没有滴落流淌的范围不属于烧损范围。

b.用百格网从左至右、从下到上依次测量烧损范围内保温材料烧损的方格数,计算出烧损面积。

附录 J　常用标准

1)基本参数综合篇

[1]节能监测技术通则 GB/T 15316—1994

[2]公共建筑节能设计标准 GB 50189—2005

[3]建筑采光设计标准 GB/T 50033—2001

[4]民用建筑节能设计标准(采暖居住建筑部分)JGJ 26—1995

[5]夏热冬暖地区居住建筑节能设计标准 JGJ 75—2003

[6]夏热冬冷地区居住建筑节能设计标准 JGJ 134—2001

[7]既有采暖居住建筑节能改造技术规程 JGJ 129—2000

[8]建筑节能工程施工质量验收规范 GB 50411—2007

[9]住宅性能评定技术标准 GB/T 50362—2005

[10]绿色建筑评价标准 GB/T 50378—2006

[11]采暖居住建筑节能检验标准 JGJ 132—2001

［12］民用建筑能耗数据采集标准 JGJ/T 154—2007

［13］公共场所空气温度测定方法 GB/T 18204.13—2000

［14］公共场所空气湿度测定方法 GB/T 18204.14—2000

［15］公共场所风速测定方法 GB/T 18204.15—2000

［16］公共场所室内新风量测定方法 GB/T 18204.18—2000

［17］公共场所室内换气率测定方法 GB/T 18204.19—2000

［18］公共场所照度测定方法 GB/T 18204.21—2000

［19］公共场所噪声测定方法 GB/T 18204.22—2000

［20］建筑构件稳态热传递性质的测定标定和防护热箱法 GB/T 13475—2008

［21］建筑物围护结构传热系数及采暖供热量检测方法 GB/T 23483—2009

［22］无机硬质绝热制品试验方法 GB/T 5486.1～5486.4—2001

［23］外墙外保温工程技术规程 JGJ 144—2004

［24］建筑节能工程施工质量验收规范 GB 50411—2007

［25］采暖居住建筑节能检验标准 JGJ 132—2001

［26］绝热材料稳态热阻及相关特性的测定 防护热板法 GB/T 10294—2008

2）墙体材料篇

［27］砌体结构设计规范 GB 50003—2001

［28］多孔砖砌体结构技术规范 JGJ 137—2001

［29］混凝土小型空心砌块建筑技术规程 JGJ/T 14—2004

［30］烧结多孔砖 GB 13544—2000

［31］烧结空心砖和空心砌块 GB 13545—2003

［32］蒸压加气混凝土砌块 GB 11968—2006

［33］轻集料混凝土小型空心砌块 GB/T 15229—2002

3）保温及相关材料篇

［34］硬泡聚氨酯保温防水工程技术规范 GB 50404—2007

［35］膨胀聚苯板薄抹灰外墙外保温系统 JG 149—2003

［36］胶粉聚苯颗粒外墙外保温系统 JG 158—2004

［37］外墙外保温工程技术规程 JGJ 144—2004

［38］膨胀珍珠岩绝热制品 GB/T 10303—2001

［39］绝热用模塑聚苯乙烯泡沫塑料 GB/T 10801.1—2002

［40］绝热用挤塑聚苯乙烯泡沫塑料（XPS）GB/T 10801.2—2002

［41］绝热用岩棉、矿渣棉及其制品 GB/T 11835—2007

［42］绝热用硅酸铝棉及其制品 GB/T 16400—2003

［43］建筑绝热用玻璃棉制品 GB/T 17795—1999

［44］建筑用岩棉、矿渣棉绝热制品 GB/T 19686—2005

［45］泡沫玻璃绝热制品 JC/T 647—2005

［46］喷涂聚氨酯硬泡体保温材料 JC/T 998—2006

［47］外墙内保温板 JG/T 159—2004

[48] 建筑保温砂浆 GB/T 20473—2006

[49] 建筑工程饰面砖粘结强度检验标准 JGJ 110—2008

[50] 墙体保温用膨胀聚苯乙烯板胶粘剂 JC/T 992—2006

[51] 外墙外保温用膨胀聚苯乙烯板抹面胶浆 JC/T 993—2006

[52] 绝热用玻璃棉及其制品 GB/T 13350—2000

[53] 堡密特岩(矿)棉板外墙外保温系统应用技术规程 DBJ/CT 080—2010(上海地标)

[54] 酚醛保温板外墙保温工程应用技术规程 DBJT 13—126—2010

4)门窗与幕墙篇

[55] 建筑外窗气密性能分级及检测方法 GB/T 7107—2002

[56] 建筑外窗气密、水密、抗风压性能现场检测方法 JG/T 211—2007

[57] 铝合金窗 GB/T 8479—2003

[58] 钢门窗 GB/T 20909—2007

[59] 铝合金门 GB/T 8478—2003

[60] 建筑幕墙气密、水密、抗风压性能检测方法 GB/T 15227—2007

[61] 铝合金建筑型材第6部分:隔热型材 GB 5237.6—2004

[62] 建筑用隔热铝合金型材穿条式 JG/T 175—2005

[63] 中空玻璃 GB/T 11944—2002

[64] 镀膜玻璃第1部分:阳光控制镀膜玻璃 GB/T 18915.1—2002

[65] 镀膜玻璃第2部分:低辐射镀膜玻璃 GB/T 18915.2—2002

[66] 绝热用玻璃棉及其制品 GB/T 13350—2000

[67] 建筑外门保温性能分级及检测方法 GB/T 16729—1997

[68] 建筑外窗保温性能分级及检测方法 GB/T 8484—2008

5)暖通与空调篇

[69] 采暖通风与空气调节设计规范 GB 50019—2003

[70] 民用建筑热工设计规范 GB 50176—1993

[71] 建筑给水排水及采暖工程施工质量验收规范 GB 50242—2002

[72] 通风与空调工程施工质量验收规范 GB 50243—2002

[73] 空调通风系统运行管理规范 GB 50365—2005

[74] 地面辐射供暖技术规程 JGJ 142—2004

[75] 民用建筑太阳能热水系统应用技术规范 GB 50364—2005

[76] 地源热泵系统工程技术规范 GB 50366—2005

[77] 家用太阳热水系统技术条件 GB/T 19141—2003

6)照明与电气篇

[78] 额定电压450/750 V及以下聚氯乙烯绝缘电缆 GB/T 5023—2008

[79] 建筑照明设计标准 GB 50034—2004

[80] 延时节能照明开火通用技术条件 JC/T 7—1999

[81] 地下建筑照明设计标准 CECS 45:1992

[82] 建筑用省电装置应用技术规程 CECS 163:2004

参 考 文 献

［1］田斌守,等.建筑节能检测技术［M］.北京:中国建筑工业出版社,2009.

［2］《建筑工程检测试验技术管理规范实施指南》编写组.建筑工程检测试验技术管理规范实施指南(JGJ 190—2010)［M］.北京:中国建筑工业出版社,2010.

［3］陈慢勤.建筑节能工程常用数据速查手册［M］.北京:机械工业出版社,2010.

［4］武涌,龙惟定.建筑节能技术［M］.北京:中国建筑工业出版社,2009.

［5］王永祥,章雪儿.建筑节能工程施工［M］.南昌:江西科学技术出版社,2009.

［6］刘常满.热工检测技术［M］.北京:中国计量出版社,2005.

［7］李金川,姜效海.建筑通风与空调系统工程施工技术与质量控制［M］.北京:机械工业出版社,2010.

［8］杨婉.通风与空调工程［M］.北京:中国建筑工业出版社,2005.

［9］贾劲松.室内环境检测技术［M］.北京:中国环境科学出版社,2009.

［10］余虹云,俞成彪,李瑞.电力线路器材应用与检测［M］.北京:中国电力出版社,2007.

［11］江苏省建设工程质量监督总站.建设工程质量检测人员培训教材［M］.北京:中国建筑工业出版社,2006.

［12］徐占发.建筑节能技术使用手册［M］.北京:机械工业出版社,2005.